The Future is Here

未来已来

2025人文社会科学智能发展蓝皮书

Blue Book on the Development of AI for Social Sciences and Humanities

主编　陈志敏　吴力波

复旦大学出版社

牵头单位

教育部哲学社会科学实验室

——复旦大学国家发展与智能治理综合实验室

上海科学智能研究院

特别支持

德勤中国

编 委 会

摘　要

本报告聚焦于“人文社会科学智能”，也即AI技术与人文和社会科学交叉领域的年度发展趋势，探讨了AI技术如何重塑研究范式、推动理论创新，并在多领域应用中展现出强大的潜力。随着深度学习（Deep Learning，DL）、计算机视觉（Computer Vision，CV）、多模态大模型和生成式AI等新兴技术的突破，人文社科研究正在经历前所未有的变革。报告围绕AI驱动人文社科研究范式和组织方式的总体变革，各学科研究方法和理论视角的突破，以及产教融合视角下的产业应用等方面，系统地梳理了近年来的发展前沿和趋势。

1. 人文社科研究范式的变革

AI驱动的人文社科研究逐渐迈入“数据与机理双驱动”的“第五范式”，形成了经验驱动与数据驱动相结合的创新模式。传统研究通常以定量和定性方法分野，而AI技术特别是大模型的应用，使得研究方法向复杂系统与多模态融合方向发展，推动了更精确的预测与理论验证。通过AI模型的辅助，研究者能够对复杂社会现象进行实时响应和多层次分析，进一步揭示个体与群体行为的深层机制。

2. 科学决策与公共治理的方法变革

AI技术发展赋能复杂社会系统仿真，正在重塑公共管理与决策的科学范式。基于深度学习、多智能体建模和大数据融合等技术，AI能够构建高精度的虚拟社会系统，动态模拟人口流动、经济互动、舆情传播等复杂行为，突破传统线性分析模型对非线性关系的解释局限。通过多场景推演揭示政策传导的连锁效应，辅助决策者预判社会保障、应急管理等政策的长期影响，实现从“经验驱动”向“数据-模型双驱动”的决策转型。其核心价值在于：建立政策效果的“数字孪生”试验场，通过实时反馈机制优化资源配置；破解多元主体利益博弈的决策困境，借助仿真结果建立量化共识；提升治理体系的韧性，通过动态风险预警构建主动型管理模式。在疫情防控、城市规划、交通治理等场景已显现实践价值这一事实，标志着公共决策正处于从静态经验判断转向动态智能决策的新阶段，为推进治理能力现代化提供技术支撑。

3. 数据创新与规范化发展

在人文社会科学智能的发展中，数据作为基础资源的重要性日益凸显。社会科学研究正在从传统的样本数据扩展至多源异构的微观大数据，如社交媒体信息、传感器数据、图像与行为轨迹等。这种多样化的数据极大丰富了研究视角，但也带来了数据管理、共享和隐私保护的挑战。报告强调，建立规范化的数据管理体系，提升数据质量和可追溯性，对于推动学术界的数据共享与再利用至关重要，同时也是促进社会科学创新的关键。

4. AI关键算法与模型的发展

深度学习、图神经网络（Graph Neural Networks，GNN）、Transformer[①]等技术的进步，大幅提升了数据处理和分析的效率，使得社会科学研究得以探索更为复杂的行为模式和社会机制。尤

① Transformer模型是一种采用注意力机制的深度学习模型，这一机制可以按输入数据各部分重要性的不同而分配不同的权重。该模型主要用于自然语言处理与计算机视觉领域。

其是生成式预训练模型（如ChatGPT系列模型）的广泛应用，推动了从感知智能到认知智能再到通用人工智能（Artificial General Intelligence，AGI）的进化。报告指出，将符号计算与深度学习模型相结合，有望提升AI的逻辑推理能力，实现“白盒”式的逻辑思考和解释性，进一步推动AGI的发展。

5. 跨学科融合与挑战

AI在社会科学中的应用，促进了计算机科学、统计学与人文学科的跨领域融合，带来了全新的研究方法与应用场景。然而，跨学科合作也面临着复杂性和非线性问题，如数据异构性、互操作性、公平性和偏见等挑战。报告建议通过加强多层次复合型人才的培养和政产学研的深度合作，以应对这些挑战并推动跨学科研究的深入发展。

6. AI赋能的群体行为仿真与分析预测

AI算法在社会治理和公共政策分析中展现了显著优势，特别是在社交媒体情感分析、政策文本挖掘和投票行为预测方面，为政策制定和评估提供了精确的信息支持。结合LLM与ABM建模思想，AI能够对复杂系统中的政策结果进行模拟预测，有效提升公共管理的科学性和决策效率。报告指出，AI的实时数据分析能力与预测模型在公共健康管理、数字治理等领域取得了积极成果，但同时也带来了隐私和偏见等伦理挑战。

7. 经济与金融研究的AI应用

AI技术为传统经济和金融研究带来了革命性变化，通过机器学习、深度学习、强化学习等方法，研究者能够更精准地进行金融市场预测、信用风险评估和经济政策模拟。报告特别强调了ABM在模拟复杂经济系统中的非线性动态分析功能，通过与强化学习结合，实现了策略的自适应优化。AI还在多模态数据整合方面表现出色，能够捕捉市场情绪和投资者行为的微妙变化，为风险管理和政策评估提供了新的工具。

8. AI在数字人文领域的前景

在数字人文领域，AI技术正在重构历史地理、古文字学、语言学和科技考古等传统研究方法。通过深度学习和大数据挖掘，AI能够高效处理历史数据、破译复杂字形、分析语言模式，并推动考古遗址的数字化重建。这些应用不仅提升了研究的效率与精度，还为文化遗产保护和文物研究开辟了新的路径。此外，AI生成艺术在时尚、设计和创意产业中也展现了巨大的商业潜力，推动了数字艺术与文化产业的融合发展。

9. AI与产业应用的前沿与展望

AI技术的快速发展正在重塑产业结构，特别是在制造、物流、金融、医疗等领域。报告提出，AI与产业应用的结合形成了“产学研”融合的新模式，推动了理论研究与实践应用的双向促进。未来，应继续加强产学联动，构建智能化的决策支持系统，以实现从数字化到智能化的产业转型。报告通过行业调研和分析，提出了“智能革命效率矩阵”框架，从感知、决策、执行和反馈等维度，全面观察AI在产业应用中的效率提升和挑战。

总结来看，AI正在深刻影响社会科学与人文学科的研究范式、方法创新和理论探索。未来的研究应聚焦于AI技术与社会科学深度融合的关键问题，特别是在数据共享、跨学科协作和伦理治理方面提出前瞻性的解决方案。推动人文社会科学智能的健康发展，需要多方协作，强化数据管理标准、加快复合型人才培养，并注重AI技术的透明性和公正性，以实现AI技术赋能社会科学研究的最大化价值。

本报告为研究者、政策制定者和产业从业者提供了关于AI在社会科学与人文学科领域最新发展趋势的全面视角，期待能够为推动这一领域的创新和实践应用提供理论支持和战略指导。

未来已来

（代序）

人工智能（Artificial Intelligence，AI）正以一种前所未有的速度和深度，渗透到我们社会生活的方方面面，为公共管理、社会运行，乃至历史演进，带来了新的模式。这为人文与社会科学研究提供了全新的问题和研究对象。与此同时，AI技术结合大数据的广泛应用，也在悄然改写着人文和社会科学的研究范式，刷新着人们对社会、对自身的认知。AI技术的突破，很大程度上打开了人文社会科学的学科新疆域，也为新时代的学术探索与社会发展带来了新的活力与希望。

回望过去，社会科学和人文学科始终站在理解人类、探索社会、追求真理的前沿。而如今，AI技术则为这些学科注入了新的生命力。从简单的数据分析到复杂的文本生成，从精准的预测建模到深度的智能交互，AI不仅仅是工具，更逐渐成为学者们得力的“伙伴”，它陪伴着我们一同思考、一同探索，将原本复杂模糊的世界以更加清晰的方式呈现在我们面前。

1. 科技的变革，思维的进化

当我们谈论AI时，不能忽视其背后所承载的巨大变革力量。大

模型与生成式AI的迅猛发展，不仅仅改变了技术的面貌，更带来了科研范式的深刻革新。基于多模态的大语言模型（Large Language Models，LLM）的生成式通用AI，已然成为社会科学研究者们的得力助手。ChatGPT① 等生成式多模态大模型正在帮助我们整理庞杂的信息，揭示隐藏的模式，并在无数数据和信息的交织中，发现前人未曾触及的洞见。可以说，这不仅仅是一次技术进步，更是一场关于思维方式的革命，它让我们得以重新审视和诠释社会现象背后的规律与本质。

在“数据+机理”融合的新时代，AI模型逐渐从“黑箱式”的预测工具，进化为具备推理能力的“灰盒”系统。这样的转变，意味着我们不仅能够依赖数据的力量去描述世界，更能够引入科学的机理去理解世界。这种融合与创新，恰如一座桥梁，将科学的理性与艺术的创造性巧妙结合，让社会科学研究变得更加深刻、更加可信。

2. 触动人心的应用场景

随着AI浪潮持续汹涌，以DeepSeek② 为代表的国产生成式多模态大模型在不断地带给我们震撼与惊喜的同时，也催生了无数令人激动的应用场景。在科学研究之外，公共治理、社会决策、企业治理、市场交易等领域无一不在推陈出新。理论与科技、研究与应用、科研与产业之间螺旋交织、互相促进的链条从未如此地紧密，更迭如此迅速。想象一下，一个智能系统能够读懂数以百万计的文本文

① ChatGPT，全称聊天生成预训练转换器（Chat Generative Pre-trained Transformer），是由美国人工智能研究实验室OpenAI开发的人工智能聊天机器人程序，于2022年12月推出。

② DeepSeek是中国知名的私募基金——幻方量化旗下的一家大模型企业，成立于2023年7月，致力于探索人工智能本质。其于2024年12月发布了DeepSeek-V3模型，因为其良好的性能、巨大的创新和友好的开源协议引起了国内外广泛的关注。特别是其架构的创新，用较低的成本训练出媲美全球顶尖模型的效果进而引起了大家的关注。2025年1月，DeepSeek发布的R1推理大模型性能接近OpenAI的o1模型，且使用的算力资源远小于国外同级别模型，再次引起全球关注。

献，为研究者提供全面而精准的综述；或是在社会网络分析中，AI帮助我们捕捉到隐藏在庞杂关系中的微妙变化，揭示出潜藏的社会动态。更重要的是，在政策评估、社会预测与公共决策过程中，AI不仅能帮助研究者和管理者找到答案，更能帮助他们提出新的问题、预判新的趋势。

而在文化遗产保护和数字人文研究中，AI同样展现了令人动容的力量。通过多模态的数据分析与智能建模，AI不仅让古老的历史重现光彩，更帮助我们深入理解这些文化符号背后的深层含义。这种应用不仅仅是技术的展示，更是一种对人类文明的敬意，还是一种让历史与未来对话的桥梁。

3. AI与人文社会科学的双向奔赴

AI与人文社会科学的结合不仅是工具层面的相遇，更是思想和灵魂的共鸣。AI不仅在辅助社会科学研究的过程中展现了卓越的能力，也在不断激发着研究者们对新理论、新方法的思考。通过多智能体建模（Agent-Based Modeling，ABM）等先进技术，研究者们得以模拟复杂的社会动态，揭示人与人之间细腻的互动，探索社会现象背后的深层机制。这不仅是一种技术上的创新，更是一种研究视角的升华，让我们能够从全新的角度审视人类社会的方方面面。

未来的社会科学研究将更加重视跨学科的数据融合与创新方法，AI将成为这一变革的核心推动力。深度学习与强化学习等技术的应用，将进一步提升研究者们的分析能力和创造力，使得我们能够更加精准、更加深刻地理解和解释复杂的社会现象。

4. 未来已来，而我们正在创造更新的未来

随着技术的不断突破，AI模型的智能化水平将进一步提升，其应用场景也将变得更加丰富多样。AI与不同学科的深度融合将催生出新的研究范式，推动“数据－机理－模型”三位一体的全新研究

模式，开启一个更加智慧的科研时代。

然而，这一切也伴随着我们对人文精神与科学理性的双重追求。AI技术的普及不仅将为社会科学研究打开新的大门，也对研究者和管理者们提出了全新的挑战，需要我们详加研究，探索创新。

在这个充满机遇与挑战的时代，AI技术和人文社会科学的融合，必将为我们带来前所未有的希望与力量。我们希望，这份年度趋势报告能够成为一盏指引学术界与产业界前行的明灯，激发更多思想的碰撞与合作的机会，共同推动AI技术与人文社会科学的深度融合，为人类社会的未来发展描绘出更加美好的蓝图。

2025年1月

目　录

第一篇　AI驱动的人文和社会科学范式变革

第一篇 AI驱动的人文和社会科学范式变革

第1章
数据与机理双驱动的人文社科研究范式变革*

以AI为代表的数据智能科技快速发展，催生了经济社会运行的新模式、新特征；也为人类重新认识自身，认识个体以及群体行为提供了新方法和新视角。人文社会科学有着不同于自然科学的特点，人类行为的规律性较弱，解释性较差，而且往往很难通过实验验证。AI赋能之下，人文社科研究从数据、模型、实验、机理等各方面都面临变革，催生全新的研究范式。但同时，更广泛的跨领域融合、更深度的多学科交叉，也对研究组织形式创新提出了更高的要求。

本章从人文社科与数据智能新技术创新融合的视角出发，探析研究组织新模式和研究范式的创新与变革。

* 本章由胡安宁教授牵头编写。

胡安宁，复旦大学社会发展与公共政策学院教授、博士生导师，研究生院副院长，中国社会学会文化社会学分会理事长，"万人计划"哲学社会科学领军人才、青年长江学者、上海市领军人才。

本章提要

- 人文社科研究正在数据智能驱动下，逐步走向“数据和机理双驱动”的第五范式，通过降低对大数据和大算力的依赖、提升模型可靠性和可解释性，形成科学发现的良性循环。
- 在新的研究范式下，假设生成从经验驱动走向数据驱动，研究素材从定量定性二分化走向融合统一，研究方法从抽象简化走向复杂系统，研究目标则从揭示规律走向精准预测和实践指引。
- LLM-ABM为群体决策演化模拟提供了极具价值潜力的新视角和新工具，逐步形成单智能体、多智能体以及人智协同交互的多类场景，为揭示复杂机理、解决现实问题提供助力。
- 数字人文的“方法论共同体”正在形成，基于AI的文献（数据）挖掘、整理和定量化、可视化正在逐步系统化；而AI辅助研究则在点状爆发。
- 推动数据汇聚和规范管理；攻关AI模型推理能力，以及加快交叉人才培养、深化学科交叉融合，并前瞻性地探索AI治理和伦理规范，是当前推动相关领域健康发展的关键。

1.1 AI驱动人文社会科学的研究范式变革*

人文和社会科学是人类审视自我、理解社会、推动成长和维护未来的思想发端。以文、史、哲、艺为代表的人文学科揭示了人类自身成长过程与内在追求；而涵盖经济、社会、政治、传播等领域的社会科学则力求解读社会运行规律，并为构建更好的未来寻找路径。但与人类自身的复杂性、易变性和模糊性相对应，人文和社会科学研究也面临着研究范式的挑战。

传统科研范式经历了四个阶段的发展：从由经验驱动，通过观察和描述现象提炼规律的定性研究范式，到由理论驱动，通过模型推演或数据归纳发现规律的定量研究范式，到由机理驱动，通过计算机仿真模拟刻画现象机理复现规律的仿真研究范式，再到由数据驱动，通过大数据分析研究事物深层次内在关系的大数据研究范式。但随着大数据资源的不断增长和需要求解的科学问题日益复杂，传统研究范式越来越无法应对研究和实践的需要，对“第五范式”的探索日益受到关注（参见图1-1）。当前人文和社科研究存在数据驱动和机理驱动两大主流范式。而AI技术的应用推动了两种范式的融合，实现“数据和机理双驱动”，以降低对大数据和大算力的依赖，提升模型可靠性和可解释性。在AI技术的赋能下，人文社科研究正走上一条以大数据为基础、以先进算法和算力为支撑，数据与机理贯通、定量与定性融合、归纳与演绎统一、解释与预测一体的全新的路径，推动新的成果与进展不断涌现，形成科学发现的良性循环。

本章将系统探讨AI技术如何突破社会科学中长期存在的局限，展示AI

---

* 本节由吴力波教授撰写。

吴力波，复旦大学经济学院、大数据学院教授、博士生导师，上海创智学院全时导师，复旦大学校长助理，上海创智学院副院长，复旦大学国家发展与智能治理综合实验室执行主任。主要从事能源环境经济与政策评估建模研究、大数据应用统计分析与计算社会科学研究。2019年国家杰出青年科学基金获得者，2016年入选教育部青年长江学者，IPCC第六次评估报告第三工作组主要作者。

图1-1　科学研究范式的五个演进阶段

技术在社会科学中的实际应用案例，提出AI驱动人文与社会科学研究与实践的范式变革总体框架。

1.1.1　传统社会科学研究的局限

持续变迁的社会现象和日益复杂的数据变革不断地对传统的人文社会科学的研究方法发起挑战，集中体现在数据、模型和机理三方面。

（1）数据

大数据是AI发展的关键基础，随着分析技术的革新，可用于研究的数据也呈现出多方面的新特点，如图1-2所示。尽管社会科学的研究已经完成了从有限样本到大数据驱动的研究范式的转变，但是海量化的、来源多样的、模式和结构各异的数据同时也对数据的挖掘、处理和分析能力提出了更高的要求。尤其是在数字化变革持续深入的背景下，社会现象日趋复杂多变，数据指标日新月异，数据间的关系也日益复杂，需要新的模型和算法来对非平稳、实时变化的统计计量，高维非结构化数据进行建模，对大数据时空特征的复杂网络进行分析，对大数据因果推断与政策效应进行识别。

此外，图像、文本资料的数字化、定量化则为人文社科研究提供了全新的研究内容和视角。人文社科的研究需要能够适应多源异构大数据，适应非结构化数据，以及适应新类型数据的技术和方法，也需要能够从这些新的数据中挖掘信息、发现规律的理论和视角。

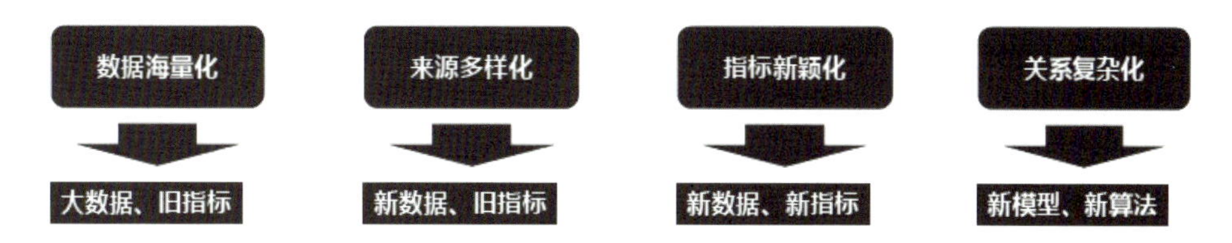

图1-2　大数据时代的数据特点

（2）模型

社会科学定量研究中的传统模型多是基于数学推理和统计关系构建的抽象模型，以简化的机理和显性、稳定和低维度统计关系为基础。这些模型虽然通过数据驱动能够强化对于线性规律的预测能力，但在面对多变量交互影响的复杂社会现象时，传统模型的解释力和预测力显得有限。

例如在经济学中，传统的供需模型揭示了理想状态下价格形成的基本规律，但在解释真实市场中的复杂性，比如金融市场普遍存在的非理性行为等特征时，传统模型的假设过于简化，难以准确刻画真实的市场动态。同样，在社会学中，传统的社会网络模型无法完全捕捉社交网络中信息的非线性传播规律。

（3）机理

与自然科学研究以客观规律及其自然表象为研究对象不同（图1-3），人文和社会科学研究以人类行为及其群体表现，即社会现象为研究对象。相比于自然现象和客观规律，人类行为和社会现象的内在规律存在高度的内生性、不稳定性和不确定性。传统的社会经济理论只能解释部分社会现象，整体理论探讨的相关性较低。

此外，社会现象无一不是在复杂的社会运行过程中，在无数异质性主体交互的过程中形成的，所产生的各种数据只是更高维的复杂系统在低维的投影。对社会现象的实验室复现难以有效控制变量；而大规模社会实验

自然科学

- **基于客观法则**：科学数据是法则关系的一种表象体现，**因此AI在自然科学中能够起到“预测”作用，本质是对于客观法则的探索，相关程度很高。**
- **可验证性**：自然科学可**通过实验进行有效验证**，基于大量的实验数据，**具有可证伪性。**

- **基于人类行为**，规律、规则相对较弱，**传统社会经济理论只能解释部分社会现象，整体理论探索的相关程度较小。**
- **验证难度大**：社会科学的数据是**基于社会现象**产生，实验的成本较高并很可能产生重要的社会后果，并且**可证伪性较弱。**

社会科学

图1-3　自然科学与社会科学机理研究的内在差异

不仅成本高，而且可能引发重要的社会后果。同时实验的可证伪性较弱，增加了验证难度。此外，社会现象的主观性和多重解释性也增加了研究的难度。社会行为和文化背景的多样性使得单一的理论模型难以概括所有情境下的行为特征，这在很大程度上限制了传统社会科学的广泛应用。

面对这些挑战，传统研究范式不论是从数据中识别内在机理，还是对机理假设进行实证检验，都只能局限于主导的、显性的特征，有些甚至存在误导性，给机理研究带来巨大挑战。

1.1.2　AI对人文社科研究的赋能

面对传统方法的局限，AI技术为社会科学研究带来了全新的机遇。从本质上看，AI给人文社科研究带来了三方面的革命。一是科学研究对象的革命，数据智能技术一方面能够拓展数据来源、转化图片和文档资料、生成数据资料，另一方面也极大地扩大了研究人员所能处理和分析的数据规模和范围；二是模型构建复杂性的革命，参数密集型的数据驱动型模型解放了传统基于数值模拟、动态优化等被维数灾难所束缚的模型，使得模型的复杂度随着参数量级大幅度提升，能够更加准确地刻画复杂系统的机制，识别因果规律，助力理论新发现；三是预测能力的革命，算法与算力的跃进，机器学习对统计规律的突破，以及实时高效求解能力等，为大量富有想象力的应用场景奠定了基础。

（1）数据挖掘和处理能力明显提升

随着社交媒体、传感器、物联网等技术的发展，社会现象的数字化程度大幅提高，数据的来源也变得更加多样化。传统的社会科学研究方法很难应对这些非结构化、半结构化数据，而AI技术则能够通过大数据分析、机器学习和自然语言处理（Natural Language Processing，NLP）等技术，高效处理和分析这些复杂数据。

例如，通过AI技术，研究者能够实时分析社交媒体平台上的海量数据，捕捉到公众情绪变化，进而预测社会事件的可能演变。自然语言处理技术可以帮助研究者从海量文本中提取有价值的信息，分析公众对某一事件的情感倾向，甚至用于预测某些重大社会事件的爆发。

（2）复杂系统建模能力大幅增强

模型是对真实世界复杂规律的抽象和简化，旨在解释关键规律，而非反映现实的复杂性。而LLM能够挖掘更具有广泛性和一般性，代表大量人类经验和观点的信息，改变人文社会科学数据收集的格局，帮助社会科学开展范围更广的社会实验，实现部分证伪。

由多个大语言模型赋能的多智能体模型（Multi-Agent Based Model，MABM）能够有效模拟社会行为中的动态交互关系，帮助研究者探索个体行为与环境之间的相互作用复杂系统，预测不同政策对社会的潜在影响（图1–4）。

在公共政策研究中，MABM能够模拟不同社会群体在政策实施过程中的行为反应以及交互影响，有效刻画政策影响演化发展的动态过程，从而更精准地评估政策的潜在社会影响。

（3）解释与预测能力全面升级

基于大数据定理的传统概率统计方法能够识别线性、连续、低维的相关性，并据此做出预测。但现实中广泛存在非线性、非连续、高维度的关联关系。深度学习和机器学习模型能够刻画各种形式的关联关系，从而提高对社会现象的预测能力。

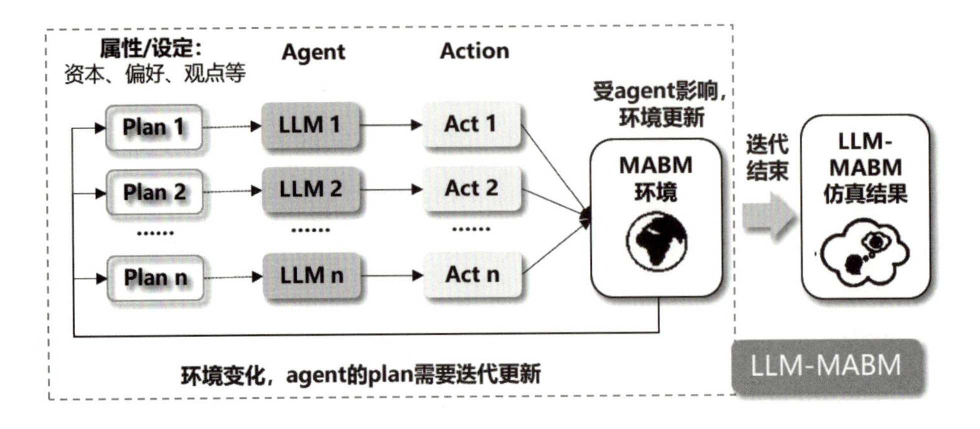

图1-4　LLM赋能智能体，构建多智能体模型（MABM）的逻辑框架

例如，在金融市场分析中，AI能够分析历史交易数据和市场行为，预测金融市场的波动，并为投资者提供科学的投资策略。

此外，AI技术的解释能力也逐渐增强。通过因果推断技术，AI能够帮助研究者揭示复杂社会现象背后的因果关系，为社会科学理论的发展提供新的视角。

例如，利用深度学习模型，研究者可以分析社交网络中的信息传播模式，解释为什么某些事件会在特定的时间节点引发社会共鸣。

1.1.3　AI4SSH的科研范式创新

随着AI技术的突破，其在推动社会科学研究范式转型中发挥着日益重要的作用。传统的社会科学研究方法在面对数据规模、结构复杂性和社会现象动态变化等因素时，往往显得力不从心。问题的提出、素材的收集、分析方法的选择以及决策的支持都受限于信息和技术手段的局限，难以全面高效地应对复杂的社会现象。这些传统瓶颈为AI在社会科学中的应用提供了丰富的潜在空间。

图1-5揭示了AI赋能的人文社会科学研究范式变革的关键特征。通过将AI应用于传统社会科学研究中假设生成到假设验证的各方面，包括文献搜索和综述、提出假设、实验模拟、对象模拟、数据收集和分析、文本分

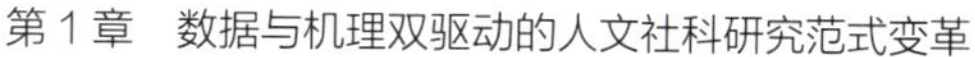

析、协助写作等等，能够全面革新人文社科领域在提出新问题、挖掘新素材、开发新方法、揭示新规律和赋能新治理等主要环节的基本范式，提高研究效率，更提升了研究的广度和深度。系统分析AI赋能人文社科研究的重点领域，我们认为，AI技术的介入带来了一种系统性的研究方法变革，推动人文和社会科学研究从理论构建走向数据驱动、从单一解释转向多层次分析的新范式。

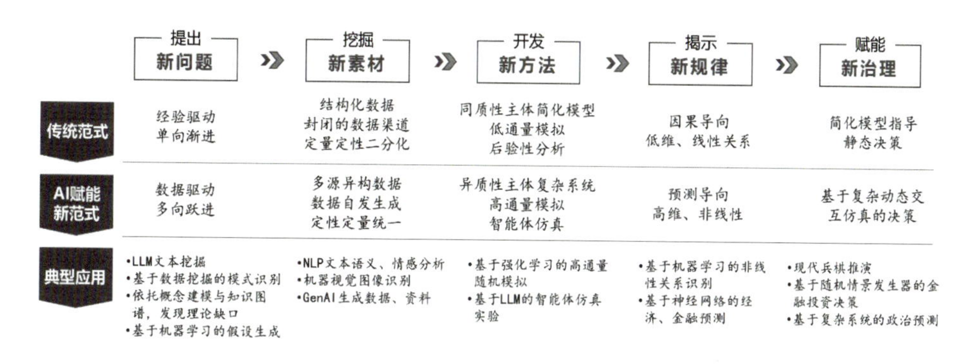

图1-5 AI时代人文和社会科学研究范式创新框架示意图

（1）提出新问题：从经验驱动走向数据驱动的假设生成

在传统的社会科学研究中，研究问题和假设的生成往往依赖于研究者的主观经验和已有理论积累，这使得许多潜在的新兴议题和社会趋势可能被忽视。同时，数据来源和分析工具的限制也进一步削弱了问题提出的全面性和广泛性。尤其在面对复杂且不断变化的社会动态时，研究者难以通过传统手段及时识别潜在问题，导致研究方向相对滞后，无法充分反映社会现状。

AI的引入，特别是LLM和文献计量分析工具，为研究问题的提出提供了新的可能性。通过处理海量文献和多维数据，AI技术可以自动提取潜在的研究方向和热点话题，从而支持数据驱动的假设生成。这种方式不仅扩展了社会科学研究的视野，还揭示了传统研究方法难以捕捉的隐性议题，使得研究能够更加客观和前瞻性地回应社会问题。

例如，在文献计量分析方面，AI工具能够高效处理和分析大量学术文献，通过量化分析挖掘出新的研究热点和趋势。研究者借助此类工具，可以快速识别出在某一研究领域中的前沿问题和未解之题，减轻了人工筛选文献的负担。此外，AI还可以作为社会科学的研究对象，研究AI技术对社会行为、经济结构以及伦理问题的深远影响，揭示出AI技术如何改变人们的决策和行为方式，为社会科学研究开辟了新的研究视角。

（2）挖掘新素材：从定量与定性二分化走向融合统一

在传统的社会科学研究中，数据采集通常依赖于结构化的、有限的调查数据和访谈资料。面对现代社会数据量的爆发性增长和数据类型的多样性，传统方法难以充分利用如文本、图像、视频等非结构化数据中的信息。尤其是社交媒体、新闻报道和政策文件等非结构化数据源中蕴含了大量的社会信息，但研究者由于数据标准化和处理难度高，难以高效地挖掘和分析这些丰富的信息。AI，特别是基于NLP的文本分析技术，为社会科学提供了一种全新的数据收集和整合方式，将非结构化数据和定性的文本资料转化为可分析的结构化数据，从而极大扩展了研究数据的覆盖范围和深度。

例如，在金融市场研究中，通过LLM生成情绪指数，分析财经新闻中的情绪波动，揭示市场情绪与金融产品之间的关系。基于LLM的情感分析不仅能够基于单词的语义和情感进行分析，还可以引入文本整体上下文的关联，更为精确地捕捉语义和情感的变化，为研究者提供了新的视角。同样，在气候政策研究中，NLP自动标注和解析大量政策文件，从中提取政策变化与实施效果的关键数据，为研究者提供高效、系统的政策跟踪手段。这些AI驱动的文本处理能力提升了社会科学数据的处理效率，使得大量信息得以有效利用，推动了社会科学从基于小规模样本的分析走向大数据支持的定量研究。

AI技术还开辟了挖掘多模态数据的新的可能性，使社会科学研究能够从更广泛的数据来源中获取信息。通过机器视觉和图像识别，研究者可以从卫星遥感图像中提取特征，以丰富社会现象的多维分析。例如，利用城

市夜间光亮图来分析经济活动的强度和人口流动，或通过对农业遥感图像的处理，判断农户的耕种情况，包括种植的作物种类、面积和作物健康状况。这些遥感数据不仅为分析农村地区的种植结构和资产价值提供了直观依据，还帮助政府和金融机构评估农户的经济状况和生产力。此外，机器视觉还可以用于识别煤矿等自然资源开采对地表环境的破坏，帮助监管部门发现未经授权的非法采矿行为。这些多模态数据的整合和应用，使得社会科学研究能够超越传统数据采集的局限，从更全面的角度观测社会现象并分析其影响因素。通过AI技术的支持，多模态数据在社会科学中得到了更广泛的应用，为政策制定和资源管理提供了科学支持。

（3）开发新方法：从抽象简化模型走向复杂系统

社会科学传统的定量研究以统计分析，即“后验性（Ex-post）”研究（研究已经发生了的事实）为主。主要原因在于绝大多数社会现象难以在实验室封闭环境内复现，而大规模社会实验面临高成本和社会伦理限制。AI驱动的LLM和MABM提供了强大的建模和实验支持，使得社会科学能够进行高通量的实验模拟，通过实验变量调整来动态优化模型，提升实验的真实性和适应性。

以市场机制设计研究为例，ABM与强化学习相结合，为市场中的多主体竞价行为提供了模拟支持。在诸如电力市场等高度复杂的市场背景下，基于AI的多智能体竞价仿真可以模拟电力企业在不同政策环境下的竞价策略，从而预测市场的反应，并为政策制定提供科学依据。同样，在气候政策设计方面，通过将宏观经济量化模拟模型和ABM模型耦合，可以对不同国家参与全球气候治理合作，以及国内气候政策的内在动力进行科学的预测，为政策优化提供数据支撑。这些AI驱动的实验模拟展示了其在社会科学中的灵活性和适用性，为复杂社会现象的研究带来了更加真实和全面的实验支持。

（4）揭示新规律：从识别因果走向精准预测

传统社会科学方法在面对复杂系统时，往往受限于模型解析求解的困

难而不得不限制模型本身的复杂度。此外，传统的统计模型也受限于统计关系的识别和解释难度，难以有效处理多层次的高维非线性关系。面对数据量巨大、变量多样的情况时，上述传统模型的不足导致其难以有效提取深层次规律。AI技术则能在高维数据环境中发现隐藏的模式。通过深度学习和机器学习，AI可以从复杂数据中自动识别出特征，揭示出社会现象背后的非线性关系，为研究者理解社会行为和因果关系提供了更多的可能性。

在金融市场的情绪分析中，LLM生成的情绪指数用于探索市场情绪与股票价格之间的非线性关系。AI的情绪指数不仅能够捕捉细微的情绪波动，还能揭示情绪如何在市场交易中逐步扩散，对投资决策产生影响。此外，在能源消费研究中，AI通过深度学习方法识别出不同群体在能源使用中的差异，揭示了人口结构、收入水平等因素对能源需求的非线性影响。这些研究结果不仅提升了社会科学的理论价值，还为政府制定差异化政策提供了数据支持，使社会科学能够更好地服务于现实需求。

（5）赋能科学决策：从解释规律走向指导实践

科学决策在传统社会科学研究中长期面临数据不完整和分析能力有限的困境，决策过程往往依赖于专家经验和简单定量模型。随着AI在计算社会科学中的应用，社会科学研究不仅能够更准确地进行理论构建，还可以在实践中支持复杂的社会管理和科学决策。通过整合ABM、AGI和强化学习，AI赋能的决策系统能够模拟多主体互动，并动态分析复杂政策环境中的管理需求，为公共治理提供前所未有的支持。

在公共政策模拟中，ABM结合强化学习技术，通过模拟政策的多主体反应，评估政策的潜在效果和风险。这种基于AI的决策支持系统不仅能够提高政策的评估精度，还可以帮助政策制定者提前预测潜在的社会风险，提供科学的管理支撑。同样，在战略风险管理方面，LLM-ABM框架构建的实时监测系统，可以跟踪政策实施后的社会反馈并预测政策风险，为复杂环境下的公共治理提供动态调整方案。图1-6显示了复旦大学团队开发的气候变化分析、建模与决策支持模型和方法体系，即采用了LLM-ABM架构。这种智能化管理体系使得政策决策能够适应实际情况，帮助决策者实现更加科学化的管理。

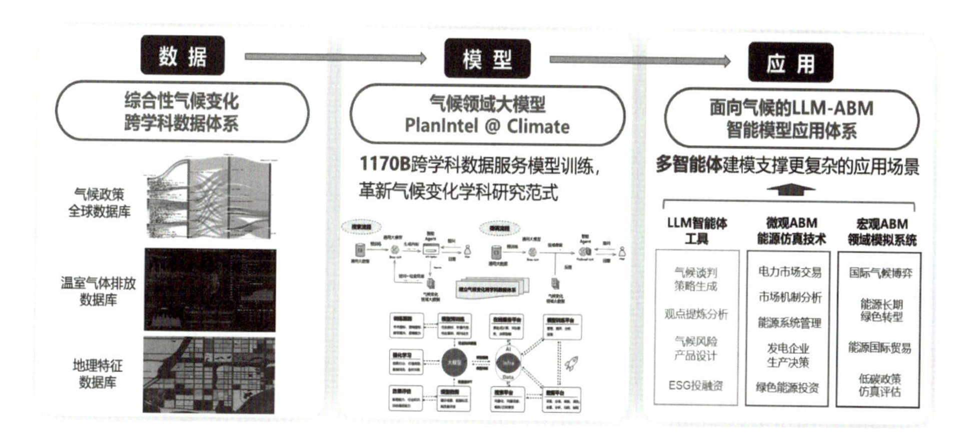

图1-6　复旦大学团队开发的气候变化分析、建模与决策支持模型和方法体系

根据综合性气候变化跨学科数据库，构建基于LLM-ABM的Planet Intelligence@Climate模型体系，增强对复杂气候变化科学事实、气候变化对自然和社会系统影响、气候减缓和适应行动的认知能力

1.1.4　推动AI4SSH科研范式变革的挑战与关键抓手

人文社会科学智能作为一个新兴的交叉学科领域，其科研范式的变革不仅代表着技术进步，更是推动社会科学研究模式向数字化、智能化迈进的重要标志。然而，推动这一变革的过程中，面临诸多挑战，涵盖了数据、模型、理论机制以及人才等方面的问题。要推动相关领域全面发展，必须从核心要素着手，逐步解决阻碍科研进展的关键问题。

（1）数据的挑战与解决方案

数据的复杂性、多样性与不互通性是当前AI深度应用于人文社会科学研究面临的首要挑战。社会科学领域的数据来源广泛，涵盖了结构化与非结构化数据、文本、影像以及社交媒体等多种形式。这些数据在采集过程

中往往存在标准不统一、质量参差不齐的问题。此外，跨领域、跨学科的数据壁垒使得数据的共享与融合变得复杂，进一步限制了AI技术在社会科学中的应用。

为应对这一挑战，研究者需要推动数据汇聚与标准化的进程，解决方案包括建立高质量多语种语料数据库，特别是面向社会科学的特色数据积累和标准建设。例如，鼓励文史哲等领域的专家参与到数据标注和生成的过程中，有助于提升数据质量。同时，通过打通各学科团队之间的数据壁垒，搭建跨学科的数据共享平台，有效提高数据的互通性与兼容性。这些基础设施的建设将为相关领域的发展提供坚实的数据基础。

（2）模型的复杂性与机理融合

在社会科学研究中，模型构建的复杂性是影响研究质量的关键因素。AI技术，尤其是基于大数据和机器学习的算法，虽然在预测与分析能力上表现出色，但其解释性不足和机理融合不够的问题依然存在。AI模型往往被视为“黑箱”，其预测结果缺乏透明性，导致研究者无法深入理解社会现象背后的因果关系，这对社会科学中强调的理论建构形成了巨大挑战。

要解决这一问题，需要推进模型的可解释性与透明度。主要攻关方向包括提升LLM与ABM的机理融合能力，使得模型在捕捉社会现象复杂性的同时，保留理论的可解释性。通过加强跨学科的理论与算法合作，社会科学研究者和计算机科学家可以共同开发出既能解释复杂社会现象，又具备可操作性的模型。此外，引入多尺度建模方法，从微观行为到宏观社会结构进行多层次的分析，有助于捕捉社会现象的动态演变过程。

（3）机理的不确定性与博弈机制的挑战

社会现象的复杂性体现在其机理的不确定性上。与自然科学不同，社会科学中涉及的人类行为往往具有高度的随机性和非线性。这种不确定性对传统模型提出了巨大挑战，尤其是在涉及博弈论与决策机制的研究时，如何通过模型准确捕捉多个社会主体的复杂互动成为难题。

为应对这一挑战，亟待在AI模型中引入不确定性量化与博弈机制的融合，研究者可以更好地模拟社会群体的行为互动。特别是通过强化学习等技术，AI能够自适应学习社会个体的决策模式，从而实现对复杂社会现象的动态预测和政策模拟。例如，在经济学和政治学的应用中，AI可以通过多智能体仿真分析政策的影响，帮助决策者制定更为精确的干预措施。

（4）人才短缺与跨学科合作的必要性

推动科研范式变革的一个重要限制因素在于复合型人才的短缺。社会科学与AI的融合需要既具备社会科学理论知识，又能够熟练运用AI技术的跨学科人才。然而，当前的学术体制下，学科之间的壁垒仍然较高，跨学科人才的培养和发展面临诸多困难。

解决这一问题的关键在于推动跨学科教育与科研合作。信息整合与跨学科合作是另一个关键方向。大学与科研机构需要加强跨学科培养计划，设立专门的学位课程，如“社会计算科学”或“数字人文”，使学生能够在学习社会科学理论的同时，掌握AI技术。此外，研究项目中的跨学科合作也应得到更多支持，尤其是通过构建跨学科的科研团队，促进社会科学家和技术专家的紧密合作，从而加速学科发展。

（5）社会影响与伦理风险

AI在社会科学中的应用带来了诸多社会影响，但也引发了伦理问题与风险管理的挑战。例如，AI技术的广泛应用可能带来隐私保护、数据安全等问题。在社会科学研究中，数据多涉及个人和群体的敏感信息，如何确保数据的合规使用、保障个人隐私成为关键问题。此外，AI算法可能在决策过程中引入新的偏见，甚至加剧社会不平等。

解决这一问题需要在伦理规范与技术发展之间建立平衡机制。亟待加强对技术伦理的关注，特别是在数据处理和决策系统中，确保透明度和公平性。同时，研究者应在模型开发过程中充分考虑可能的社会影响，并在研究初期通过伦理评估机制预测潜在风险，避免给社会科学研究带来负面社会后果。建立健全的伦理审查制度，将有助于确保AI技术在社会科学中的负责任应用。

1.1.5 结语

AI带来的科研范式变革，为传统的人文社会学科带来了前所未有的机遇。通过大数据分析、深度学习和自然语言处理等技术，研究者能够更加高效地处理复杂的社会数据，构建出精确的模型，进而提升对社会现象的解释力与预测力。这一范式革新不仅为传统方法中的局限提供了有力的解决方案，还为社会科学引入了全新的研究工具和理论框架。随着AI技术的不断成熟，人文社会科学的研究方法有望更加多样化，其研究成果也将具备更高的社会影响力。

然而，AI与人文社会科学的结合仍然面临着诸多挑战。数据质量参差不齐、模型解释力不足、理论与技术的协调问题以及跨学科人才的匮乏，都对理论、技术和应用的进一步发展构成了障碍。此外，伦理问题和隐私风险的增加也要求在技术应用中更加注重社会责任。因此，需要重点关注数据基础设施的建设、模型的可解释性提升、理论与实践的深度融合，以及跨学科人才的培养和伦理规范的实施。只有在这些关键要素的保障下，AI才能在未来的人文社会科学研究中发挥其最大潜力。

1.2 智能时代下社会科学科研范式的延续与变革*

传统社会科学经验研究遵循了社会学者华莱士[1]所说的"科学之轮"的范式，即通过理论和经验的互动，实现知识的螺旋式积累。这一研究范式与自然科学领域内基于猜想和验证（反驳）的思路相一致，因此长期以来一直是社会科学量化分析过程中相对具有共识性的研究范式。但是，在智能社会时代下，各种基于AI技术或者算法的模型层出不穷。这些新的技术手段在赋予研究者更为高效的分析工具的同时，也会直接或者间接地对科学之轮范式形成一定的冲击。虽然说在数智时代下，我们尚不能断言社会科学的科研范式已经完全发生了变革，但基于现有经验研究所凸显出的一系列特征，确实有山雨欲来风满楼的态势。

1.2.1 科学之轮：传统社会科学研究范式

在本节中，我们采用了社会学者华莱士（1996）的科学之轮模型来描述社会科学传统的研究范式[1]。具体而言，如图1-7所示，科学之轮描述的是从理论到经验再到理论的循环上升过程。在一项具体研究中，社会科学研究者往往从与所研究对象相关的理论出发，经过理论层面的抽象推演、对照或者辨析，形成一个对一系列因素或者变量比较清晰的关系图式。这种图式落实在具体的经验场景内就是所谓的研究假设。之后，研究者基于特定的研究假设，进而通过质性或者量化分析手段来收集相关的数据。在此基础上，研究者通过特定的分析手段来对数据进行分析，抽离出具有实质意义的结论。如果说从理论到假设再到数据代表了一个从抽象到具体的演绎式分析路径，那么从数据到结论则代表了从具体到抽象的归纳式分析路径。这种经由数据分析获取的结论可以对假设形成证实或者证否，从而对已有理论形成推进和提升。后续的研究就在新的理论基础上，再一次走完一次科学之轮，以此达成社会科学知识的不断积累和精进。

* 本节由胡安宁教授撰写。

图1-7所描述的科学之轮研究范式是一种基本的研究模式，不同的学科或者研究领域可能会有一些改变。通过观察图1-7可以发现，这一研究范式涉及理论-假设-结论-理论的一系列二元关系。因此，我们从这些二元关系出发，探究AI技术对社会科学研究的范式影响。

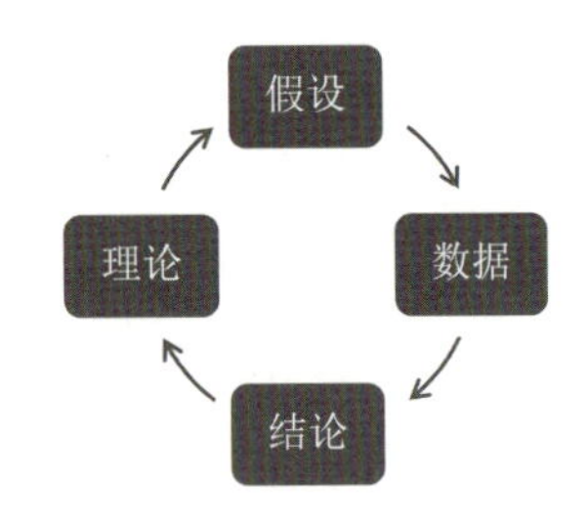

图1-7　科学之轮示意图

1.2.2　智能时代下的社会科学研究范式的延续与变革

（1）从理论到假设：以数据和算法驱动因果发现

传统的社会科学研究强调了对现有理论的系统学习和推导，并在此基础上提出研究假设。而所谓假设，本质上是基于理论的推演，在具体的经验研究场景下，提出不同分析对象之间的关系模式。用量化分析的语言来表述，也就是描述出不同变量之间的关系模式。因此，在传统的社会科学科研进路之下，理论的价值在于，通过理论层面的逻辑推演，在突破既有知识的基础上对变量之间关系形成一种判断。例如，传统的人力资本理论认为教育水平越高，收入越高。而基于劳动力市场分割理论来进行推演，这种教育和收入之间的关系会呈现出行业之间的差异[2]。这从本质上提出了一种以行业来对教育的收入回报进行调节的基本假设，亦即调节关系。

但是，伴随着因果挖掘方法的不断开发，研究者在判断变量之间关系，形成特定假设的过程中，并不必然需要借助于理论知识。例如，基于充分性、马尔可夫性、忠实性等假设，研究者可以借助基于约束或者基于评分的算法来对表征数据中变量之间关系的有向无环图进行学习[3]。虽然最后可能没有办法确定一个唯一的有向无环图，但这一分析过程却是基于算法来对变量间关系进行了相当程度的简化。显然，这一分析路径和传统的基于理论知识的分析路径有很大的不同。除此之外，伴随着生成式人工智能技术的成熟，很多研究开始将ChatGPT这样的大语言模型作为社会知识的某种“代表”。因此，在探究变量之间关系来形成研究假设的过程中，已经有学者试图通过咨询ChatGPT来确定变量之间的关系[4]。如果说理论知识是大语言模型语料库中的一部分，那么通过大语言模型平台来询问既有知识对于变量关系的判断似乎也有其合理之处。只是这里理论提炼和推演的工作交给了“机器”而非研究者本人了。

（2）从假设到数据：数据驱动和硅基样本

在传统的社会科学研究范式中，研究假设和分析数据之间的关系是一个后者服务于前者的关系。接着上文提到的例子，既然研究假设中涉及了个体的教育水平、收入情况和所处的行业，那么在收集数据的过程中就需要把这些关键变量囊括进来。与之相关的是，为了能够为尽可能多的研究主题服务，传统的社会科学数据收集过程也倾向于采用一种“综合调查”的思路，即通过一次调查，汇聚多个研究主题（例如中国综合社会调查）。研究者基于自己的具体研究任务，从中选取自己需要的变量来进行分析。然而，在数智时代下，各种新的大数据形态（文本数据、图像数据、遥感数据等）层出不穷。而新的计算手段也帮助社会科学研究者可以很好地来应对和分析这些新的数据形态。此时，单独的数据“收集”过程开始变得模糊，学者们淹没于大量的自然社会经济状态下所产生的数据中，所需要的似乎是新的分析工具来从这种浩瀚的数据海洋中寻找到一条最符合研究目标的分析路径。这里的一个例子便是文化社会学的研究。文化社会学研究重在考察人们行为背后的意义。因此，传统的研究者往往通过深度访谈的方式来完成这一任务。但是，这里有一个弊端是，被研究对象可能会在谈话过程中“蒙蔽”研究者（例如，基于社会期望偏差，有意或者无意地按照社会认可的状态来编制自己的回应）。而伴随着机器学习技术，尤其是文本挖掘技术的日渐普及，文化社会学研究者可以通过人们日常沟通过程中所生成的文本来间接考察个体所秉持的文化意义[5]。这种非介入性研究在某种意义上提升了分析的客观性。在这个分析过程中，数据并非基于研究假设所建立，而是独立于研究假设，在自然状态下生成的。

在假设和数据之间，值得一提的是硅基样本的兴起和使用[6]。所谓硅基样本，是指通过提示词让大语言模型扮演特定的社会角色，并以此提供某种样本信息。在现有研究中，已经有学者从心理学、经济学和政治学等学科角度来测试了硅基样本的质量（例如[7]）。虽然在当下，认为硅基样本会完全取代现实受访者这样的碳基样本似乎为时过早，但是硅基样本确实改变了传统社会科学研究者的数据收集流程。通过硅基样本，研究者可以“瞬间”获取海量数据。如果硅基样本的信息是具有“通用性”的，那么在实操层面传统的调查资料收集手段会受到很大的冲击。

（3）从数据到结论：更加可靠的分析过程

从某种意义上说，任何分析手段和分析技术解决的都是从数据到结论的过渡问题。也就是说，如何从数据信息中获取有价值的模式以支持实质性判断。也正是因为如此，社会科学量化分析的精进总是和各种新的统计分析手段的开发联系在一起。例如，最早的t检验或者方差分析解决的是组间比较的问题，到多元线性回归，研究者就可以通过控制一系列背景变量来探究自变量和因变量之间偏相关。而社会科学可信性革命又提出了从相关关系到因果关系的过渡，这也带来了诸如合成控制法、倾向值加权等各种新的分析工具的开发。到了AI时代，这种技术革新所带来的信息提取效率的提升也是肉眼可见。从主题模型对于文本数据的降维，到词向量模型探究不同词语之间的一般性语义关联，再到基于注意力机制（尤其是多头注意力机制）的情境性语义空间探究，其中社会科学研究者对于文本意义的探索也得到了不断精进。因此，就从数据到结论的过渡而言，数智时代和传统社会科学量化分析可谓“一脉相承”，即通过开发新分析手段，克服早期分析手段的弊端，以此通过实质性研究来推进新结论和新理论的

推出。这种以方法促创新的研究范式对于一些社会科学研究者来说似乎有些陌生，甚至有些“叛逆”，但是这确实日渐成为当下科学发展和推进的一个重要路径。2024年的诺贝尔化学奖颁给了利用机器学习方法进行蛋白质设计的学者，便是一个很好的实例。

回到社会科学的研究范式，似乎从数据得出结论的基本模式并没有发生根本性改变。但是，笔者希望提及的是，虽然从科研基本“套路”的角度来看，似乎没有新的玩法，但是对于社会科学的学生培养而言，却是带来了很大的改变。一个很直观的结果是，社会科学的学生不得不花费更多的时间和精力来学习各种具体的新兴分析技术。一个后果便是，技术本身的革新就意味着社会科学工具库的革新。学生不得不花费大量的精力追求时髦的分析工具，以得到传统分析工具所无法获知的知识。这种变化对于社会科学研究而言究竟是福是祸尚没有办法给出定论，但学生培养过程的因时而变似乎是一个无法阻挡的潮流。

1.2.3　结语

任何范式的形成和维持，都是对一些既有做法的反复固化。但是，没有任何一个学科科研范式是永恒不变的。在推动社会科学科研范式变化的过程中，方法和技术的推进往往成为重要的推手。在AI时代下，各种新的分析手段和技巧不断地涌现，对于科学之轮的研究范式的不同环节都会产生一些变迁性的影响。虽然我们不能就此认为社会科学的科研范式已经变化，但是确实存在一系列变革的可能性。在此意义上，当下的社会科学研究仍然处于山雨欲来风满楼的状态，未来将迎来什么样的风雨，我们拭目以待。

参考文献

[1] Wallace W A. *The modeling of nature: Philosophy of science and philosophy of nature in synthesis*. DC: The Catholic University of America Press, 1996.

[2] Hu A, Jacob H. Where do STEM majors lose their advantage? Contextualizing horizontal stratification of higher education in urban China. *Research in Social Stratification and Mobility*, 2015, 41: 66−78.

[3] Nogueira A R, Andrea P, Salvatore R, et al. Methods and tools for causal discovery and causal inference. *Wiley interdisciplinary reviews: data mining and knowledge discovery*, 2022, 12(2): e1449.

[4] Vashishtha A, Abbavaram G R, Abhinav K, et al. Causal inference using LLM-guided discovery. *arXiv preprint arXiv*, 2023, 2310.15117.

[5] Corritore M, Amir G and Sameer B S. Duality in diversity: How intrapersonal and interpersonal cultural heterogeneity relate to firm performance. *Administrative Science Quarterly*, 2020, 65(2): 359−394.

[6] Argyle L P, Ethan C B, Nancy F, et al. Out of one, many: Using language models to simulate human samples. *Political Analysis*, 2023, 31(3): 337−351.

[7] Bisbee, J., Joshua D. C., Cassy D. et al. Synthetic replacements for human survey data? The perils of large language models. *Political Analysis*, 2004, 32(4): 401−416.

1.3　数字人文的新工具、新方法与新视角*

数字人文作为人文学科与数字技术交叉的研究领域，不仅关注数字时代的人文问题，更重要的是探索一种新的研究方法，它从一开始就被当作人文研究的“方法论共同体”（Methodological Commons）。具体而言，它的“方法论”主要体现于能够利用数字技术及其开发的工具，来辅助人们进行人文社会科学的研究活动，包括但不限于文献（数据）的收集、处理、标注、分析、统计、归纳、撰写和可视化等。这些技术手段帮助研究人员更广泛地获取数据，更深入地分析和解释信息，并以更科学的方式得出和展示研究结论。这种方法不仅拓展了研究的广度和深度，还提高了研究的效率和准确性。

经过十多年的发展，中国的数字人文已经逐渐站稳脚跟，成为显学。自2011年武汉大学成立大陆首个数字人文研究中心以来，目前全国已有超过90个数字人文研究机构。2020年，中国人民大学开设了数字人文硕士专业，并于两年后增设了博士点，推动全国高校纷纷设立数字人文相关专业课程，使数字人文成为新文科建设的重要支柱。与此同时，随着图书馆、档案馆和博物馆的珍贵馆藏实现大规模数字化，数字人文的基础设施也得到了显著发展。这推动了数字人文研究成果的迅速增长。据知网统计，目前年发表相关论文数达六七百篇。

1.3.1　特点与问题

数字技术正在为人文学科的研究带来了大量创新，涌现出许多新工具、

---

*　本节由刘炜研究员撰写。

刘炜，研究员，现任上海图书馆上海科技情报所副馆（所）长，计算机软件与理论博士，上海大学博士生导师。兼任中国科学技术情报学会和中国索引学会副理事长。从事智慧图书馆、数字人文研究多年。曾获中宣部“四个一批”人才称号，并获上海市科学技术进步一等奖。

新方法和新视角，随着数字技术的快速发展，尤其是大语言模型带来生成式人工智能的突破，数字人文领域的创新表现出基础性、跨学科性以及点状爆发的趋势，同时也具有重复性、不均衡性和缺乏颠覆性成果的特点。

基础性主要体现在大量成果集中于数据的数字化处理，以及解决数字资源的长期保存、检索利用和提供简单的研究辅助工具等方面。跨学科性则意味着大多数数字人文的方法并不专属于某一学科，而是适用于所有人文学科，例如自然语言处理、文本检索和图像识别等技术，尚未发展到专业化和个性化阶段。点状爆发指的是许多创新集中于解决特定问题，而非实现系统级或平台级的革新。

重复性体现在两方面：一方面是某种方法一旦成功，便被广泛应用于各种类似的问题；另一方面是将许多过去已研究过的问题通过数字方法重新进行验证，只是规模更大、量化程度更高，被认为更“科学”。

不均衡性则指不同学科在采用数字化方法的程度上差异显著。总体而言，数字人文已无可争辩地成为一种趋势，但同时它尚未产生令人耳目一新的颠覆性成果。

1.3.2　一些创新案例

数字人文的创新经常是技术与需求所碰撞出的火花，有时技术未必尖端，需求也不一定独特，但相互一结合就十分神奇，对数字人文的研究范式产生长远影响。近年来这方面的案例不少，主要集中于基础设施建设和研究方法创新两个方面。

案例一

基础设施建设方面的创新案例

由于数字人文学科尚处于起步阶段，其基础设施建设仍在不断完善中，因此传统资源的数字化、数据化和平台建设成为数字人文研究中最为热门的话题。首先，各类文字的数字化处理是研究的重点之一。无论是古

代甲骨文、形体复杂的西夏文，还是其他古文字的识读，都需要依赖于先进的图像识别技术和机器学习算法。2024年初维苏威挑战赛①团队利用多光谱成像技术和计算机算法，逐层分析、重建被火烧损的古代文献，成功解密了近2 000年前被维苏威火山掩埋的赫库兰尼姆卷轴约5%的文本内容，这一突破性成就登上了《自然》杂志头条，为重新发现失落的古代知识开辟了新途径。

在平台建设方面，阿里团队开发的“汉典重光”项目是一个重要的例子。该项目旨在通过数字化手段，使散布在全球的中华典籍得以重新汇聚和展示，为海内外学者的研究提供了便利。“识典古籍”平台则通过开发和应用智能标注、文白翻译、实体标注和提取工具，为古典文献的研究与传播提供了更加高效和精准的支持，使研究者能够更便捷地利用这些宝贵的文献资源进行考证、注释和分析。此外，针对中华文化的深厚底蕴和复杂性，大型语言模型如“荀子大模型”和“AI太炎2.0古汉语大模型”专注于古汉语的自然语言处理，通过机器学习和深度学习等技术，提升了古文自动翻译和解读的准确度，为数字人文研究提供了新的工具和方法。

案例二

数字人文研究方法方面的创新案例

在数字人文领域，研究方法的创新层出不穷，各种新理论和工具的出现正在重新定义人文研究的边界和方法论。弗朗哥·莫莱蒂（Franco Moretti）提出的“远读”（Distant Reading）便是其中的代表性方法之一。这种方法与传统的“近读”（Close Reading）相对，通过对大量文本进行定量分析而非逐字逐句地精细阅读，揭示出大规模文学作品之间的模式和

① 维苏威挑战赛（Vesuvius Challenge）是一个机器学习在线比赛，目标是在维苏威火山爆发中被火山灰掩盖后碳化的纸草卷——赫库兰尼姆卷轴（Herculaneum Scroll）上读出文字。

关系。“远读”挑战了文学研究中的传统方式，使研究者能够更好地理解整个文学场域的宏观结构，例如文学体裁的发展演变、风格变化和主题分布等。

同样来自芝加哥大学的苏真（Richard Jean So）则提出了“文学模式识别”的方法，这种方法借鉴了计算机科学中的模式识别技术，通过文本分析与机器学习相结合，探索文学作品中隐藏的模式和结构。苏真的研究开辟了一种新的思维方式，使得数字化技术与文学分析相互交融，为文学研究注入了新的活力和可能性。

此外，列维·曼诺维奇（Lev Manovich）和马克西米里安·席希（Maximilian Schich）在文化研究中引入了“文化分析学”（Cultural Analytics）的概念，他们借助大数据和可视化技术，分析文化现象及其演变趋势。例如，通过对大量的图像、电影、书籍等文化产品的数据化处理，他们可以揭示出某一时期文化风格的演变路径和其背后的社会文化动因。这种方法为我们提供了一种全新的视角去理解文化历史和当代文化现象。

杰罗姆·麦根（Jerome McGann）在弗吉尼亚大学开创的“文本批评”（Textual Criticism）则更加注重文本的形式和版本问题。他通过数字化手段，对古代和现代文献进行多版本对比和分析，研究文本在不同版本中的差异以及这些差异的文化意义。通过数字化的方式，这种文本批评不但加快了研究过程，还提高了研究的精确度和透明度。

另一项创新是让-巴蒂斯特·米歇尔（Jean-Baptiste Michel）和埃雷兹·艾登（Erez Aiden）提出的“多元词频统计”（Culturomics）。这一方法利用大规模文本数据（如谷歌图书数据集）来分析不同词汇和语法结构在历史长河中的使用频率和变化趋势，从而揭示出语言、文化和社会变化之间的关系。这种大数据驱动的方法，为语言学、社会学、历史学等多个领域的研究提供了新的数据支持和方法论框架。

与此同时，许多数字人文的新工具也伴随着这些新平台或新方法的出现而诞生。例如，N-Gram词频查看器可以帮助研究者快速了解特定词语或词组在大规模文本中的使用频率及其变化趋势；文本标注分析工具如

Markus和Docusky则可以为研究者提供更加便捷的文本注释和分析功能，使得大规模文本数据的研究变得更加高效。LoGaRT等地方志研究工具集的开发，更为地方历史研究者提供了专门化的数据处理平台，进一步拓展了研究的广度和深度。

案例三

生成式人工智能的影响

AGI的出现带来的新一轮信息技术革命正在席卷世界，数字人文领域也已受到波及，正在迎来新一轮创新，最终将与自然科学领域正在发生的范式创新AI for Science一样，带来人文研究的第五范式。

首先，生成式人工智能通过在文献综述中自动总结和提炼关键信息，帮助研究者发现新的研究问题和方向；通过对海量数据的“远读”，结合“大海捞针”的“细读”，产生大量不同维度层次的“洞察”，为人文社会科学研究提供新的视角。

其次，AI能够使数据收集和分析过程实现一定的自动化：自动生成模拟数据并进行必要的加工处理，用于测试假设或验证模型，从而使研究过程更加高效。AI驱动的内容分析工具能够处理大量文本数据，识别出潜在的主题和趋势，这在传统研究中需要耗费大量时间和精力。

最后，生成式人工智能由于具有很强的代码生成能力，能够帮助进行各类工具的高效开发，甚至个性化开发，为研究者提供超强便利。

当然，目前生成式人工智能还不是十分成熟，其固有的幻觉问题，以及不受伦理道德的约束等缺陷，使其还不能脱离研究人员的掌控，研究者需要对AI生成内容的准确性和可靠性时刻保持批判性思维，避免潜在的偏见和误导。

第 2 章 复杂社会系统仿真赋能科学决策

随着社会的日益复杂化与动态化，科学决策面临着前所未有的挑战。传统依赖专家经验与直觉的决策模式，在面对海量信息与复杂因果关系时显得力不从心。而复杂社会系统仿真技术的崛起，为突破这一困境带来了曙光，成为当前社会科学领域极具前沿性与战略意义的研究方向。

复杂社会系统仿真通过构建虚拟的社会环境与行为模型，模拟社会各要素之间的相互作用及其演化过程，从而为决策者提供对现实社会复杂现象的深入理解和精准预测。它融合了计算社会科学、人工智能、大数据等多学科前沿技术，能够处理海量多源数据，挖掘隐藏在复杂社会关系中的规律，为政策制定、社会治理、资源分配等关键决策领域提供有力支持。从微观个体行为到宏观社会趋势，从短期事件应对到长期战略规划，复杂社会系统仿真都能发挥重要作用，帮助决策者在复杂多变的社会环境中做出更加科学、合理、有效的决策，提升决策的准确性和前瞻性，降低决策风险，推动社会的可持续发展。

本章提要

- 计算社会科学存在以"模仿"为目标的机器学习和以"模拟"为目标的计算模拟两大技术取向，未来"决策计算社会科学"应以模拟技术为主，融合模仿技术，其中ABM是模拟战略行为涌现性社会结果的有力技术路径，具有整合机器学习的无限潜力，可实现从调参优化到自我学习演化的多层整合。
- "全数据计算"是"决策计算社会科学"的正确方向，强调从决策问题出发确定所需数据，注重数据对解决问题的必要性和大致充分性，综合运用不同数据解决复杂决策问题。
- 我国亟须构建集社会科学、数据技术、计算机模拟、机器学习及人工智能于一体的技术平台，整合数据、算法和算力，以及专家知识和判断，以应对复杂多变的环境，提升广适性、即时性以及一定时空内的精确性和实时性，助力国家提升战略决策能力。
- LLM驱动的智能体为社会模拟提供新机遇，可实现个体模拟、场景模拟和社会模拟，模拟构建与评测涵盖多个维度，应用场景广泛，呈现从简单到复杂、从单一到多模态融合的发展趋势。
- 社会模拟在广义经济学、社会学与政治学、在线平台等多个与人类社会行为相关的领域得到广泛应用，如模拟经济场景、预测选举结果、观察社会互动、分析信息传播模式等，为理论验证、政策评估、社会管理等提供了有力工具，其发展趋势包括大规模扩展、多模态融合以及更现实的社会互动模拟，有望进一步推动社会科学的发展和社会治理的创新。

2.1 计算社会科学与科学决策的未来[*,**]

自拉泽尔等人在2009年《科学》杂志发表《计算社会科学》一文以来，计算社会科学（Computational Social Science）作为一个新兴的交叉学科领域，已经在整个国际社会科学界引起了广泛关注。但是，对于计算社会科学到底能为我们理解人类社会带来怎样的价值，以及如何推进计算社会科学的进步，学界仍存在相当大的分歧。

本节认为，一方面通过大数据计算确实有可能识别出人类社会中的某些规律性模式，但这样的规律性模式恐怕并不如我们想象的那么多，而且也不一定具有普遍意义，因为人类社会一直都是一个在时空中演化的体系。同样重要的是，模式识别本身只是描述，而不是解释，因此识别出来的模式也不一定能够为决策，特别是为可能需要考虑干预的决策提供太多的支持。另一方面，尽管基于大数据的计算社会科学可能对理解绝大部分重大经典问题的因果关系帮助有限，但计算社会科学确实有可能给应用社会科学特别是决策科学中的科学决策，带来巨大变革。将计算社会科学与科学决策紧密结合起来，将是世界各主要经济体在未来的重要竞争领域之一。

2.1.1 计算社会科学与科学决策

计算社会科学是基于大规模计算，通常也基于大规模数据，对我们关心的社会行为和社会事件（作为社会结果）进行推演和计算的科学。计算社会科学是将社会科学、计算机技术以及数据技术结合起来的交叉学科，而决策科学是试图基于科学手段来帮助人类优化复杂决策的交叉学科，其

---

* 本节由唐世平教授撰写。

唐世平，复旦大学特聘教授，教育部“长江学者”特聘教授，复旦大学复杂决策分析中心主任。

** 本节原刊于《新华文摘》2024年第8期，收入本书时有删减。

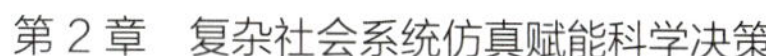

最核心的目标必然是如何更加科学地决策。

总体来看，决策者都面临两个根本的挑战：一是信息的缺乏；二是处理信息的能力，包括甄别和剔除干扰信息的能力。在相当长的时间里，这两个挑战几乎是无解的。而计算社会科学的到来，将极大地缓解上述两个挑战所带来的压力，决策科学中的科学决策因而也就面临前所未有的变革机遇。因为计算社会科学完全有可能让人类的许多重大决策不仅能够更加基于客观数据和计算，而且在数据（信息）的来源和规模上有极大提升，从而让传统的绝大部分依赖专家主观意见的决策行为变得更加科学。

2.1.2　“决策计算社会科学”的技术取向

过去的20年，大数据驱动的机器学习和人工智能技术突飞猛进并得到广泛应用。但是，将计算社会科学与大数据驱动的机器学习和人工智能等同起来，认为大数据驱动的机器学习和人工智能是计算社会科学的唯一技术取向，这种看法并不全面。实际上，计算社会科学至少有两大技术取向——以“模仿”为目标的机器学习和以“模拟”为目标的计算模拟。这两大技术取向有着根本差别，各有优势和劣势。如果不能相对准确地理解这两大技术取向的差别以及它们各自的优势、劣势，对“决策计算社会科学”未来的把握就可能出现偏差。

（1）“模仿”还是“模拟”？

本节认为，“决策计算社会科学”有两个大的技术取向：以“模仿”为目标的机器学习和以“模拟”为目标的计算模拟。基于决策问题的特殊需求，未来的“决策计算社会科学”应该以模拟技术为主要技术取向，但又融合模仿技术。

① 作为模仿的机器学习

传统的计量社会科学主要依赖因果推断，而因果推断的核心基础之一是统计学。机器学习的核心基础之一同样是统计学，因此，机器学习也是最早被用于计算社会科学的工具之一。

机器学习都是基于模仿，然后超越人类的计算和推理能力。在这方面，计算社会科学在多个领域都取得了显著进展。比如，深度学习技术在自然语言处理方面的应用取得了很大的进步。而知识图谱则将复杂领域的知识通过信息处理、数据挖掘、知识计量和图形绘制，试图发掘人脑无法发现的关联甚至规律性模式。此外，图像识别也是一个重要的深度学习的应用领域。

对战略行为的预测，传统社会科学的一个主要工具是博弈论。但深度强化学习似乎天生就是为智能决策服务的。深度强化学习通过结合深度学习和强化学习，让智能体在训练中试错，通过奖励和惩罚反馈神经网络，从而得到更好的策略模型，然后根据当前状态判断应该采取的行为。但目前深度强化学习的主要应用都是针对个体水平的行为决策，如基于用户画像和模式识别的购物广告投放、社交媒体内容推荐等等。在复杂且不稳定的战略性行为的预测方面，机器学习技术的成功应用案例还是罕见的。

② 计算模拟

模拟是计算社会科学的另一个技术取向。模拟的目标是模拟两个及以上不同行为体的行为以及这些行为的相互作用而导致的涌现性结果。计算模拟技术本身也有很多种，本节认为，ABM可能是最适合模拟基于战略行为的涌现性社会结果的一个技术路径。ABM可以容纳多个行为体，推演这些行为体的复杂行为选择，并捕捉在一定的环境下行为体的行为及相互作用而造就的涌现性的、更高层次的社会结果。因此，ABM特别适合以通过模拟来预测结果为目标的研究。此外，基于ABM的模拟可以回溯结果的成因（类似于围棋的复盘），大大降低黑箱的成分。因此，ABM特别适合基于对结果的推演来反推行为体的多种行为。但模拟接近真实情形的社会结果的生成，通常需要很大的计算量。因此，在2000年之后，计算能力的日益强大，特别是云计算的出现，使得ABM终于有了可以大显身手的机会。

③ 未来的发展方向：整合了机器学习的计算模拟

整合了机器学习的计算模拟是未来的发展方向之一，而ABM则具有

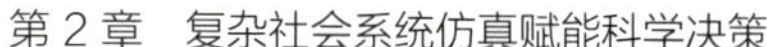

几乎无限的整合机器学习能力。具体来说，机器学习对于描述ABM系统中的行为体的特征、环境以及行为规则都有重要帮助。另外，早期的ABM中的行为体不能自我学习、自我演化，随着机器学习特别是深度学习技术的到来，ABM中的行为体的特征和行为规则完全可以自我演化。

这样的整合可能有三个层次，或者说是分三步走。第一个层次，主要是利用机器学习，帮助ABM系统中的行为体、环境、行为规则进行调查和优化。第二个层次，基于机器学习，让ABM中的行为体特征和行为规则都可以自我学习、自我演化。第三个层次，进一步让ABM对环境的刻画能够自我学习、自我演化，进而从深度和广度上让ABM能够更好地捕捉真实的世界。目前的研究主要集中在第一个层次，离第二个层次还有非常大的距离。

（2）“全数据计算”，而不仅仅是“大数据计算”

本节认为，基于“全数据计算”才是“决策计算社会科学”的正确方向。“全数据”思维是指首先要确立大致需要什么样的数据，然后才能够用相关数据解决一个复杂决策问题的思维方式。因此，“全数据”思维首先强调的是数据对解决一个决策问题的必要性和大致充分性，而不是一味强调数据的多少，或者说是数据维度越多越好、数据规模越大越好。换句话说，“全数据”思维是从需要解决的问题出发，而不是从数据本身出发。从这个意义上说，“全数据”思维也可以说是“充分数据”思维。

因此，“全数据”思维首先要回答的是“解决某一问题需要什么数据”的问题。很多时候，要解决一个复杂决策问题，仅仅依靠大数据是不够的，还需要和其他基础的人口、经济、政治等数据结合起来。“全数据”思维其次要回答的是“不同的数据有哪些不同的用处”的问题。比如，我们通常会认为，宏观和中观的数据对大格局的把握更加有帮助。而像社交媒体信息、酒店信息和电话号码等微观数据，如果准确，则有助于我们对某些特定的个体和群体行为作出更加准确的预判。不同数据有不同作用，要恰当地综合运用以解决不同问题。

面对具体的复杂决策问题，研究者需要不同的数据组合、不同的基础数据和不同的大数据。“全数据”思维不是事先给定要解决一个具体复杂决策问题的数据范围，而是需要研究者根据具体的研究问题来探索不同的数据来源组合。面对具体的复杂决策问题，研究者既要以既有的社会科学的理论、实证研究和数据积累为基础，又要了解大数据的来源以及处理技术，只有这样才能充分利用这些不同的资源。

2.1.3 基于计算社会科学建设有中国特色的科学决策支持体系

计算社会科学确实有可能给决策科学中的科学决策带来一些崭新的解决办法，从而为传统上主要依赖专家意见的科学决策带来巨大的变革。随着数据收集能力和处理能力的大幅提升，世界主要国家都在投入大量的资源来建设基于数据和计算或者说是基于计算社会科学的决策咨询体系，以能够有效应对高度复杂且快速变化的环境。

在基于计算社会科学的战略咨询体系这一领域，美国居于领先地位。在计算社会科学到来之前，美国的核心决策支持体系以及一些重要部门就已经进入了计算时代。比如，最开始由美国空军支持的著名的兰德公司一直都在开发基于计算的决策支持系统。事实上，世界上第一个人工智能项目“逻辑理论家”就是由兰德公司支持研发的。类似机构还有隶属于美国海军的海军分析中心。

信息收集功能以及信息处理能力是任何一个决策支持体系的基本能力。就中国而言，目前的决策支持体系只具备基本的信息收集能力和相对初级的信息处理能力，总体缺乏严格意义上的计算支持，更谈不上复杂的计算模拟。因此，我国迫切需要建设一个基于计算社会科学的战略咨询体系，即构建一个集社会科学、数据技术、计算机模拟、机器学习及人工智能于一体的技术平台，整合数据、算法和算力，整合专家知识和判断并推演他们不同的理解和判断是否正确。与其他的关键技术一样，这样的技术平台亦将成为国家核心能力的重要组成部分。

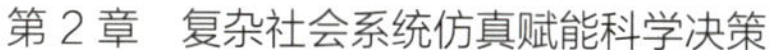

在应用层面，这些技术平台还需要具备以下三个特征。一是广适性。一旦这样的技术平台被开发出来，研究者只需拥有某些特定国家的有关数据，就能对这个国家有可能面临的高烈度战略风险进行评估预测，并且推演国家不同应对措施的效果。二是即时性。平台最终应该能够自动抓取最新数据，并据此进行计算（包括模拟），从而能够让国家尽早掌握重大迹象和动向，规避风险。三是一定时空内的精确性和实时性。能够实现对某些高烈度风险的行为和事件在一定时空内的预测，并且能够模拟防范手段，从而为提升国家的应对能力提供一定的知识保障。

要发展这样的体系，具体措施至少应该包括以下六个方面。第一，国家必须从长治久安的战略高度深刻认识到计算社会科学对战略决策造成的广泛和深远的冲击。第二，逐渐提高国家对决策咨询的科学化要求，从需求侧提升对基于计算社会科学的决策咨询的需求，逐步提高以计算社会科学为基础进行推演和判定的咨询报告的占比。第三，基于高度的战略重视，加大国家对计算社会科学的研究投入，特别是加大对以预测和推演为目标的研究与开发的支持力度。第四，在相关人才的培养和学术团队建设上，应更加鼓励跨学科的学术培养体系和协作平台，尽快将计算社会科学确立为与学位挂钩的交叉学科或者专业。第五，计算社会科学的发展离不开大规模数据，更离不开数据及算法的共享。目前，大规模数据的持有者主要是企业和政府，国家应该尽快要求企业共享那些不涉及用户隐私的数据（比如，隐去了用户个人信息的出行数据、消费数据等），并鼓励不同政府机构和研究机构建立数据、算法和模型的共享资源平台。第六，鼓励相关民营企业加大研发投入，加强校企联合。

2.2 人智协同视角下的行为机理研究新范式*

随着AI技术的飞速发展，以人为中心的AI计算正逐步融合多学科知识，深度赋能AI计算，并深入考虑AI背后的价值导向、潜在偏见以及伦理考量等关键内容，极大丰富了AI的计算内涵和应用范畴，并显著提升了AI系统的可靠性与安全性。近年来，随着ChatGPT等大模型技术的涌现，AI不再仅仅局限于作为辅助者，而是逐渐成为参与者，日益融入人类社会的各个领域，共同塑造出应对复杂场景的新范式。这种新型的协同计算模式，即人智协同计算，强调人类智能与高水平自主性AI之间的紧密合作与协同。人类凭借自身的历史经验、情感理解和伦理判断能力，与AI强大的计算、数据处理能力和知识储备形成优势互补，共同应对更加复杂多变的场景。其中，大模型智能体作为核心驱动力，扮演着至关重要的角色。它们具备自主感知、推理、学习与决策的能力，不仅能精准模拟个体的行为模式与决策逻辑，还能在复杂多变的环境中实现群体行为的建模与协同决策，为解决现实世界中的复杂问题带来全新的视角和工具。本节聚焦于大模型智能体在个体与群体层面的建模与决策，主要涵盖以下三个方面。

---

* 本节由卢暾教授、黄萱菁教授、张鹏副教授、李诺博士后共同撰写。

卢暾，复旦大学计算机科学技术学院副院长，教授，上海市数据科学重点实验室副主任，复旦大学社会计算研究中心主任。兼任中国计算机学会协同计算专委会秘书长，上海市计算机学会协同信息服务专委会副主任，国家政法智能化技术创新中心专家委员会社会治理领域专家，之江实验室智能社会治理实验室学术委员会委员，多项科技部国家重点研发计划“社会治理与智慧社会”科技支撑重点专项项目咨询专家等。

黄萱菁，复旦大学计算机科学技术学院教授，博士生导师，国家级领军人才，上海市优秀学术带头人，复旦大学自然语言处理实验室学术带头人。兼任中国中文信息学会理事、中国计算机学会自然语言处理专委会主任、中国人工智能学会女科技工作者委员会副主任、计算语言学学会亚太分会(AACL)候任主席、亚太信息检索学会(SIGIR-AP)指导委员会委员、SIGIR-AP 2023和EMNLP 2021程序委员会联合主席。

- 大模型智能体基础技术构建：详细介绍大模型智能体的通用框架与关键技术，为后续探讨其在个体与群体层面的应用奠定坚实的理论基础与技术支撑。
- 个体人智协同决策：探讨大模型智能体与人类智能实现有效协同决策的方式，揭示了人智协同决策的内在机制，促进了人智协作的深度与广度。主要包括人智协同行为分析与建模、人智协同交互与融合优化、人智协同的可信系统构建、人智协同计算环境设计实现等多个关键方向，显著提升人智协作效率、推动人智决策领域的发展。
- 群体决策演化模拟：从微观与宏观两个视角建模大模型智能体群体决策演化与模拟，为大模型智能体在复杂社会系统中的应用提供科学依据与实践指导，助力大模型智能体在真实世界场景中的有效部署与优化。

本节从以上三个方面进行概述，为大模型智能体技术的实际应用发展提供理论指导和实践参考，推动其在个体与群体层面的建模与决策领域的发展。通过跨学科知识的融合与创新，期待大模型智能体在人智协同计算领域发挥更加关键的作用，为人类社会的持续进步与发展贡献智慧与力量。

2.2.1　基于LLM的智能体构建技术

智能体具有一定的自主性、反应能力、主动性和社会能力。而LLM则具备强大的文本生成、理解和推理能力。因此，基于LLM的智能体能够深度整合知识并加以运用，实现更为复杂的感知、记忆、推理和执行能力，具有更大的灵活性、适应性以及更高的智能化水平，能够实现个体与群体更高效地决策。本节旨在介绍大模型智能体基础技术的构建，主要聚焦于大模型智能体的通用框架以及所涉及的关键技术，如图2-1所示。

（1）大模型智能体通用框架

主要包含感知模块、规划模块、记忆模块和工具调用模块。感知模块

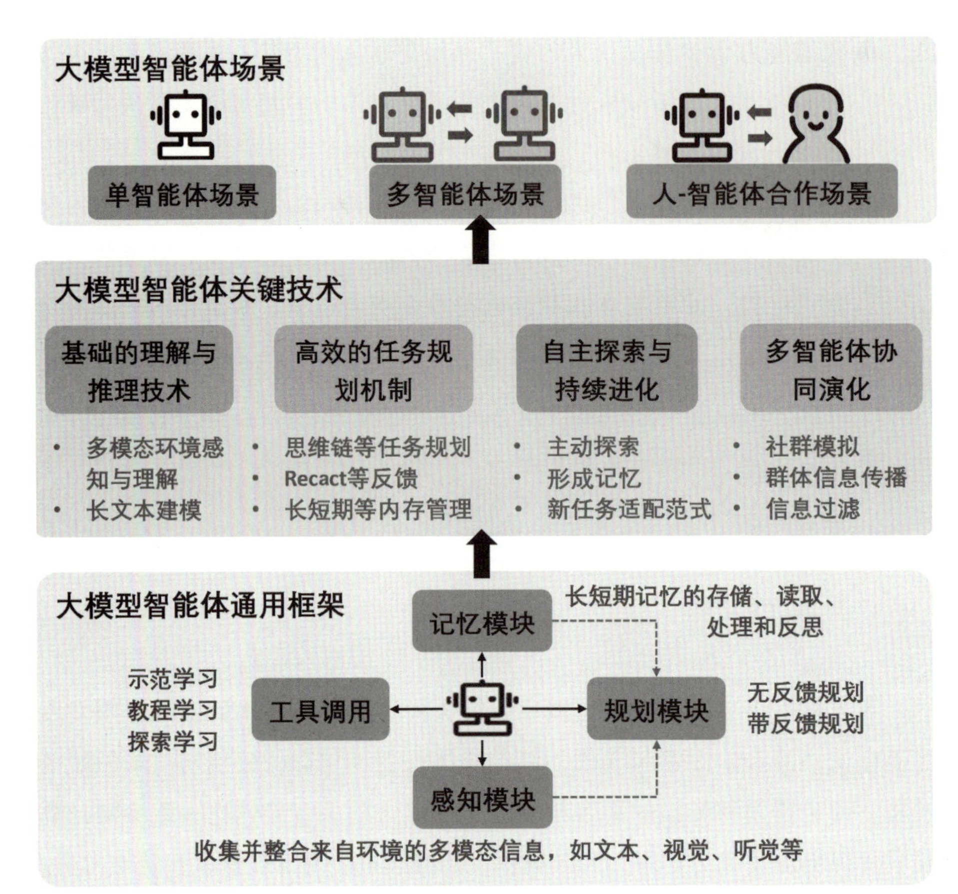

图2-1　基于LLM的智能体构建技术

负责收集并整合来自环境的多模态信息，如文本、视觉、听觉等，乃至触觉、手势和3D雷达数据，以支持智能体在复杂环境中的全面理解。规划模块通过无反馈与带反馈的规划算法，能够根据当前环境和任务目标，动态生成并优化执行计划，确保智能体行动的高效性和准确性。记忆模块负责管理和操作智能体的记忆，包括长短期记忆的存储、读取、处理和反思等功能，它确保智能体在处理连续任务时能够保持上下文连贯性，并基于历史经验做出更精准的决策。工具调用模块旨在通过调用外部工具和资源来完成特定任务，扩展了智能体的功能边界。通过示范学习、教程学习、探索学习等方法，智能体可以执行复杂的计算、更自然地交互，从而提升其

解决问题的能力和效率。

（2）大模型智能体关键技术

主要涉及基础的理解与推理能力，高效的任务规划机制，以及协同探索与持续进化的能力。首先，最基础的理解与推理技术，比如多模态环境感知与理解、长文本建模与文本推理能力。这些能力的提升使得大模型智能体能够更好地处理复杂的任务环境，理解和生成长文本内容，并进行复杂的推理，从而在实际应用中展现出更高的智能水平。为了充分发挥智能体的潜力，需要将其基础能力有效地组织和编排，从而实现高效的任务执行和决策。例如，思维链采用单路径推理细致划分任务，思维树则采用多路径推理增强灵活性与适应性。其次，React和Reflexion等框架引入反馈机制，促使智能体基于历史行动和观察迭代地反思和调整执行计划。进一步地，面对日益复杂多变的环境，大模型智能体需要具备自主探索与持续进化的能力。当前主流范式遵循“主动探索-形成记忆-新任务适配”的循环以适应复杂多变的真实环境。例如，语言增强型自主智能体模型（Language Model Augmented Autotelic Agent，LMA3）中智能体能够根据自身偏好自主探索环境，并通过奖励机制获取知识和技能。最后，多智能体协同演化技术促进了多个智能体之间在复杂任务中的高效合作与策略博弈，同时实现了知识的高效共享与传递。例如，斯坦福小镇框架通过设定智能体的角色、行为模式和共同目标，使其能够自主判断哪些信息是当前任务最为重要的，从而使得智能体模拟人类行为，在虚拟环境中进行复杂社交互动。

大模型智能体基础技术的构建，不仅适用于单智能体场景（如文本生成、问答系统、自动编程），在多智能体协作（如医疗会诊、复杂项目管理）及人智协作（如软件开发辅助、科研数据分析）中同样展现出巨大潜力，推动了工作效率与质量的双重提升。

目前大模型智能体的基础能力已经到达相对稳定的阶段，展现出卓越的感知、推理、决策等能力。然而，如何准确、全面、系统地评估这些大模型智能体的能力，仍然是当前亟待解决的核心挑战。Minecraft和

Tachikuma等评估大模型智能体在复杂问题理解与逻辑推理方面的能力；AgentBench则评估其在多回合开放式生成环境中的推理和决策能力。尽管现有评估取得了一定进展，但是这些评估标准不一致，导致评估结果难以横向比较；同时这些评估侧重于特定领域，缺乏智能体综合能力的全面评估。因此，未来，随着不同领域、不同场景以及大模型智能体自身能力的不断细化和拓展，大模型智能体评估将向更加多元化、精细化的方向发展。此外，大模型智能体的持续学习与进化也是未来发展的重要方向。通过持续学习，智能体能够不断更新知识、优化策略，从而在多变的任务和环境中保持高效运行。目前大模型智能体的学习主要依赖于人类专家知识和历史经验，导致大模型智能体知识更新滞后、难以适应复杂多变的环境。未来，大模型智能体的持续学习将更加注重与环境的主动交互，通过环境反馈实现知识的动态更新与优化，从而在复杂多变的环境中展现出更为智能且高度自主的行为模式。

2.2.2 以人为中心的人智协同决策

以人为中心的人智协同决策旨在深入分析人与大模型等AI技术协同决策中的价值偏见、伦理隐私、技术局限等，推动技术构建及应用向更加伦理化的方向发展。本节旨在介绍以人为中心的决策当前的研究进展、关键挑战及趋势方向，为该领域的研究和实践提供指导。

人智协同不单纯是人与大模型等AI技术的简单交互，而更聚焦其之间的深度协同，以实现目标的高度统一、行为的无缝协调、效率的显著提升以及用户体验的全面增强。在这样的协同场景中，最显著的特征是人与AI的界限日益模糊，双方以多模态的交互方式共同参与决策过程，并追求多元化、多样化的目标，从而带来了人与AI之间交互理解难、高效协作难、信任建立难、价值对齐难等突出问题。

针对上述问题，当前的以人为中心的人智协同决策重点聚焦于以下方面：人智协同行为分析与建模、人智协同交互与融合优化、人智协同的可信系统构建、人智协同计算环境设计实现，如图2-2所示。

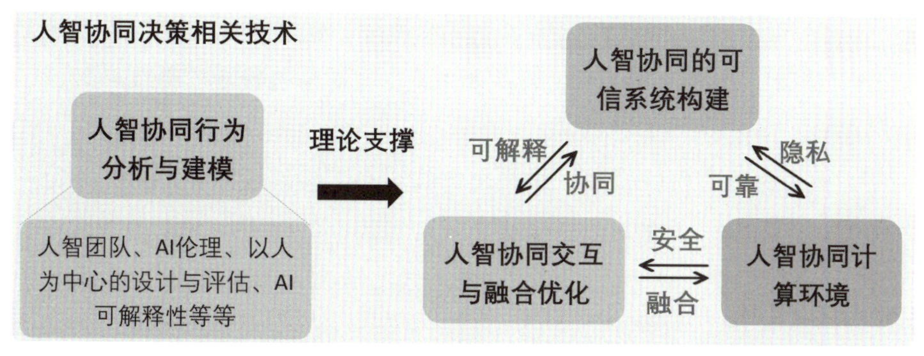

交互理解难、高效协作难

信任建立难、价值对齐难

人智协同决策特征

交互模态多样　双边决策　人智边界模糊　期望目标多样

图2-2　以人为中心的人智协同决策

- 人智协同行为分析与建模旨在深入理解人与AI协同过程中的行为机制与交互模式，不仅仅包括人类与AI如何组队合作，更深入探讨AI伦理准则的融入、以人为中心的设计与评估体系，以及增强AI的可解释性与可说明性等，为设计高效、自然的人智协同交互与融合优化策略提供了理论支撑和实践指导。
- 人智协同交互与融合优化关注人智协同的前沿理论与研究，探索更高效的协同模型以充分发挥人类与AI的互补优势。例如，人工智能辅助模型、人工智能融合模型等，以推动AI技术和社会应用的协同发展。
- 人智协同的可信系统构建旨在探究系统构造中的数据质量控制、模型可靠训练、可解释的模型优化等问题，确保人智协同决策过程中数据安全、决策透明以及整体可靠，为人智团队之间的深度信任与合作奠定了基石。
- 人智协同计算环境设计致力于构建一个持续学习、自我进化的“系统－数据－反馈－系统优化”智能系统，优化系统性能，提升用户体验，使得人智协同能够在更广泛、更复杂的场景中得以应用。

在内容创作、医疗诊断、辅助决策等多个关键领域，人智协同决策已经初步展现出其巨大的潜力。未来，人智协同决策研究应继续秉承“以人为中心”的原则，深化对人类与大模型智能体等AI技术的协同机制的理解，探索多样化的交互模式，提升AI的可解释性，并加强社会伦理考量。通过这些努力，将能够构建出更加高效、智能、可靠且充满人文关怀的人智协同决策系统，为社会的和谐与进步贡献更大的智慧与力量。

2.2.3 大模型智能体驱动的群体决策演化模拟

大模型智能体凭借其强大的感知、推理和决策能力正在塑造人机交互跨时空跨场景跨模态模拟的新范式，为系统演化过程可知、自由社会实验可控的社会交互模拟，提供了新视角和新方法。大模型智能体驱动的群体决策演化模拟可广泛应用于推荐、社交网络、社会模拟与调控等领域，帮助构建更加健康、公平和可持续的数字社会环境。目前的研究主要分为微观模拟和宏观模拟两类。以推荐系统为例，整体框架如图2-3所示。

大模型智能体驱动的群体决策演化微观模拟，尝试从个体细粒度层面模拟人、大模型智能体和推荐系统之间复杂互动关系与协同交互过程。例如RAH框架采用多智能体协作策略以精准地模拟用户偏好及决策过程，为了确保微观层面的用户偏好与决策模拟的精确性，在多智能体系统设计的基础上，引入了“学习－行动－评判循环”和反思机制以促进智能体之间的有效协同，进而使得RAH能够更加真实地模拟用户的偏好和决策过程。

大模型智能体驱动的群体决策演化微观模拟，试图从群体层面全生命周期模拟内容创建者、消费者和推荐系统等多利益相关方的复杂作用机理与动态演化过程。例如，SimuLine探究现有推荐系统运行模式下新闻社区“启动－成长－成熟－衰退”的生命周期，并针对生命周期中的每个阶段提

出了一系列全新洞察，旨在最大程度地延长新闻社区的生命周期，促进其良性可持续发展。

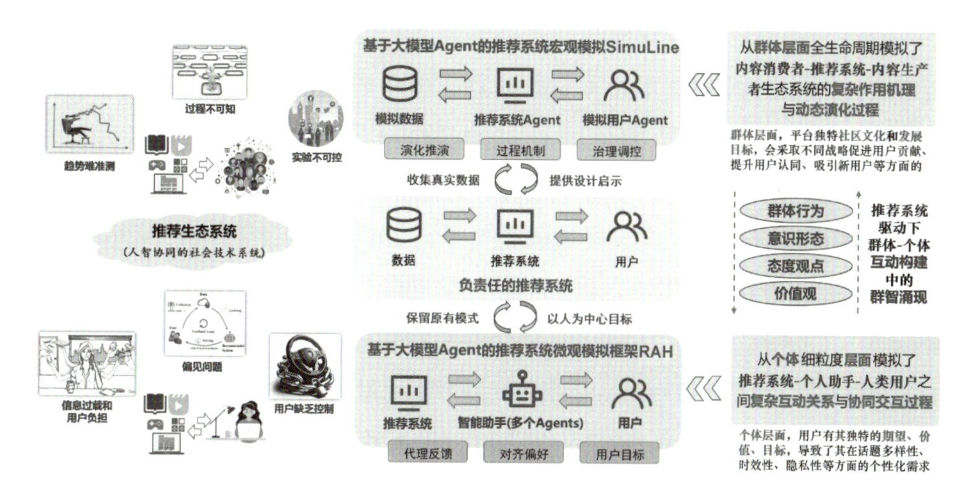

图2-3　大模型智能体驱动的推荐系统交互模拟思路

未来大模型智能体驱动的群体决策演化模拟将更加注重个性化和用户体验，通过深度学习和个性化建模，使智能体能够更精准地适应和预测个体用户的行为和偏好，提供定制化的服务。此外，大模型智能体驱动的群体决策演化模拟将越来越多地融合心理学、社会学、经济学等学科知识，形成跨学科的研究和应用。这种融合为理解人类行为和社会互动提供了更全面的视角，从而为智能体设计提供坚实的理论基础和实践指导。

2.3 大模型智能体驱动的社会模拟*

传统社会学研究通常依赖问卷调查和心理实验等方法来收集数据，虽然这些方法能够提供真实且可靠的信息，但它们存在高成本、难以规模化以及道德风险高等问题。近年来，LLM凭借其强大的推理和规划能力，为模拟人类行为提供了新的机遇。通过角色扮演，LLM驱动的智能体能够模拟特定情境下个体的反应，成为研究人类行为的有力工具。

考虑到不同模拟目标及个体建模在精确性、多样性和规模上的不同需求，当前的大模型智能体驱动的社会模拟可以分为个体模拟、场景模拟和社会模拟[1]，如图2-4所示。个体模拟利用LLM智能体来模拟特定个体或群体，侧重于对于单个人的特征复制，而不涉及多智能体交互；场景模拟在一个集中的场景中组织多个智能体，由特定的目标或任务驱动，研究

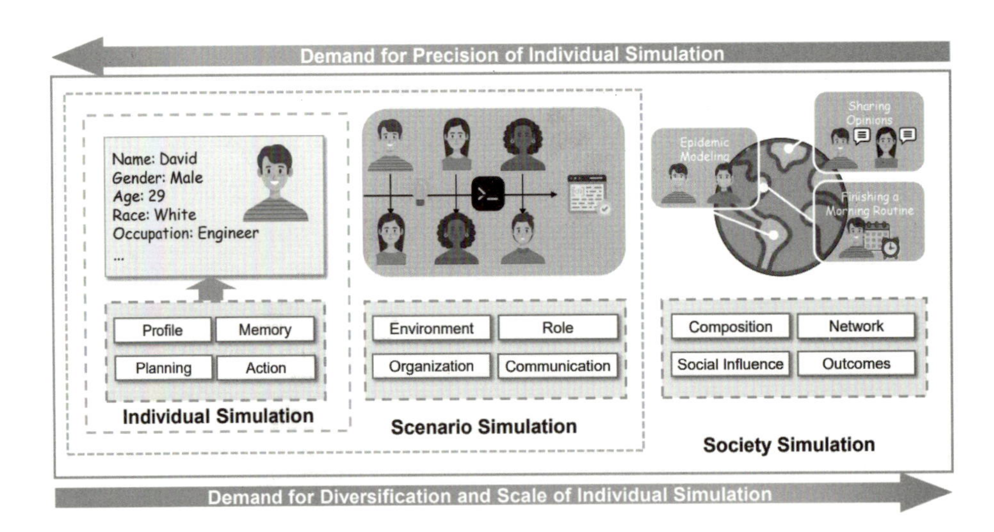

图2-4 大模型智能体驱动的三种模拟[1]

* 本节由魏忠钰副教授撰写。

魏忠钰，复旦大学大数据学院副教授，博士生导师，数据智能与社会计算课题组负责人，主要从事大模型驱动的社会计算和多模态大模型的研究。

多智能体的集体智慧；社会模拟旨在模拟智能体在社会中更复杂多样的行为，探索现实世界应用中的社会动态，从小范围对社会理论、假设的验证，到对大规模的现实社会现象的探索。这三类模拟呈现出递进关系：个体模拟为场景模拟和社会模拟奠定基础，而社会模拟则有潜力构建由无数场景组成的复杂世界。

2.3.1　大模型智能体驱动的个体模拟

个体模拟设计一个模块化架构，集成个性化数据来构建智能体，目的是高保真地模拟特定人物个体或人群个体。

（1）个体模拟的构建与评测

智能体架构是为了赋予大模型类人特性所需的模块组件，通常包含四个核心组件：概要、记忆、规划和行动[2]。概要向模型提供被扮演个体的基本信息特征，例如个体的年龄、性别、心理学特征等。记忆存储并利用已有信息和感知信息，通过写入、检索和反思等多种操作，确保智能体行为一致性和连续性。规划则模拟人类处理问题时的个性化决策过程，使其与模拟个体的思维方式一致，可以分为共情规划和主观规划。行为将智能体的决策转化为特定的输出，支撑智能体与环境互动，包括封闭域行为和开放域行为。

为了构建个体模拟，需要将个体数据整合到大模型中，以实现智能体与个体的对齐，进而模拟个体行为。构建方法分为两种类型：非参数化提示和参数化训练[3]。非参数化提示通过提示词直接为模型提供个体数据，依靠模型的上下文学习能力来模拟个体。参数化训练通过更新通用模型的参数来实现个体模拟，主要分为预训练、微调和强化学习三种方式。预训练利用个体相关语料，学习其角色知识。微调则根据特定任务和情境中的对话，调整模型以适应个体模拟需求。强化学习通过在动态环境中优化模型，不断学习个体行为来改进模拟效果。

个体模拟的评估方法可以分为静态评估和交互评估两类。静态评估通过让智能体直接生成输出进行评估，通常采用简单的问答、选择题或采访形式，计算问题回答正确率或用外部裁判LLM和人类进行评分。交互评估在交互环境中评估智能体在与其他智能体或用户互动中的模拟能力。交互评估常应用于游戏表现、任务完成和角色扮演等场景，其关键特点包括精心设计的交互环境、实时的外部反馈以及多阶段的评估过程。

（2）个体模拟的应用场景

为了满足不同的应用场景和目标，个体模拟的模拟对象主要有人群个体和人物个体两类。

人群个体是指具有相似特征（如心理特征或身份特征）的群体代表。人群模拟通常用于反映群体意见、评估特定群体的偏好和偏见。此类模拟常通过非参数化提示方法实现。这类模拟主要用于反映意见调查[4]或评估特定群体的偏好和偏见[5]。通过扩展特定人格的合成对话，人群模拟还可以为场景模拟和社会模拟研究提供助力[6]。

人物个体指特定的单个人物，通常是广泛为人所知的角色，包括真实角色与虚拟角色。真实角色通常指知名人物，这些角色通常有维基百科和社交媒体等平台上的高质量数据，能用于构建其角色档案及评测基准。例如复旦大学提出的CharaterLLM[7]、清华大学提出的CharacterGLM[8]、北京航空航天大学提出的RoleLLM[9]，实现了与历史人物、不同时期和背景的名人、在线百科全书中的角色进行采访、问答等对话的可能性。虚拟角色是小说、电影和电子游戏中创造的虚构角色，例如哈利·波特[10]和孙悟空[8]，这些虚拟角色的模拟主要用于互动对话，旨在提升用户在各种娱乐场景中的体验。

（3）个体模拟的发展趋势

自2022年6月以来，基于大语言模型的个体模拟经历了三个不同的阶段。起初，研究人员大多粗略模拟人类行为中的表面特征，例如个性、说话风格、角色知识。在这些个体模拟试验中也揭示了大模型智能体存在的不足，包括幻觉、固有偏见和刻板印象。随着个体模拟方法的提升，模拟

的精确性提高。一些研究通过引入新的模型架构和训练方法来进行精细模拟，对人物决策、价值观等更多维度进行了探索。除了静态的问答和对话的模拟，近期越来越多的工作关注情境导向模拟。在这种动态环境中，模拟个体需要与周围动态交互，并对实时环境反馈作出反应[11]。

2.3.2　大模型智能体驱动的场景模拟

场景模拟将一组智能体组织在一个具体场景中，由特定目标或任务驱动。场景模拟通常从设计多智能体系统入手，包括构建环境、建模角色以及设定组织结构与通信协议，以便有效管理智能体之间的互动。

（1）场景模拟的构建与评测

现有的多智能体系统的基本形式可以总结为：“通过受限的通信方式，将智能体组织起来，在特定环境中扮演角色。”基于这一框架，场景模拟可以归纳为四个核心要素：环境、角色、组织和通信。环境定义了智能体操作与交互的背景，是决策制定和任务连续性的基础，包括配置、状态和历史三个方面。配置指提供场景基本信息以明确目标，状态是场景执行中的环境信息，历史是场景运行中积累的状态和互动记录。角色根据智能体的任务与功能分为沟通者、执行者和引导者三类。沟通者负责信息交换与任务指导，执行者专注任务操作，引导者提供规划与协调支持。组织通过组织模式和组织结构协调智能体间的交互。组织模式决定智能体关系的动态或稳定性，组织结构反映智能体间的连接方式。通信控制信息传递，包括通信形式和通信风格。通信形式分为结构化语言和非结构化语言，通信风格分为合作性和竞争性。

场景模拟评估侧重任务解决效果，可分为任务评估、子任务评估和系统评估。每种方法结合自动化评估、基于LLM的评估和人工评估。任务评估关注整体任务表现，使用自动化指标（如准确率、一致性等）和基于LLM与人工专家的比较分析。子任务评估侧重子任务完成情况及其对整体任务的影响，适用于复杂任务的分步评估，自动化指标包括任务成功率、

重新规划次数等。基于LLM的评估侧重对比分析或胜率判断，人工评估则依赖主观判断，如执行性和修订成本。系统评估衡量系统的有效性与效率，自动化评估通过词元（token）消耗、任务成功率等指标量化，额外指标如准确率、召回率等用于任务诊断或预测。基于LLM的评估注重定性分析，如拟人化程度，人工评估通过李克特量表等提供人类视角反馈。

（2）场景模拟的应用场景

通过发挥具备专业知识的智能体的集体能力，场景模拟已被广泛应用于多个领域，应用场景可分为两大类：一是对话驱动场景，涵盖社会互动和问答任务；二是任务驱动场景，专注于特定领域的专业任务。

对话驱动场景围绕日常对话展开，涵盖社交互动、问答任务和游戏等应用。这些场景通常解决与特定任务无关的通用目标。在社交互动中，研究聚焦于通过智能体完成说服、安慰等简单社交任务。例如卡耐基梅隆大学提出的Sotopia[12]通过社交目标完成衡量智能体的社交智能，这一研究被复旦大学的AgentSense[13]进一步拓展到多样化场景和额外的隐含信息推理。在问答任务中，重点在于通过协作和战略推理提升智能体性能，例如FORD[14]提出的三阶段常识推理辩论框架，以及MAD[15]的裁判监督辩论机制。在游戏场景中，研究从狼人杀和阿瓦隆等经典游戏的复现[16]入手，探索了如何利用强化学习与工具结合提高策略适应性，并研究了智能体在即兴合作与意见引导中的表现。

任务驱动场景以完成特定任务为核心，智能体通常在这些场景中扮演具有明确功能的角色，研究领域涵盖基础与应用科学、软件开发及其他行业。在基础与应用科学中，医学、数据科学等领域成为热门方向，复旦大学科研团队联合复旦大学附属眼耳鼻喉科医院、中山医院吴淞医院开发的PIORS[17]将大模型引入导诊和患者服务，并可以与医院信息系统直接整合，为患者提供个性化、高效、高质量的智能导诊服务。在软件开发领域，研究日益集中于生命周期管理与协作代码生成，清华大学的ChatDev[18]提出了一种基于统一语言通信框架的设计、编码和测试协作方

法，也关注智能体如何通过经验学习不断优化开发流程与实现自主问题解决[19]。在其他行业中，场景模拟被用于新闻业、司法、经济和教育等领域。例如，LawLuo[20]优化法律咨询，TradingGPT[21]提出多层记忆框架提升股票交易表现，智能体驱动课堂如MAIC[22]也助力在线教育发展。

（3）场景模拟的发展趋势

2023年初，场景模拟聚焦单一目标和基本交互的简单场景，研究者构建了支持基础交互的场景，重点研究对话驱动的决策框架和智能体协作潜力，并探索了多智能体辩论框架的应用。同时，任务驱动模拟被应用于法律、软件开发等领域。2023年中期，研究视角转向多阶段场景，引入了任务分解和多个角色，支持智能体通过逐步任务分解进行协作。软件开发领域的研究将开发过程分为设计、编码、测试等多个阶段，提升了复杂目标的实现能力。此外，通信游戏帮助研究探讨了复杂对话场景中的人类行为。从2024年初开始，研究者不再拘泥于单个场景的优化，而是考虑多种协作场景，强调智能体在复杂模拟中的合作与适应，例如清华大学的AgentVerse[23]通过自动化招募智能体专家协作完成各类任务。

2.3.3 大模型智能体驱动的社会模拟

场景模拟侧重于小规模的互动，而现实社会的复杂性远远超过单一场景。社会模拟旨在模拟大规模集体结果和分析智能体间互动引发的涌现行为，为验证理论假设和预测社会动态提供工具。

（1）社会模拟的构建与评测

社会模拟中的一个关键挑战是弥合个体层面与社会层面之间的差距，建构这种社会复杂性的要素可以总结为：组成、网络、社会影响和结果。组成是指社会中的个体组成，已有方法大多利用LLM合成用户或利用现有数据集的信息还原特定子群体组成，也有一些收集真实世界人群信息并进行采样。网络关系决定了个体的信息和影响的传播方向，包括离线网络和在线网络。随着关系规模扩大、关系获取难度增大，在真实关系的基础

上使用同质性等假设合成网络越来越多地被使用。基于个体组成和网络关系，社会影响建模了个体在社会互动过程中，如何因自身专业知识、地位等对他人产生不同影响，以及如何因自身特征而受到不同影响。最后，社会交互产生的结果包括宏观的统计结果和自发产生的社会规范、现象。

社会模拟评估分为微观、宏观和系统级三个层面。微观评估关注个体行为的精确性，最初通过图灵测试对比模拟行为与人类行为的相似度[24]。在有真实数据的场景中，模拟内容与实际数据（如情绪、态度、行为）进行对比，自动计算模拟的一致性。宏观评估关注社会互动产生的集体结果，评估其是否反映现实世界的分布和趋势，和对于宏观规律出现与否的定性分析[25]。系统级评估则评估系统的整体效率与成本，效率通过运行时间、资源利用等指标衡量，成本则关注token消耗等。

（2）社会模拟的应用场景

社会模拟已经在与人类社会行为相关的多个领域得到广泛应用，现有的研究可以分为三个领域：广义经济学、社会学与政治学、在线平台。

广义经济学中的模拟分析主要与资源分配、竞争决策和行为密切相关。博弈论和战略互动是其中的一个研究重点，涉及智能体之间的小规模复杂互动，经典博弈如囚徒困境用来探讨代理人行为中的信任、理性、合作及情绪对决策的影响[26]。在宏观经济学中，LLM驱动的智能体被用于模拟经济场景中的人类行为，EconAgent[27]提出了宏观经济模拟中的智能体，重点关注宏观经济趋势的影响，SRAP-Agent[28]模拟和优化稀缺资源的分配。

社会学与政治学的应用包括民意调查、公共选举、个体和组织行为观察等。民意调查是社会模拟的一个重要应用领域，研究通过模拟群体对特定主体的观点来进行选举预测和公共管理。例如，复旦大学推出的ElectionSim[29]通过万分之一的比例抽样构建了美国各州的人口库以预测美国大选。除此之外，个体行为和组织行为观察也得到了广泛关注，一些研究通过沙盒环境观察代理的社会互动和日常生活中的潜在现象，其他则专

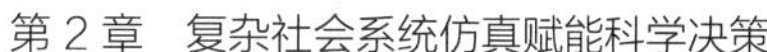

注于验证特定场景中的理论或假设，如党派群体智慧和信息管理等。

在线平台的模拟一方面研究X（前Twitter）和Reddit等社交平台上信息传播模式、用户态度转变以及意见领袖的影响，例如复旦大学推出的HiSim[30]混合模拟框架结合ABM和LLM，对大规模网络社会运动的舆情进行模拟，为突发事件的分析和干预提供新的工具。另一方面，推荐环境[31]也是另一个广泛研究的场景，研究者通过模拟用户反应验证和优化推荐算法，从而提高系统准确性并更好地理解用户行为。

（3）社会模拟的发展趋势

自斯坦福大学首次提出Smallville[24]模拟环境以来，社会模拟的发展分为三个阶段。在2023年6月之前，研究者们专注于构建初步的模拟环境，集中于如何设计和实现能够支持智能体互动的基础设施，如通过扩展LLM构建互动沙盒环境，以存储智能体的经验记录并动态合成记忆以规划行为[24,32]。2024年2月，研究的重点转向特定场景中的对齐，研究者开始在特定场景中验证智能体的行为与现实情境的对齐程度，特别是在宏观经济模拟和社交网络中，研究者探索了智能体在模拟经典经济现象和社会行为中的表现[33,34]。当前，社会模拟正朝着大规模扩展和多模态融合的方向发展，多模态智能体逐渐成为研究的核心，研究者们通过将语言与视觉等模态相结合，推动大规模模拟的发展，同时注重模拟现实世界中的感知限制和物理需求，促进更现实的社会互动模拟[25,35]。

参考文献

[1] Mou X, Ding X, He Q, et al. From Individual to Society: A Survey on Social Simulation Driven by Large Language Model-based Agents[J]. *arXiv preprint arXiv: 2412.03563*, 2024.

[2] Wang L, Ma C, Feng X, et al. A survey on large language model based autonomous agents[J]. *Frontiers of Computer Science*, 2024, 18(6): 186345.

[3] Chen J, Wang X, Xu R, et al. From persona to personalization: A survey on role-playing language agents[J]. *arXiv preprint arXiv:2404.18231*, 2024.

[4] Lee S, Peng T Q, Goldberg M H, et al. Can large language models estimate public opinion about global warming? An empirical assessment of algorithmic fidelity and bias[J]. *PLOS Climate*, 2024, 3(8): e0000429.

[5] Qu Y, Wang J. Performance and biases of Large Language Models in public opinion simulation[J]. *Humanities and Social Sciences Communications*, 2024, 11(1): 1–13.

[6] Ge T, Chan X, Wang X, et al. Scaling synthetic data creation with 1,000,000,000 personas[J]. *arXiv preprint arXiv:2406.20094*, 2024.

[7] Shao Y, Li L, Dai J, et al. Character-LLM: A Trainable Agent for Role-Playing[C] *Proceedings of the 2023 Conference on Empirical Methods in Natural Language Processing*. 2023: 13153–13187.

[8] Zhou J, Chen Z, Wan D, et al. Characterglm: Customizing chinese conversational ai characters with large language models[J]. *arXiv preprint arXiv:2311.16832*, 2023.

[9] Wang Z M, Peng Z, Que H, et al. Rolellm: Benchmarking, eliciting, and enhancing role-playing abilities of large language models[J]. *arXiv preprint arXiv:2310.00746,* 2023.

[10] Chen N, Wang Y, Jiang H, et al. Large language models meet harry potter: A dataset for aligning dialogue agents with characters[C] *Findings of the Association for Computational Linguistics: EMNLP*, 2023. 2023: 8506–8520.

[11] Wu W, Wu H, Jiang L, et al. From Role-Play to Drama-Interaction: An LLM Solution[J]. *arXiv preprint arXiv:2405.14231*, 2024.

[12] Zhou X, Zhu H, Mathur L, et al. SOTOPIA: Interactive Evaluation for Social Intelligence in Language Agents[C] *The Twelfth International Conference on Learning Representations*.

[13] Mou X, Liang J, Lin J, et al. Agentsense: Benchmarking social intelligence of language agents through interactive scenarios[J]. *arXiv preprint arXiv:2410.19346*, 2024.

[14] Xiong K, Ding X, Cao Y, et al. Examining Inter-Consistency of Large Language Models Collaboration: An In-depth Analysis via Debate[C] *Findings of the Association for Computational Linguistics: EMNLP*, 2023. 2023: 7572−7590.

[15] Du Y, Li S, Torralba A, et al. Improving Factuality and Reasoning in Language Models through Multiagent Debate[C] *Forty-first International Conference on Machine Learning*.

[16] Xu Y, Wang S, Li P, et al. Exploring large language models for communication games: An empirical study on werewolf[J]. *arXiv preprint arXiv:2309.04658*, 2023.

[17] Bao Z, Liu Q, Guo Y, et al. Piors: Personalized intelligent outpatient reception based on large language model with multi-agents medical scenario simulation[J]. *arXiv preprint arXiv:2411.13902*, 2024.

[18] Qian C, Liu W, Liu H, et al. Chatdev: Communicative agents for software development[C] *Proceedings of the 62nd Annual Meeting of the Association for Computational Linguistics (Volume 1: Long Papers)*. 2024: 15174−15186.

[19] Qian C, Dang Y, Li J, et al. Experiential co-learning of software-developing agents[J]. *arXiv preprint arXiv:2312.17025*, 2023.

[20] Sun J, Dai C, Luo Z, et al. Lawluo: A chinese law firm co-run by llm agents[J]. *arXiv preprint arXiv:2407.16252*, 2024.

[21] Li Y, Yu Y, Li H, et al. TradingGPT: Multi-agent system with layered memory and distinct characters for enhanced financial trading performance[J]. *arXiv preprint arXiv:2309.03736*, 2023.

[22] Yu J, Zhang Z, Zhang-li D, et al. From mooc to maic: Reshaping online teaching and learning through llm-driven agents[J]. *arXiv preprint arXiv:2409.03512*, 2024.

[23] Chen W, Su Y, Zuo J, et al. Agentverse: Facilitating multi-agent collaboration and exploring emergent behaviors[C] *The Twelfth International Conference on Learning Representations*. 2023.

[24] Park J S, O'Brien J, Cai C J, et al. Generative agents: Interactive simulacra of human behavior[C] *Proceedings of the 36th annual acm symposium on user interface software and technology*. 2023: 1−22.

[25] Yang Z, Zhang Z, Zheng Z, et al. Oasis: Open agents social interaction simulations on one million agents[J]. *arXiv preprint arXiv:2411.11581*, 2024.

[26] Xie C, Chen C, Jia F, et al. Can Large Language Model Agents Simulate Human Trust Behaviors?[C] *ICLR 2024 Workshop: How Far Are We From AGI*.

[27] Li N, Gao C, Li M, et al. Econagent: large language model-empowered agents for simulating macroeconomic activities[C] *Proceedings of the 62nd Annual Meeting*

of the Association for Computational Linguistics (Volume 1: Long Papers). 2024: 15523−15536.

[28] Ji J, Li Y, Liu H, et al. Srap-agent: Simulating and optimizing scarce resource allocation policy with llm-based agent[J]. *arXiv preprint arXiv:2410.14152*, 2024.

[29] Zhang X, Lin J, Sun L, et al. Electionsim: Massive population election simulation powered by large language model driven agents[J]. *arXiv preprint arXiv:2410.20746*, 2024.

[30] Mou X, Wei Z, Huang X. Unveiling the truth and facilitating change: Towards agent-based large-scale social movement simulation[J]. *arXiv preprint arXiv:2402. 16333*, 2024.

[31] Zhang A, Chen Y, Sheng L, et al. On generative agents in recommendation[C] *Proceedings of the 47th international ACM SIGIR conference on research and development in Information Retrieval*. 2024: 1807−1817.

[32] Park J S, Popowski L, Cai C, et al. Social simulacra: Creating populated prototypes for social computing systems[C] *Proceedings of the 35th Annual ACM Symposium on User Interface Software and Technology*. 2022: 1−18.

[33] Gao C, Lan X, Lu Z, et al. Social-network Simulation System with Large Language Model-Empowered Agents[J]. *arXiv preprint arXiv:2307.14984*, 2023.

[34] Wang S, Liu C, Zheng Z, et al. Avalon's game of thoughts: Battle against deception through recursive contemplation[J]. *arXiv preprint arXiv:2310.01320*, 2023.

[35] Liu H, Li C, Wu Q, et al. Visual instruction tuning[J]. *Advances in neural information processing systems*, 2024, 36.

第3章
AI4SSH的数据创新与规范*

人文社会科学智能的发展依赖多个关键要素，其中数据是一切研究的基础。数据智能时代，社会科学研究的数据基础正在发生着革命性的变革。一是数据类型极大丰富，社交媒体信息、传感器数据、影像资料、行为轨迹等多源异构的大数据提供全新的视角。二是随着NLP、LLM、CV等技术的快速发展，原本只能定性分析的资料得以进入定量分析的视野。大规模、高质量、多模态数据的极大丰富，为社会科学提供了更广泛的视角和更深入的洞察。

多学科、多领域数据的交叉融合的重要性持续凸显。跨学科的数据融合不仅能够弥补单一数据源的不足，还能通过不同数据之间的互补关系，为社会科学研究提供更为全面和可靠的证据支持。

---

* 本章由张计龙研究馆员牵头编写。

张计龙，研究馆员，复旦大学图书馆副馆长，教育部图书情报工作委员会委员、复旦大学国家发展与智能治理综合实验室副主任、上海市科研领域大数据联合创新实验室主任、复旦大学社会科学数据研究中心副主任、复旦大学大数据研究院人文社科数据研究所常务副所长、复旦－阿法迪共建智慧图书馆学研究中心常务副主任，研究领域包括智慧图书馆、科学数据管理等。

同时，随着数据规模的增长和复杂性的提升，如何有效管理和共享这些数据变得至关重要。规范的数据管理有助于保证数据的质量和可追溯性，提升研究的透明度和可信度，在保护数据隐私和数据安全的前提下，促进学术界的数据共享和再利用，从而推动社会科学领域的持续创新与进步。

本章提要

- 经济社会活动自发产生大量的、多源异构的微观数据，包括数据、文字、图像，甚至“关系”，涵盖结构化、半结构化甚至非结构化等多种模式，极大地拓宽了社科研究的数据视野。
- 在NLP、CV和生成式AI技术的帮助下，传统的定性与定量研究分野逐渐模糊，图像数据和文本数据在社会科学研究中发挥着越来越重要的作用。
- 基于计算机视觉挖掘多模态数据极大拓宽了数据基础，Transformer多模态学习和生成对抗网络技术有望进一步加快其发展。提升可解释性是深度应用多模态数据的关键挑战。
- 结合主成分分析和线性因子回归模型，能够有效提取文本数据中的信息并进行预测，为社会科学研究提供了新的工具和思路。
- 大模型在文献资源数字化智能处理、知识表示与组织、特色资源智能加工等方面发挥着越来越重要的作用。通过人机协同的智能化知识提取、语义标注、元数据生成，推动静态的文献资源向智能、动态的知识服务体系演进。
- LLM视域下，跨学科数据融合面临数据异构性、可访问性和互操作性及公平性和偏见等挑战。FAIR原则和元数据规范提供解决这些挑战的框架和工具，亟待在我国加快建立相关体系。

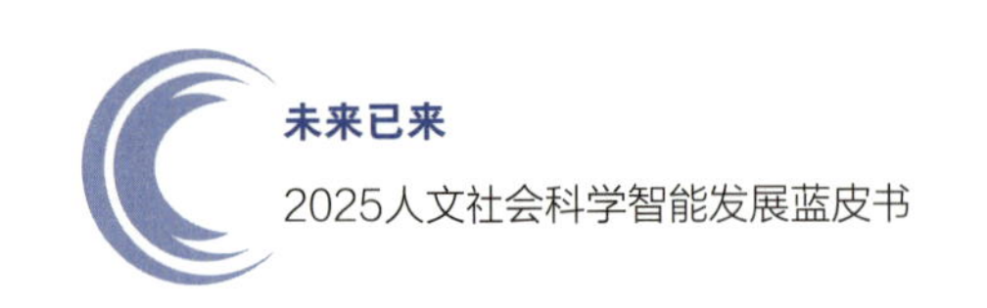

3.1 社会经济运行另类大数据的挖掘与应用*

大数据时代的到来为社会科学研究带来了前所未有的机遇和挑战。传统上，社会科学研究以统计数据为主体，通过有限的封闭渠道产生结构化、低频度、小样本的数据，难以满足日益复杂多变的研究需求，也无法适应AI技术对海量数据的需求。

大数据和AI技术融合形成的“数据智能”技术不断涌现，极大地拓宽了社会科学研究的数据来源、模式和视野，推动了计算社会科学的发展。微观主体在参与经济社会活动过程中，能够自发地产生大量的、多源异构的数据信息资料，包括数据、文字、图像，甚至“关系”本身，涵盖结构化、半结构化甚至非结构化等多种模式。

在NLP、CV和生成式AI等技术的帮助下，传统的定性分析与定量分析分野正在逐渐模糊，图像数据和文本数据作为两种重要的另类数据类型，在社会科学研究中发挥着越来越重要的作用。

3.1.1 图像数据：洞察地表动态的“千里眼”

图像数据，例如夜光数据、卫星图像等，包含了丰富的地表信息，是洞察地表动态的“千里眼”。夜光数据可以反映人类活动水平，进而间接反映经济发展水平、人口密度等信息。通过对夜光数据进行分析，可以构

---

* 本节由周阳副教授撰写。

周阳，复旦大学大数据研究院副教授，复旦大学国家发展智能治理综合实验室主任助理。总计16篇研究论文发表或接收于Management Science、Journal of the American Statistical Association、iScience等国际顶级期刊，其中以第一作者或通讯作者共12篇。先后主持中国博士后科学基金面上、特别资助、上海市浦江人才、国家自然科学基金青年项目、上海市科技创新行动（软科学）、河南省重大科技课题子课题、上海市“曙光计划”等项目，2023年获上海市领军人才（海外）青年人才项目支持，2018年获上海市发展改革决策咨询研究成果一等奖。

建社会经济指标，例如贫困指数、经济增长指数等，为政策制定和社会发展提供重要的参考依据。例如，[1]利用夜光数据估计非洲的贫困程度，发现夜光数据与贫困程度呈负相关关系，即夜光越亮，贫困程度越低。[2]利用夜光数据估计全球的经济增长，发现夜光数据与经济增长呈正相关关系，即夜光越亮，经济增长越快。[3]利用夜光数据估计全球的人口分布，发现夜光数据与人口密度呈正相关关系，即夜光越亮，人口密度越高。

除了夜光数据，其他类型的图像数据也可以用于社会经济指标构建。例如，卫星图像可以用于分析土地利用变化、城市扩张等，从而构建城市发展趋势指标。社交媒体图像可以用于分析人们的兴趣、生活方式等，从而构建社会文化指标。图像数据的多维度特征使其成为社会科学研究的重要工具，可以拓展研究范围，深入理解社会现象。

3.1.2 文本数据：记录人类交流的“史书”

文本数据是记录人类交流、情感和文化的重要载体，是社会科学研究的“史书”。社交媒体、新闻报道、学术论文等都包含大量的文本数据，可以用于分析人们的观点、情感、行为等。例如，通过分析社交媒体数据，可以了解人们的政治态度、消费行为、社会事件的影响等；通过分析新闻报道数据，可以了解社会事件的发展趋势、公众舆论的变化等。

文本数据分析在金融领域也有广泛应用[4]。例如，利用《华尔街日报》的新闻文本数据，将文本内容分为“看涨”“看跌”“不确定”三类，并预测道琼斯工业平均指数的未来走势。[5]利用哈佛IV-4心理社会词典构建77个情感维度，并基于情感分数预测股票收益。[6]利用公司年报中的文本数据预测股票收益，发现与市场波动性相关的词汇与未来股票市场收益相关。[7]利用支持向量回归模型分析新闻数据，发现高水平的新闻隐含波动性预测未来股票市场收益。[8]利用主题模型分析高频新闻数据，并基于主题分数预测股票收益。这些研究表明，文本数据中蕴含着丰富的信息，可以用于预测股票收益和指导投资决策。

3.1.3 文本数据分析方法：从“词频”到“语义”

为了有效地分析文本数据，研究者们开发了多种分析方法。早期的研究主要关注词频分析。例如，利用情感词典分析文本数据中的积极词汇和消极词汇，并基于词频构建情感分数。然而，词频分析存在一些局限性，例如无法捕捉词汇之间的语义关系，容易受到停用词、否定词等的影响。

为了克服词频分析的局限性，研究者们开始探索更先进的文本分析方法。例如，利用统计模型对文本数据进行建模，包括Lasso回归、主题模型等。这些分析方法可以帮助研究者们更好地理解文本数据，并从中提取有价值的信息。

3.1.4 FarmPredict：一种新的文本数据分析方法

FarmPredict是一种基于文本数据的预测方法，它巧妙地结合了主成分分析（Principal Component Analysis，PCA）和Lasso回归，旨在有效地提取文本数据中的信息并进行准确的预测。该方法的核心思想是将文本数据中的信息分解为两个部分：共同因素和个体差异。

首先，FarmPredict利用PCA技术将高维的文本数据投影到低维空间，提取出文本数据中的主要特征，即共同因素。这些共同因素代表了文本数据中普遍存在的特征，例如情感倾向、主题内容等。通过PCA技术，FarmPredict有效地降低了数据维度，同时保留了数据的主要信息。FarmPredict利用Lasso回归建立共同因素与目标变量之间的关系。Lasso回归是一种带有惩罚项的线性回归模型，它可以帮助控制模型的复杂度，防止过拟合。通过Lasso回归，FarmPredict可以准确地捕捉共同因素对目标变量的影响，并进行预测。

FarmPredict的独特之处在于它同时考虑了共同因素和个体差异。个体差异代表了文本数据中独有的特征，例如作者的写作风格、用词习惯等。FarmPredict将个体差异纳入预测模型中，使其能够更好地解释预测结果，并提高预测的准确性。

总而言之，FarmPredict方法通过PCA技术和Lasso回归，有效地提取

文本数据中的信息，并进行准确的预测。它具有无须预定义情感词典、利用所有信息、可解释性强等优势，可以应用于多种预测任务，为社会科学研究提供了新的工具和思路。

3.1.5　大数据在社会科学研究中的应用意义

大数据在社会科学研究中的应用意义深远，它不仅为研究者们提供了新的研究视角和工具，还极大地拓展了研究范围和深度。大数据的丰富性和多样性使得研究者们能够从多个维度和角度分析社会现象，从而更全面地理解社会规律和机制。

大数据的规模和时效性为社会科学研究提供了更广阔的研究空间。传统的数据来源往往受限于样本量小、时效性差等问题，难以捕捉到社会现象的动态变化。而大数据的涌现，为研究者们提供了海量的、实时更新的数据，可以更准确地反映社会现象的真实情况，例如人口流动、社会情绪变化等。

大数据的多样性和多模态特征为社会科学研究提供了更深入的分析视角。传统的数据来源往往局限于结构化数据，例如问卷调查、统计年鉴等，难以捕捉到社会现象的非结构化特征，例如人们的观点、情感、行为等。而大数据包含了结构化数据和非结构化数据，例如社交媒体数据、新闻报道、学术论文等，可以更全面地反映社会现象的各个方面。

大数据的分析方法为社会科学研究提供了更强大的工具。传统的数据分析方法往往受限于计算能力，难以处理大规模数据。而大数据的分析方法，例如机器学习、深度学习等，可以有效地处理大规模数据，并从中提取有价值的信息，例如情感分析、主题识别、社会网络分析等。

大数据在社会科学研究中的应用意义深远，它为研究者们提供了新的研究视角和工具，极大地拓展了研究范围和深度，推动了社会科学研究的进步和发展。此外，深度学习技术在另类数据分析中也取得了突破性的进展，已可以有效地捕捉文本数据中的语义信息，并用于情感分析、主题识别等任务。深度学习模型的强大学习能力使其在文本数据分析中具有巨大的潜力。

总而言之，大数据为社会科学研究带来了新的机遇和挑战。通过利用大数据，我们可以更深入地理解社会现象，预测社会趋势，并制定更有效的政策。同时，我们也需要关注大数据应用的伦理问题，确保数据安全和隐私保护。相信随着大数据技术的不断发展，大数据将在社会科学研究中发挥越来越重要的作用，推动社会科学研究的进步和发展。

参考文献

[1] Jean N, Burke M, Xie M, et al. Combining satellite imagery and machine learning to predict poverty[J]. *Science*, 2016 353, 790−794.

[2] Chen X, Nordhaus W D. Using luminosity data as a proxy for economic statistics[J]. *Proceedings of the National Academy of Sciences*, 2011 108, 8589−8594.

[3] Wardrop N A, Jochem W C, Bird T J, et al. Spatially disaggregated population estimates in the absence of national population and housing census data[J]. *Proceedings of the National Academy of Sciences*, 2018, 115, 3529−3537. https://doi.org/10.1073/pnas.1715305115

[4] Cowles A. Can Stock Market Forecasters Forecast? [J]. *Econometrica*, 19331, 309−324.

[5] Tetlock P C. Giving Content to Investor Sentiment: The Role of Media in the Stock Market [J]. *Journal of Finance*, 2007, 62, 1139−1168.

[6] Jegadeesh N, Wu D. Word power: A new approach for content analysis [J]. *Journal of Financial Economics*, 2013 110, 712−729.

[7] Manela A, Moreira A. News implied volatility and disaster concerns [J]. *Journal of Financial Economics*, 2017, 123, 137−162.

[8] Ke Z T, Kelly B T, Xiu D. Predicting Returns with Text Data [J]. *Social Science Research Network* (SSRN Scholarly Paper No. ID 3389884), 2019, Rochester, NY.

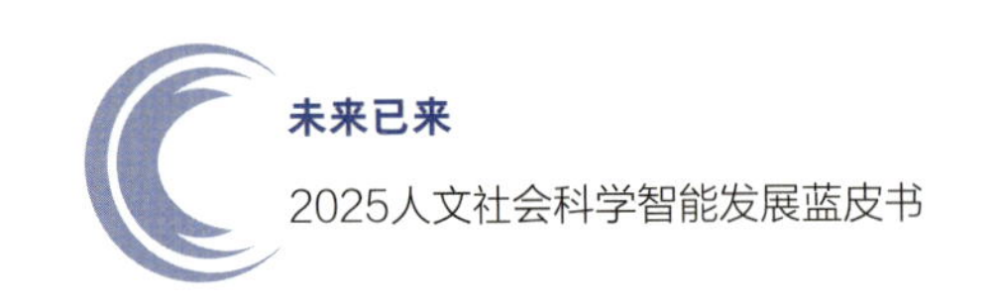

3.2 基于大模型的特色文献资源语料库建设*

人工智能技术的飞速进展，尤其是大模型技术的出现，正在深刻改变特色文献资源语料库的建设范式。作为权威知识的重要载体，特色文献资源通过其规范的编审机制、系统的知识体系和丰富的内容积累，成为高质量大语言模型训练所渴求的数据来源。这些专业化处理的语料可以用于领域模型的适配训练以提升其在专业领域的知识表征和跨学科理解能力，可以作为知识库与大模型结合提供精准服务[1,2]。大模型技术凭借其强大的自然语言处理能力、多模态信息融合能力以及大规模知识表示能力，为文献资源的数字化处理、知识组织和语义分析带来了革命性的变化[3,4]。

随着人工智能技术的不断发展，特色文献资源语料库向更智能、更动态、更具洞察力的知识体系演变，其应用价值也将不断拓展，为知识创新和文化传承注入新的动力。

3.2.1 数字化处理的智能化与精细化

近年来，大模型技术在自然语言处理和计算机视觉领域的突破性进展，为特色文献资源的数字化处理拓宽了新的技术路径。从文本识别到内容理解和知识提取[4]，大模型技术正在深刻变革文献资源数字化的全过程。这些模型凭借其强大的学习能力和对上下文的深刻理解，正在重塑传统的文献数字化流程。大模型技术不仅显著提高了处理效率和准确度，还为处理复杂文献开辟了新的可能性。在文字识别、版式分析和错误纠正等关键领域，大模型技术的应用正在显著提升文献数字化的质量和深度，对于古

---

* 本节由肖星星、张计龙撰写。

肖星星，复旦大学人文社科数据研究所数据馆员。曾任职于百度、VMware和eBay等知名互联网企业，主要研究方向为科学数据管理、机器学习与数字图书馆建设，具有丰富的人工智能应用研究与大型项目实践经验。参与多项教育部、地方政府资助的研究项目，负责数字人文与数据管理相关工作。

籍、手稿、地方文献等具有历史性、独特性和复杂性的特色馆藏资源，大模型技术通过迁移学习、多模态处理和语义理解等核心能力，为未来更深层次的文献资源开发利用提供了技术基础，为构建更加全面和精确的特色文献资源语料库奠定了坚实基础[5]。

文字识别领域正经历由大模型技术引发的范式转变。预训练语言模型（PLMs）凭借其强大的上下文理解能力，正在重新定义复杂文献处理的可能性[4]。基于Transformer架构的文档理解模型在历史文献处理中实现了技术进展，为处理不规则字体、残损文字等复杂场景提供了新的研究思路[6]。这些新进展不仅提高了文献数字化的准确度，更为古文献研究开辟了新的研究方法和途径。

版式分析领域的创新正在多模态预训练模型的推动下迅速展开。这些模型通过无缝整合文本、布局和视觉特征，展现出了处理复杂文献布局的卓越能力。近年来出现的一系列文档AI预训练模型引入了创新的技术方案，如DocFormer通过端到端的Transformer架构实现了文档理解的突破[5]，而LayoutLMv3则通过统一的文本和图像掩码策略，在提升复杂布局处理精度的同时，实现了文本内容、版面结构和视觉特征的有效整合[7]。近期的研究也进一步拓展了多模态预训练模型的应用，其创新性地运用改进的多模态预训练策略，考虑文本和图像的统一表示的同时整合了布局信息和文档结构知识，在复杂文档理解任务上表现出色[8]。这些创新方法不仅提高了文献数字化的效率，还为保存和理解复杂历史文献的原貌提供了技术保障，为文献学研究和数字人文领域提供了新的思路。

文本校正技术通过大模型的上下文语义理解，在OCR后处理方面实现了提升。基于预训练语言模型的OCR后处理方法能够有效提升文本识别的准确性[9]。这些方法不仅可以处理多语种文本，还能通过合成数据的方式解决训练数据稀缺的问题，特别是在处理低资源语言时表现出色。这些技术突破不仅大幅提升了文献数字化的质量，还为大规模历史文献的自动化处理和分析奠定了基础，高质量的OCR结果为后续的文本挖掘、语义分析、知识提取等任务提供了可靠的数据基础，使得研究者能够在更大规模的文献语料上开展计算化的分析。

这些技术发展为构建高质量的特色文献语料库提供了有力支持，不仅提高了OCR系统的性能，还为处理多样化的历史文献提供了更加灵活和强大的工具，极大地推动了特色文献语料库的建设。随着计算能力的提升和模型架构的优化，特别是像ByT5这样的字节级预训练模型的出现[10]，为处理多语种文本和低资源语言提供了新的技术路径。这些进展将为人文社科研究提供更丰富、更可靠的数字资源，推动学科间的交叉研究和新发现。

3.2.2　知识组织的结构化与系统化

大模型技术正在革新特色文献资源的知识组织方法，通过智能化的内容理解和结构化处理，显著提升了文献资源的可访问性和利用价值。

在知识的智能表示方面，预训练语言模型结合知识表示方法取得了进展。例如，KEPLER通过将实体的文本描述信息整合到预训练语言模型中[11]，既增强了模型对事实性知识的获取能力，又能有效利用文本信息来改进知识表示。这些技术不仅能用来处理标准化学术文献，还可以适应古籍、手稿等特色馆藏资源的知识组织需求，为特色文献资源的深度开发和智能检索奠定了基础。

在知识组织方面，知识图谱作为结构化的知识模型，其与预训练语言模型的融合不仅能够提高实体和关系的表示能力，还为复杂文献资源的知识组织提供了系统化框架。这些技术的应用使特色文献资源库能够建立起更完善的结构化知识层，为研究者提供便捷的知识发现途径[12]。

这些技术的融合应用显著提升了特色文献资源的知识组织质量。基于预训练模型的通用框架在处理各类特色文献时不仅展现出较强的适应性和高效性，还能够有效支持多样化的知识组织任务。通过知识增强的预训练方法，更准确地识别和关联文献中的知识元素，促进了特色馆藏资源的深度开发利用，使珍贵的历史文献价值得到更充分的挖掘。

3.2.3　语义分析和知识提取的深化与拓展

在特色文献资源语料库建设的深化阶段，预训练语言模型和文档理解技术在知识提取和语义理解方面发挥着关键作用，进一步丰富了语料库的内容和功能。

在语义标注领域，基于Transformer的多任务学习模型在处理中文命名实体识别任务时表现出色，如MECT模型通过多元数据嵌入的方式，能够进行复杂的语义分析任务[13]。这种多维度的知识标注技术为文献资源建立了丰富的语义关联网络，大幅提升了资源的可检索性和知识发现能力。对于特色文献资源中的古籍、手稿等复杂历史文献，通过迁移学习和领域知识融合，模型能够有效处理非标准化文本中的多层次语义信息，从文本特征提取、词汇级分析到篇章级文本挖掘，以及从手写文字、特殊符号到版面结构等多个维度进行深度理解和知识提取，从而展现出了独特优势[8,14]。

文档级语义关系提取是语料库深化的重要环节。基于多模型融合的方法能够统一处理文本、图像和版面信息，从特色文献中提取复杂的语义关系。这种整合多模态信息的能力对于理解历史文献、学术论文等特色资源中的隐含逻辑和知识结构至关重要，极大地增强了语料库的研究价值。例如，研究者提出了面向文档级文本的时序关系抽取模型和大规模事件抽取基准数据集，为处理历史文献等长文本提供了新的技术方法和评测标准[15,16]。这些工作能够有效识别文本中的事件先后关系、因果链条等复杂语义知识，为深度挖掘特色文献语料库的内容提供了有力工具，为模型的训练和评测提供了高质量的语料资源。

对于包含多模态信息的特色文献，如古籍、手稿等，先进的文档理解模型开辟了新的可能性。视觉–语言预训练模型通过融合文本、图像和版面信息，能够全面解析复杂文献，提取深层次的语义和视觉信息。这类模型在处理包含插图、批注等复杂元素的古籍时表现出色，理解准确率较单一模态模型有所提升。同时，研究提出一种端到端的Transformer架构，用

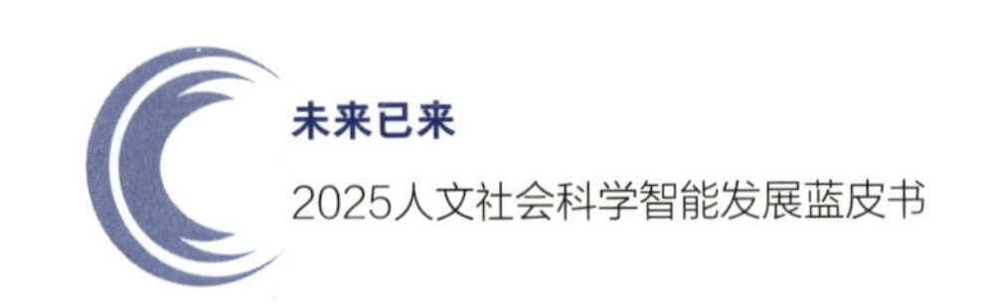

于视觉文档理解任务，通过创新的多模态自注意力层结合文本、视觉和空间特征，在多个数据集上达到了领先的效果。在具体应用中开发针对复杂版面的历史文献数据集，以及交互式机器学习工具，这些技术进步为构建更加丰富和立体的特色文献资源语料库提供了有力工具，使得研究者能够从多个维度理解和分析历史文献[5]。

3.2.4 跨语言特色文献资源整合的新契机

人工智能技术的浪潮，尤其是近一两年大模型技术的迅猛发展，为跨语言文献资源整合带来了前所未有的新契机。这一领域的进步不仅体现在技术层面的突破，更在于它如何深刻影响学术研究、文化传承以及知识创新等多个方面。

基于Transformer架构的多语言预训练模型能够有效捕捉不同语言间的共同语义特征，实现跨语言知识迁移。基于这些先进模型，有研究者开发了跨语言文献对齐系统，能够自动识别和关联不同语言文献中的相似内容，进而促进跨语言文献的整合与对齐，极大地提高了文献检索和比较的效率，为构建多语言特色文献资源库开辟了新途径。

跨语言文献资源整合的新趋势还体现在对少数民族语言及濒危语言的关注上。在过去，由于资源有限和技术限制，这些语言的文献往往难以得到有效保护和利用。然而，随着大模型技术的引入，研究者开始探索针对这些语言的OCR后校正方法和特定语言的命名实体识别技术。这些技术的应用不仅有助于保护少数民族语言和濒危语言的文化遗产，还为跨语言对比研究提供了更多样化的数据支持[17]。

此外，跨语言文献资源整合还面临着一些挑战，如语言多样性、文本复杂性以及跨语言知识表示的准确性等。为了解决这些问题，研究者正在不断探索新的技术和方法。例如，通过引入多模态信息（如图像、音频等）来增强模型的语义理解能力，以及利用知识图谱等结构化知识模型来提高跨语言知识表示的准确性和完整性。

综上所述，基于大模型的特色文献资源语料库建设正在推动文献资源

管理和利用的革新。从文献数字化处理、知识组织结构化到语义分析和知识提取，大模型技术在整个建设过程中发挥着关键作用。在文献数字化阶段，它提高了文字识别的准确性和版面分析的能力；在知识组织结构化方面，显著提升了处理效率和准确性，增强了文献的可检索性和语义理解深度；在知识提取深化阶段，展现出强大的语义分析和多模态信息整合能力。

这些技术的综合应用极大地提升了特色文献资源语料库的建设质量。为研究者提供了更深入、更全面的知识支持，推动了特色文献资源的深度利用和创新性研究。研究者能够更便捷地获取和分析海量历史文献，从而揭示出过去难以企及的历史洞见。这不仅拓展了语料库的应用范围，跨语言、跨学科的知识关联和发现能力，更为创新性研究提供了新的可能性。

参考文献

[1] 储节旺，杜秀秀，李佳轩. 人工智能生成内容对智慧图书馆服务的冲击及应用展望[J]. 情报理论与实践，2023, 46(5), 6−13.

[2] 张宏玲,沈立力,韩春磊等. 大语言模型对图书馆数字人文工作的挑战及应对思考[J]. 图书馆杂志，2023, 42(11), 31−39, 61.

[3] Ho, X., Nguyen, A. K. D., Dao, A. T.et al., A Survey of Pre-trained Language Models for Processing Scientific Text, *arXiv preprint arXiv:2401.17824*, 2024.

[4] Abdallah A, Eberharter D, Pfister Z, et al. Transformers and language models in form understanding: A comprehensive review of scanned document analysis[J]. *arXiv preprint arXiv:2403.04080*, 2024.

[5] Appalaraju S, Jasani B, Kota B U, et al. Docformer: End-to-end transformer for document understanding[C]. *Proceedings of the IEEE/CVF international conference on computer vision*. 2021: 993−1003.

[6] Kim, G. et al., Donut: Document Understanding Transformer without OCR, *ArXiv Computer Science*, 2021.

[7] Huang, Y., Lv, T., Cui, L. et al., LayoutLMv3: Pre-training for Document AI with Unified Text and Image Masking, *paper presented to the 30th ACM International Conference on Multimedia*, 2022.

[8] Powalski, R., Borchmann, Ł., Jurkiewicz, D. et al., Going Full-TILT Boogie on Document Understanding with Text-Image-Layout Transformer, *paper presented to the 16th International Conference on Document Analysis and Recognition (ICDAR)*, Lausanne, Switzerland, September 5−10, 2021.

[9] Guan S, Greene D, Advancing Post-OCR Correction: A Comparative Study of Synthetic Data, *arXiv preprint arXiv*:2408.02253, 2024.

[10] Xue, L. Barua, A. Constant, N. et al., ByT5: Towards a Token-Free Future with Pre-trained Byte-to-Byte Models, *Transactions of the Association for Computational Linguistic*s, 2022, Vol. 10, p. 291−306.

[11] Wang X, Gao T, Zhu Z, et al. KEPLER: A unified model for knowledge embedding and pre-trained language representation[J]. *Transactions of the Association for Computational Linguistics*, 2021, 9: 176−194.

[12] 黄勃，吴申奥，王文广等. 图模互补：知识图谱与大模型融合综述[J]. 武汉大学学报（理学版）, 2024, 70(4), 397−412.

[13] Wu, S., Song, X., Feng, Z., MECT: Multi-Metadata Embedding based Cross-

Transformer for Chinese Named Entity Recognition, *paper presented to the 59th Annual Meeting of the Association for Computational Linguistics and the 11th International Joint Conference on Natural Language Processing*, 2021.

[14] 林立涛，王东波 古籍文本挖掘技术综述[J]，科技情报研究，2023, 5(1), 78−91.

[15] Mathur P, Jain R, Dernoncourt F, et al. Timers: document-level temporal relation extraction[C]. *Proceedings of the 59th Annual Meeting of the Association for Computational Linguistics and the 11th International Joint Conference on Natural Language Processing (Volume 2: Short Papers)*. 2021: 524-533.

[16] Tong M H, Xu B, Wang S, et al. DocEE: A large-scale and fine-grained benchmark for document-level event extraction[C]. *Association for Computational Linguistics*, 2022.

[17] Conneau A. Unsupervised cross-lingual representation learning at scale[J]. *arXiv preprint arXiv:1911.02116*, 2019.

3.3 基于计算机视觉的多模态资料挖掘与合成*

基于计算机视觉的多模态资料挖掘与合成是一个非常具有前景的研究领域，它结合了计算机视觉、机器学习和自然语言处理等多学科知识，旨在从海量的多模态数据中提取有价值的信息，并生成新的、更有意义的数据。

3.3.1 多模态数据表示

多模态数据在现实世界中广泛存在，如何有效地表示和融合不同模态的数据是多模态学习的核心问题。本节将深入探讨特征提取、模态对齐和多模态图模型三个关键方面。

（1）特征提取

特征提取是将原始的多模态数据（如图像、文本、音频）转化为计算机能够理解和处理的数值表示的过程。对于不同模态的数据，我们采用不同的特征提取方法。图像方面，传统的SIFT[1]、HOG等描述了擅长提取图像的局部特征，而深度学习模型如CNN[2]则更擅长提取高层语义特征。预训练模型如VGG[3]和ResNet[4]可以作为强大的特征提取器。文本方面，常用的特征提取方法包括词袋模型、词嵌入以及预训练语言模型。词袋模型侧重于词频统计，而词嵌入则将单词映射到连续的向量空间，捕捉单词之

---

* 本章节由付彦伟教授和博士研究生董巧乐、樊可合作撰写。

付彦伟，复旦大学大数据学院教授，CCF高级会员，上海高校特聘教授（即东方学者）、国家青年千人计划学者。伦敦大学玛丽皇后学院博士，美国匹兹堡迪士尼研究院博士后研究员。发表高水平论文150多篇，在计算机视觉与模式识别顶级期刊*IEEE TPAMI*发表通讯作者/第一作者论文16篇，论文曾获得IEEE ICME 2019最佳论文，获得美国发明专利9项、中国专利20多项。研究方向侧重于基于迁移学习的多个任务，如手眼协同的机械臂抓取、小样本学习、3D/4D物体的建模、神经网络稀疏化学习、图像编辑及修复等。曾获国家自然科学二等奖、上海市科学技术进步一等奖、教育部自然科学一等奖等。

间的语义和语法关系。BERT[5]、GPT[6]等预训练语言模型更是能够理解上下文信息，生成更丰富的文本表示。音频方面，梅尔频率倒谱系数（Mel-Frequency Cepstral Coefficients，MFCC）模拟了人耳的听觉特性，是常用的音频特征。此外，谱特征和深度学习模型（如CNN、RNN[7]）也能提取音频的高层特征。通过这些特征提取和映射方法，我们可以将来自不同模态的数据转化为计算机可处理的统一表示，为后续的多模态任务奠定基础。

（2）模态对齐

模态对齐旨在建立不同模态（如图像、文本、音频等）数据之间的时间或空间对应关系，从而实现更准确的多模态信息融合。传统的时间对齐方法包括动态时间规整（Dynamic Time Warping，DTW）[8]，用于寻找两个序列之间最优的对齐路径，以及隐马尔可夫模型（Hidden Markov Model，HMM[9]），用于建模序列数据生成过程。在空间对齐方面，图像配准和点云配准则是将不同图像或点云对齐到同一坐标系。近年来，随着深度学习的发展，基于神经网络的模态对齐方法受到了广泛关注。对比语言-图像预训练（Contrastive Language-Image Pre-training，CLIP）[10]模型通过学习图像和文本之间的对比表示，实现了强大的多模态对齐功能。CLIP将图像和文本编码到同一个潜在空间中，使得相同语义的图像和文本在该空间中彼此靠近。注意力机制（Attention）[11]也是一种重要的模态对齐方法，它通过计算不同模态特征之间的权重，来选择与当前任务最相关的特征，从而实现更精细的模态对齐。此外，Transformer架构在自然语言处理领域取得了巨大成功，其自注意力机制也为多模态对齐提供了新的思路。Vision Transformer[12]将图像分割成一个个色块（patch），然后将其视为序列输入到Transformer中，从而实现图像和文本的统一表示。图像模态与开源的语言大模型对齐也是非常重要的一个研究问题[13,14]。总的来说，模态对齐是多模态学习中的一个核心问题。随着深度学习技术的不断发展，越来越多的新方法和模型被提出，为多模态数据的融合提供了更强大的工具。

（3）多模态图模型

多模态图模型是一种强大的工具，用于表示不同模态数据之间复杂的关系。它将图像、文本、音频等不同类型的数据作为图中的节点，通过边来表示节点之间的关联。这种表示方式使得我们可以更直观地理解多模态数据，并从中挖掘出深层次的语义信息。异构图是多模态图模型的一种常见形式，其中不同类型的节点代表不同模态的数据。例如，在一个图像-文本的异构图中，图像和文本分别作为两种类型的节点，边表示图像和文本之间的语义关联。知识图谱可以看作是一种特殊的异构图，它主要用于表示实体和它们之间的语义关系，如“北京”是“中国的首都”。GNN[15]是专门为图数据设计的深度学习模型，它通过在图上进行消息传递和聚合，学习节点和边的表示。GNN能够有效地捕捉图中节点之间的依赖关系，从而在多模态任务中取得优异的性能。多模态图模型在许多领域都有广泛的应用。例如，在知识图谱补全任务中，我们可以利用多模态图模型来预测知识图谱中缺失的实体或关系；在视觉问答任务中，我们可以将图像和文本转化为一个多模态图，然后利用图神经网络来回答关于图像的问题；在推荐系统中，我们可以构建一个用户、物品和属性之间的图模型，通过图神经网络来学习用户的偏好，从而实现个性化的推荐。总结来说，多模态图模型为我们提供了一种灵活且强大的工具，用于表示和分析多模态数据。它在知识图谱[16]、视觉问答[17]、推荐系统[18]等领域都展现出了巨大的潜力。

多模态数据的表示是多模态学习的基础。通过特征提取、模态对齐和多模态图模型，我们可以将不同模态的数据映射到一个共同的表示空间，并挖掘数据之间的深层关系。随着深度学习技术的不断发展，多模态表示方法也在不断创新，为各种多模态任务提供了有力支持。

3.3.2 多模态信息融合

多模态信息融合研究的兴起，源于多模态数据能够从不同角度更全面地呈现同一现象。例如，在情感分析中，结合面部表情和声音语调的数

据，可以显著提高预测的准确性，而单一模态的数据可能无法充分捕捉情感的复杂性。如果仅依赖声音或表情，很难区分对方是认真的还是在讽刺。通过融合多种模态，我们能够获得更具互补性的信息，从而提取出更加丰富且鲁棒的特征。在多模态特征融合中，常见的策略包括早期融合、晚期融合和混合融合。

（1）早期融合（Early Fusion）

早期融合是指在输入阶段就将不同模态的数据进行融合，从而捕捉模态之间的低级别关联，形成更紧密的特征表示。然而，早期融合曾因缺乏统一处理不同模态输入的手段而受限。Transformer框架中的词元转化器（tokenizer）为我们提供了一种将不同模态输入嵌入同一空间的方法，使用相同网络处理不同模态的数据。Perciever[19]引入了一组潜在向量，形成输入必须通过的注意力瓶颈，从而解决了经典Transformer中自注意力机制的扩展问题，实现了跨模态和任务的统一模型。Chameleon[20]也采取了完全基于token的早期融合策略，使其能够无缝推理并生成交错的图像和文本序列，而无需特定模态的组件。然而，这种统一空间的早期融合也带来了技术挑战，特别是在优化稳定性和扩展网络规模方面。

（2）晚期融合（Late Fusion）

晚期融合是指各个模态的数据在独立处理并生成预测结果后，再将这些结果进行组合或加权融合。其优势在于可以充分利用各模态的独立预测能力，同时避免早期融合中可能出现的信息干扰。如[21]和[22]分别在人脸属性识别与视频理解问题中使用了晚期融合策略，对子模块的输出进行融合。

（3）混合融合（Hybrid Fusion）

混合融合更加灵活，允许部分模态特征在早期阶段就进行融合，从而根据具体问题调整策略，提供更大的自由度。如[23]在零样本学习中，利用典型相关分析原理（Canonical Correlation Analysis，CCA)进行融合就是

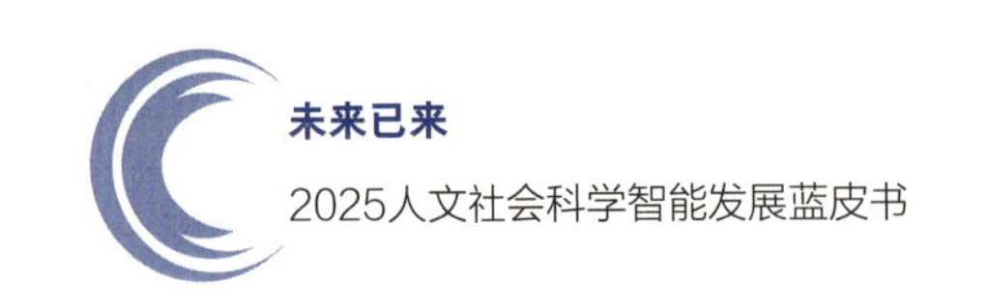

一种很有效的混合融合策略。[24]提出多模态传输模块，可以添加到特征层次结构的不同级别，逐步进行多模态信息的融合。DynMM[25]利用门控函数在推理过程中自适应地融合多模态数据并生成依赖于数据的前向路径，实现了动态多模态融合。

在深度学习兴起之前，研究人员通常依赖手工设计的图像特征（如颜色直方图、纹理模式或形状描述符）和文本特征（如词频、关键词或主题），这些异构模态的特征通过特征拼接（feature concatenation）组成一个多模态特征向量，利用传统机器学习算法（如决策树、支持向量机等）对其进行分类或回归。这种方法是早期融合策略的典型代表。在深度学习时代早期，研究者常通过将单模态网络的特征进行后期融合，一方面对齐不同模态的特征，另一方面利用已训练好的单模态作为初始化。比如，Antol等人[26]在其VQA研究中，将长短期记忆网络（Long-Short-Term Memory，LSTM）的文本表示与CNN的图像特征独立计算，再通过逐元素乘法进行融合，最终生成答案类别的归一化指数（softmax）分布。

随着深度学习的发展，融合模块的参数量增加，逐渐模糊了混合融合和晚期融合的界限。另如LLaVa模型架构则使用预训练的CLIP视觉编码器获取视觉特征，并通过线性层将图像特征嵌入词向量空间，最终与词嵌入拼接并通过LLM实现视觉-文本对齐。许多视觉语言大模型基于类似框架，但采用了不同的融合模块，如Flamingo的门控交叉注意力模型（Gated Cross Attention）[27]，以及BLIP系列模型提出的Querying Transformer模型[28]，用于融合单一模态模型的输出结果。

3.3.3 多模态数据挖掘

多模态数据挖掘是一种从不同类型的数据源（如文本、图像、音频等）中提取并融合信息的技术。它通过整合来自多个模态的信息，提供比单一模态更全面、更准确的分析和理解。其重要性在于能够揭示不同模态之间的关系，提升模型的准确性和鲁棒性，并推动创新应用的发展。

（1）多模态检索

多模态检索是一种信息检索任务，旨在从不同模态的数据集中找到与给定查询模态相关的项。具体来说，用户可以使用一种模态的数据（如文本、图像或音频）作为查询，系统则会从另一种或多种模态的数据集中检索出匹配的结果。OpenAI提出的CLIP模型通过在大规模图像和文本配对数据集上进行对比学习，成功地学到了高效的图像和文本特征表示。利用简单的余弦相似度匹配，CLIP模型不仅可以实现图像到文本的检索，还可以进行文本到图像的检索。CLIP4Clip模型[29]进一步融合了CLIP提取的多帧图像表示，与文本信息进行匹配，并将CLIP模型的知识从图像－语言检索扩展到视频－语言检索，实现了端到端的检索迁移。Shvetsova等人[30]提出了多模型融合的架构（multi-modal fusion transformer），这是一种与模态无关的多模态融合转换器，能够学习多个模态（如视频、音频和文本）之间的交互信息，并将它们集成到统一的多模态嵌入空间中。ALIGN模型[31]则关注多模态检索的扩展性问题，利用包含大量噪声的十亿级图片－文本数据对进行训练，不经过清洗和后处理，以简单的学习方案在图像文本检索上取得了优异的结果。

（2）多模态分类

多模态分类是一种分类任务，通过联合处理不同模态的数据来预测输入数据的类别标签。与单模态分类相比，多模态分类利用来自多个模态的信息，提高了分类的准确性和鲁棒性。关于这个问题，学术界在各个角度和维度进行大量相关的研究工作。例如，Shen等人[32]研究了文档质量评估问题，提出了一种将文本内容与文档视觉呈现相结合的模型，结合文档的图像、字体选择和视觉布局，改进了质量评估。Tian等人[33]则结合视频、文字和音频，实现了视频的多模态分类。Illendula等人[34]通过结合文本、表情符号和图像信号，对社交媒体推文的情感进行更全面、准确的分析。为不同模态的数据设计合适的多模态分类网络是一项具有挑战性的工作。Mfas[35]提出了一个通用的搜索空间，涵盖了大量可能的多模态融合架构，通过神经网络架构搜索，为给定数据集找到最佳架构，推动了多模态分类的自动化机器学习进程。另外，跨模态的数据分类也是非常有意义的研究问题[36]。

（3）多模态聚类

多模态聚类旨在对来自不同模态的数据进行聚类，即在多模态信息中发现自然的群组或类别。这种方法能够将包含多模态数据（如图像、文本、音频等）的样本自动分组，使得同一组内的样本在各个模态上表现出相似性。深度多模态聚类模型[37]在共享空间中同步执行多模态向量的聚类，捕捉了视觉-听觉的对应关系。MCN模型[38]则在对比学习基础上增加了聚类损失，进一步捕捉了跨模态的语义相似性，实现了视频、音频和语言的联合聚类。CMVAE模型[39]通过在潜在空间中利用跨模态的共享信息进行数据聚类，不仅提高了聚类性能，还增强了模型的生成能力。

（4）属性学习

在多模态数据挖掘中的作用：在多模态数据挖掘中，属性学习是指从不同模态（如文本、图像、音频等）的数据中提取出有意义的特征或属性的过程。这些属性可以是显式的（例如，图像中的颜色、形状），也可以是隐式的（例如，文本中的情感、主题）[40]。属性学习可以将不同模态的数据转化为统一的特征表示，从而使得不同模态的数据能够进行比较和融合。在信息提取方面，属性学习可以从海量多模态数据中提取出关键信息，为后续的分析和挖掘提供基础；在模型训练方面，属性学习得到的特征可以作为机器学习模型的输入，用于构建各种多模态学习模型。例如，在图像文本匹配任务中，我们可以利用属性学习来提取图像中的视觉属性（如颜色、形状、纹理）和文本中的语义属性（如物体、场景、动作）。通过将这些属性映射到一个共同的语义空间中，我们可以比较图像和文本之间的相似性，从而实现图像与文本的匹配[41]。

（5）基于学习的排序算法

在多模态数据（如文本、图像、视频等）组成的检索系统中，通过机器学习的方法，学习到一个排序模型，使得检索结果按照与用户查询的相关性从高到低进行排序[42]。该方法主要有三大步骤：①特征表示学习：将不同模态的数据映射到一个共同的特征空间，以便进行相似度计算；②排序模型构建：利用机器学习算法构建排序模型；③排序结果优化：通过不断的学习和反馈，优化排序模型，提高检索结果的准确性和相关性。未来发展方向是利用大规模多模态数据进行预训练，通过自监督学习任务，挖掘数据的内在联系，都可以提升模型的泛化和表示能力。尤其是2023年发布的ChatGPT，使用基于人类反馈的强化学习（Reinforcement Learning from Human Feedback，RLHF）[43,44]大模型，从而更有效地进行自我学习，本质就是基于学习的排序算法的应用。

3.3.4 多模态数据合成

多模态数据合成是通过计算机算法，根据现有数据生成新的多模态数据。这一技术在许多领域都有广泛的应用，如计算机视觉、自然语言处理和虚拟现实等。下面将围绕文本到图像生成、图像到文本生成和多模态编辑三个方面展开讨论。

（1）文本到图像生成

文本到图像生成是一项令人瞩目的技术，旨在根据一段文本描述，生成与描述内容高度相似的图像。这要求模型不仅能深刻理解文本的语义，还能具备强大的图像生成能力。目前，文本到图像生成领域涌现出多种模型架构。基于生成对抗网络（Generative Adversarial Nets，GAN）[45]的模型，如条件GAN和StackGAN[46]，通过生成器和判别器的对抗训练，能够生成高质量的图像。条件GAN通过将文本嵌入作为条件输入，引导生成器生成与文本描述相匹配的图像；StackGAN则采用多阶段生成的方式，逐步提升图像的分辨率和细节。变分自编码器（Variational Autoencoder，

VAE）[47]通过学习潜在表示，将文本和图像映射到同一个潜在空间，从而实现文本到图像的生成。这种方法能够生成多样化的图像，但生成的图像质量可能不如GAN。Transformer模型[48]因其在自然语言处理领域的卓越表现，也开始被应用于文本到图像生成任务。通过将文本和图像表示为序列，Transformer能够学习二者之间的复杂关系，生成具有高度语义一致性的图像。近年来，扩散模型（Diffusion Model）在文本到图像生成领域取得了显著进展。与GAN和VAE不同，Diffusion模型通过逐步向噪声图像添加信息来生成图像。这种生成过程更加直观，并且能够生成高质量、多样化的图像。Stable Diffusion是目前最流行的Diffusion模型之一，它能够根据文本描述生成高质量、具有艺术风格的图像。总结来说，文本到图像生成是一个快速发展的研究领域。随着深度学习技术的不断进步，越来越多的模型架构被提出，并取得了令人瞩目的成果。Diffusion模型的出现更是为文本到图像生成带来了新的机遇。未来，我们可以期待看到更多创新性的模型，以及文本到图像生成在更多领域的应用。

（2）图像到文本生成

图像到文本生成是一项旨在将图像内容转化为自然语言描述的技术。其核心在于让机器能够“看懂”图像，并用人类能够理解的语言表达出来。要实现这一目标，模型需要具备强大的视觉理解能力，以准确捕捉图像中的关键信息，同时还需要具备出色的自然语言生成能力，以生成流畅、通顺的文本描述。目前，图像到文本生成主要有两种主流模型架构。第一种是基于编码器-解码器结构的模型。这种模型通常包含一个编码器和一个解码器。编码器负责将输入图像编码成一个稠密的特征向量，这个特征向量包含了图像的语义信息。解码器则根据这个特征向量，逐字生成文本描述。为了提高生成文本的质量，研究者引入了注意力机制[48]。注意力机制可以让解码器在生成每个词语时，有选择地关注图像中的不同区域，从而生成更准确、更详细的描述。第二种是基于Transformer模型的图像到文本生成方法。Transformer是一种基于自注意力机制的深度学习模

型，最初被设计用于自然语言处理任务。近年来，研究者将Transformer应用于计算机视觉领域，并取得了显著的成果。Vision Transformer (ViT)[49]就是一种将Transformer应用于图像分类任务的模型。通过将图像分割成多个图像块，并将这些图像块输入到Transformer中，ViT能够有效地捕捉图像中的全局和局部特征。在图像到文本生成任务中，ViT可以将图像编码成一个序列表示，然后利用解码器生成文本描述。总结来说，图像到文本生成技术的发展得益于深度学习的快速发展，尤其是注意力机制和Transformer模型的出现。这些模型使得机器能够更准确、更全面地理解图像内容，并生成高质量的文本描述，从而在图像搜索、图像标注、图像描述生成等领域具有广泛的应用前景。

（3）多模态编辑

多模态编辑是指对现有的文本、图像、视频等多种形式的数据进行修改和处理，从而生成新的多模态数据。这种技术可以实现对数据的风格迁移、内容修改、信息提取等多种操作。文本编辑方面，我们可以通过文本风格迁移将一段文本的风格，比如幽默、正式或口语化等，转移到另一段文本上。此外，文本摘要技术可以将冗长的文本压缩成简洁的摘要，方便人们快速获取信息。图像编辑方面，图像风格迁移可以将一幅画作的风格，比如梵高、莫奈等艺术家的风格，应用到另一幅图像上。而图像修复[50]则可以修复图像中被损坏或缺失的部分，还原图像的完整性。视频编辑方面，视频风格迁移可以将一段电影的风格，比如科幻、恐怖等，应用到另一段视频上。此外，我们还可以对视频进行更具细粒度的编辑，比如删除或添加视频中的特定场景或人物。总结来说，多模态编辑技术为我们提供了丰富多样的工具，可以对多模态数据进行灵活的处理和创作，在图像处理、视频制作、自然语言处理等领域具有广泛的应用前景。

多模态数据合成是一个活跃的研究领域，其应用前景广阔。随着深度学习技术的不断发展，多模态合成模型的性能不断提升。未来，多模态数据合成将在虚拟现实、游戏、影视制作等领域发挥越来越重要的作用。

3.3.5 应用场景

（1）图像和视频理解

通过多模态数据（如图像与文本）的融合，模型能够更加精准地为内容自动添加标签。这在社交媒体上尤其有用，模型可以分析用户上传的图片及其文字描述，生成更精确的标签，从而提升搜索引擎的准确性和效果。此外，多模态模型还可以使用视频的视觉信息，生成简洁的摘要，帮助用户快速掌握图像视频的核心内容[51]。在信息检索方面，多模态模型可以跨越文本、图像和视频等多种数据类型，实现更加精准的图像和视频搜索。例如，用户输入一段描述文字，系统可以据此找到相关的图片或视频片段，或者通过一张图片找到对应的视频。这种跨模态的检索能力，不仅提升了用户体验，还扩展了信息获取的方式和深度[52]。

（2）人机交互

多模态数据挖掘在提升人机交互中的理解和处理能力方面具有关键作用。通过整合来自视觉、听觉和语言等多个感知通道的信息，机器能够更准确地理解用户的指令。例如，用户可以通过文字指令让机器人抓取某个物品，而机器人则通过视觉输入定位物品的具体位置[53]。在增强现实（Augmented Reality，AR）应用中，多模态模型的作用更加突出[54]。AR设备，如AR眼镜，需要持续分析环境中的视觉信息并理解用户的语音指令，从而实时提供精准的反馈和指导。这种能力不仅改善了用户体验，还使得复杂的任务可以通过自然的人机交互方式更加高效地完成。

（3）社交媒体分析

在社交媒体分析中，多模态模型通过整合图像与文本信息，可以更加精确地解析内容的情感基调。例如，当图片中包含特定的表情或场景时，模型结合文本中的情绪词汇，能够准确判断用户发布内容的情感倾向[55]。多模态模型还可以通过分析社交媒体上的图片、视频和文字，识别并聚合有关特定事件的信息，帮助快速监测和跟踪热点事件的动态。这在灾害应

对、舆情监控等场景中尤为重要。此外，多模态模型在内容审核方面也有发挥空间，可以自动检测并审核社交媒体上的不当内容，如网络暴力、色情图像，并结合文本内容判断整体语境，从而提升审核的准确性和效率，保障网络空间的健康和安全[56]。

（4）医疗影像分析

在医疗领域，多模态模型通过结合多种医学影像数据（如X光片、核磁共振扫描）与电子病历文本数据，为诊断提供更全面的支持[57]。模型可以通过分析影像数据发现异常区域，同时结合病人的病史和化验结果，提出可能的诊断建议，辅助医生做出更加准确的决策。此外，多模态模型能够自动生成医学报告，确保报告的准确性和一致性，减轻医生的工作负担，使他们能够将更多的时间和精力投入到病人的治疗中。这种技术的应用不仅提高了医疗服务的效率，也提升了诊断的精准度，对患者的治疗产生了积极的影响[58,59]。

3.3.6　深入探讨的话题

（1）Transformer在多模态任务中的应用

Transformer模型[60]因其在自然语言处理领域所展现出的强大序列建模能力和并行计算优势而备受关注。近年来，这种模型的应用范围不断拓展，在多模态任务中也有出色的表现。多模态表示学习是Transformer在多模态领域的一个重要应用。通过自注意力机制，Transformer能够有效地学习不同模态（如图像和文本）数据的联合表示，从而捕捉它们之间的复杂交互关系。这种联合表示使得模型能够更好地理解多模态数据，并完成一系列下游任务，如图像修复任务[61]和图像局部生成任务[62]。在多模态生成任务中，Transformer同样表现出色。例如，给定一段文本描述，Transformer可以生成与描述内容相匹配的图像或视频。这种能力为内容创作、虚拟现实等领域带来了新的可能性。此外，Transformer还可用于多模态问答，即根据给定的图像、文本等多模态数据，回答相关问题。尽管Transformer在多模态任务中取得了显著的成果，但仍存在一些需要改进的方向。效率提升是其中之一。随着模型规模的扩大，计算复杂度也随之增加。因此，研究者们正在探索各种轻量化的Transformer结构和并行计算策略，以提高模型的效率。可解释性也是一个重要的研究方向。目前，Transformer模型的决策过程相对黑盒，这限制了其在一些对可解释性要求较高的应用场景中的应用。通过可视化技术和注意力机制分析，我们可以更好地理解模型的内部工作机制。此外，针对不同模态数据的特点，设计针对性的Transformer变体也是一个值得研究的方向。总结来说，Transformer模型在多模态任务中展现出了巨大的潜力。随着研究的不断深入，我们有理由相信，Transformer将在未来推动多模态人工智能的发展，并为我们带来更多的惊喜。

（2）GAN在多模态数据合成中的作用

GAN[63]在多模态数据合成领域展现出了强大的能力。通过生成器与判别器之间的对抗学习，GAN能够生成高质量且多样化的多模态数据，如发型生成[64]和人脸表情生成[65]。高质量生成方面，GAN可以产生高分辨率的图像、逼真的视频等，视觉效果极佳，如图像修复[66]。多样性保证则意味着GAN能够生成多种多样的样本，避免生成单一的模式，从而提高生成数据的丰富性。此外，条件生成是GAN的一大优势，通过给定一定的条件，例如文本描述，GAN可以生成与条件相匹配的多模态数据，使得生成的数据具有更强的可控性。然而，GAN在应用过程中也面临一些挑战。模式崩溃是GAN训练中常见的难题，即生成器生成的样本趋向于单一模式，缺乏多样性。为了解决这个问题，研究者们不断探索新的训练策略和损失函数。生成多样性的评估也是一个难题，需要设计合适的评价指标来衡量生成样本的多样性。此外，在多模态数据合成中，多模态一致性也是一个重要的考量，即生成的图像和文本描述等不同模态的数据应该具有语义一致性。总结来说，GAN在多模态数据合成领域具有广阔的应用前景，但仍需要进一步地研究来解决模式崩溃、生成多样性评估和多模态一致性等问题。

（3）多模态数据的隐私保护

多模态数据的隐私保护是一个备受关注的问题。由于多模态数据常常包含个人身份、行为习惯等敏感信息，因此在处理这些数据时，必须采取有效的措施来保护用户隐私。目前，常用的隐私保护技术主要有以下几种：

① 联邦学习[67]：通过将模型训练任务分配给多个设备，避免将原始数据集中在单个服务器上，从而降低数据泄露的风险。这种方式可以在保护数据隐私的同时，实现模型的协同训练。

② 差分隐私[68]：在模型训练过程中，通过向数据中添加随机噪声，使得单个样本对模型训练结果的影响变得微不足道，从而保护个人的隐私。

③ 同态加密[69,70]：在不解密数据的情况下对加密数据进行计算，使得模型可以在加密的数据上进行训练和预测，从而保证数据的机密性。

④ 数据脱敏[71]：通过对数据进行匿名化、泛化等处理，去除其中的敏感信息，降低数据泄露带来的风险。

这些技术各有特点，可以根据不同的应用场景和隐私保护需求进行选择和组合。例如，在医疗领域，可以使用联邦学习来保护患者隐私，同时训练出高性能的医疗模型；在金融领域，可以使用同态加密来保护客户的交易数据。总结来说，多模态数据的隐私保护是实现多模态技术安全、可靠应用的前提。通过采用上述隐私保护技术，可以有效地保护用户隐私，同时促进多模态技术的发展。

（4）多模态数据的可解释性

多模态数据的可解释性是当前人工智能领域的一个重要研究方向。由于多模态模型通常涉及复杂的神经网络结构，其预测结果往往被视为“黑箱”，难以理解。这限制了多模态模型在一些对可解释性要求较高的领域，如医疗、金融等领域的应用。为了解决这个问题，研究者们提出了一系列方法来提高多模态模型的可解释性。其中，注意力机制可视化是一种常用的方法，通过可视化模型在处理不同模态数据时所关注的区

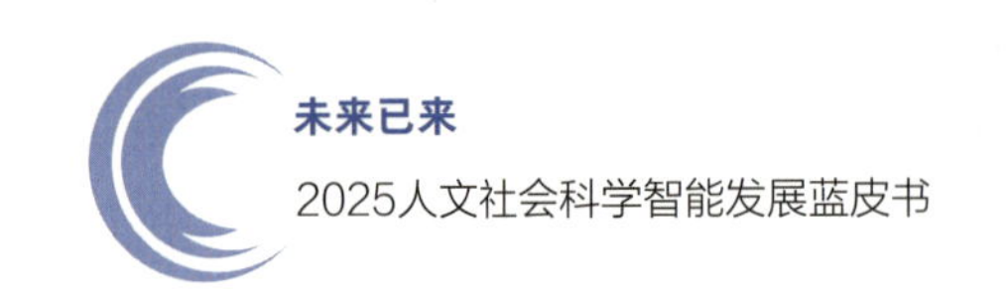

域或特征，我们可以直观地了解模型的决策过程。此外，LIME（Local Interpretable Model-Agnostic Explanations）[72]和SHAP（SHapley Additive exPlanations）[73]等方法可以对模型的局部行为进行解释，即通过分析单个样本的预测结果，了解哪些特征对该样本的预测结果影响最大。模型蒸馏则是另一种常用的方法，通过将复杂的模型蒸馏为一个简单的模型，例如决策树或线性模型，从而使模型的预测结果更容易解释。总结来说，多模态数据的可解释性对于提高模型的透明度、信任度以及在实际应用中的可靠性具有重要意义。通过上述这些方法，我们可以逐步揭开多模态模型的神秘面纱，使其在更多领域发挥更大的作用。

3.3.7 潜在的研究问题

（1）如何设计更有效的多模态特征表示方法？

多模态特征表示是多模态模型的核心，它决定了不同模态（如文本、图像、音频等）之间的信息如何被融合和处理。如果表示方法不够有效，就可能导致不同模态之间的信息无法充分整合，限制模型的性能。为不同模态设计不同的网络通常会降低训练的困难度，但缺乏通用性；而通用的网络需要大量数据训练以适应数据格式。如何设计合适的表示，使得其在捕捉不同模态的特性的同时，保证特征通用性，使用同一架构处理特征，使其能够更好地捕捉不同模态之间的关联和互补信息[74,75]，是值得研究的问题。

（2）如何提高多模态模型的泛化能力和鲁棒性？

多模态模型在训练时通常依赖于大量的标注数据，但在实际应用中，它们可能会面对训练数据中没有覆盖到的新场景，模型需要学会如何检测一个新的场景[76,77]。此外，提高泛化能力和鲁棒性可以让模型在未见过的数据上依然表现良好，避免在面对不确定或噪声数据时性能显著下降[78]。这对于实际应用中的多模态系统，如自动驾驶、医疗诊断等关键任务，至关重要。

（3）如何解决多模态数据中的模态失衡问题？

在多模态数据中，不同模态的数据量和质量可能存在显著差异。例如，某些模态可能包含大量信息，而其他模态的数据则较少或质量较低。这种失衡可能导致模型对强模态的过度依赖，而忽略或误解弱模态的信息[79,80]。如果能够有效解决模态失衡问题，模型将能够更加公平和均衡地利用所有模态的信息，提高整体表现。同时，这也有助于开发更健壮的模型，减少对单一模态的过度依赖，从而提高系统的整体可靠性。

总体而言，基于计算机视觉的多模态资料挖掘与合成是一个充满机遇和挑战的领域。通过深入研究，我们可以开发出更智能、更强大的多模态系统，为人们的生活和工作带来更多的便利。

参考文献

[1] Lowe D G. Object recognition from local scale-invariant features[C] *Proceedings of the seventh IEEE international conference on computer vision. Ieee*, 1999, 2: 1150−1157.

[2] LeCun Y, Bottou L, Bengio Y, et al. Gradient-based learning applied to document recognition[J]. *Proceedings of the IEEE*, 1998, 86(11): 2278−2324.

[3] Simonyan K, Zisserman A. Very deep convolutional networks for large-scale image recognition[J]. *arXiv preprint arXiv:1409.1556*, 2014.

[4] He K, Zhang X, Ren S, et al. Deep residual learning for image recognition[C] *Proceedings of the IEEE conference on computer vision and pattern recognition.* 2016: 770−778.

[5] Achiam J, Adler S, Agarwal S, et al. Gpt-4 technical report[J]. *arXiv preprint arXiv: 2303.08774*, 2023.

[6] Devlin J. Bert: Pre-training of deep bidirectional transformers for language understanding[J]. *arXiv preprint arXiv:1810.04805*, 2018.

[7] Graves A, Graves A. Long short-term memory[J]. *Supervised sequence labelling with recurrent neural networks*, 2012: 37−45.

[8] Muda L, Begam M, Elamvazuthi I. Voice recognition algorithms using mel frequency cepstral coefficient (MFCC) and dynamic time warping (DTW) techniques[J]. *arXiv preprint arXiv:1003.4083*, 2010.

[9] Trentin E, Gori M. A survey of hybrid ANN/HMM models for automatic speech recognition[J]. *Neurocomputing*, 2001, 37(1−4): 91−126.

[10] Radford A, Kim J W, Hallacy C, et al. Learning transferable visual models from natural language supervision[C] *International conference on machine learning. PMLR*, 2021: 8748−8763.

[11] Vaswani A. Attention is all you need[J]. *Advances in Neural Information Processing Systems*, 2017.

[12] Dosovitskiy A. An image is worth 16x16 words: Transformers for image recognition at scale[J]. *arXiv preprint arXiv:2010.11929*, 2020.

[13] Li Y, Wang Y, Fu Y, et al. Unified lexical representation for interpretable visual-language alignment[J]. *Advances in Neural Information Processing Systems*, 2025, 37: 1141−1161.

[14] Tong S, Liu Z, Zhai Y, et al. Eyes wide shut? exploring the visual shortcomings of

multimodal llms[C] *Proceedings of the IEEE/CVF Conference on Computer Vision and Pattern Recognition*. 2024: 9568−9578.

[15] Shi W, Rajkumar R. Point-gnn: Graph neural network for 3d object detection in a point cloud[C] *Proceedings of the IEEE/CVF conference on computer vision and pattern recognition*. 2020: 1711−1719.

[16] Wang Y, Wang H, Liu X, et al. GFedKG: GNN-based federated embedding model for knowledge graph completion[J]. *Knowledge-Based Systems*, 2024, 301: 112290.

[17] Yusuf A A, Feng C, Mao X, et al. Graph neural networks for visual question answering: a systematic review[J]. *Multimedia Tools and Applications*, 2024, 83(18): 55471−55508.

[18] Sharma K, Lee Y C, Nambi S, et al. A survey of graph neural networks for social recommender systems[J]. *ACM Computing Surveys*, 2024, 56(10): 1−34.

[19] Jaegle A, Borgeaud S, Alayrac J B. et al. Perceiver io: A general architecture for structured inputs & outputs. *arXiv preprint arXiv:2107.14795*, 2021.

[20] Team C. Chameleon: Mixed-modal early-fusion foundation models. *arXiv preprint arXiv:2405.09818*, 2024.

[21] He K, Fu Y, Zhang W, et al. Harnessing Synthesized Abstraction Images to Improve Facial Attribute Recognition[C] *IJCAI*. 2018: 733−740.

[22] Wu Z, Fu Y, Jiang Y G, et al. Harnessing object and scene semantics for large-scale video understanding[C] *Proceedings of the IEEE conference on computer vision and pattern recognition*. 2016: 3112−3121.

[23] Fu Y, Hospedales T M, Xiang T, et al. Transductive multi-view zero-shot learning[J]. *IEEE transactions on pattern analysis and machine intelligence*, 2015, 37(11): 2332−2345.

[24] Joze H R V, Shaban A, Iuzzolino M L, et al. MMTM: Multimodal transfer module for CNN fusion. *In Proceedings of the IEEE/CVF conference on computer vision and pattern recognition*, 2020, 13289−13299.

[25] Xue Z, Marculescu R. Dynamic multimodal fusion[C] *Proceedings of the IEEE/CVF Conference on Computer Vision and Pattern Recognition*. 2023: 2575−2584.

[26] Antol S, Agrawal A, Lu J, et al. Vqa: Visual question answering[C] *Proceedings of the IEEE international conference on computer vision*. 2015: 2425−2433.

[27] Alayrac J B, Donahue J, Luc P, et al. Flamingo: a visual language model for few-shot learning[J]. *Advances in neural information processing systems*, 2022, 35: 23716−23736.

[28] Li J, Li D, Savarese S, et al. Blip-2: Bootstrapping language-image pre-training with

frozen image encoders and large language models[C] *International conference on machine learning. PMLR*, 2023: 19730−19742.

[29] Luo H, Ji L, Zhong M, et al. Clip4clip: An empirical study of clip for end to end video clip retrieval and captioning[J]. *Neurocomputing*, 2022, 508: 293−304.

[30] Shvetsova N, Chen B, Rouditchenko A, et al. Everything at once-multi-modal fusion transformer for video retrieval[C] *Proceedings of the ieee/cvf conference on computer vision and pattern recognition*. 2022: 20020−20029.

[31] Jia C, Yang Y, Xia Y, et al. Scaling up visual and vision-language representation learning with noisy text supervision[C] *International conference on machine learning. PMLR*, 2021: 4904−4916.

[32] Shen A, Salehi B, Baldwin T, et al. A joint model for multimodal document quality assessment[C] *2019 ACM/IEEE Joint Conference on Digital Libraries (JCDL). IEEE*, 2019: 107−110.

[33] Tian H, Tao Y, Pouyanfar S, et al. Multimodal deep representation learning for video classification[J]. *World Wide Web*, 2019, 22: 1325−1341.

[34] Illendula A, Sheth A. Multimodal emotion classification[C] *companion proceedings of the 2019 world wide web conference*. 2019: 439−449.

[35] Pérez-Rúa J M, Vielzeuf V, Pateux S, et al. Mfas: Multimodal fusion architecture search[C] *Proceedings of the IEEE/CVF Conference on Computer Vision and Pattern Recognition*. 2019: 6966−6975.

[36] Fu Y, Hospedales T M, Xiang T, et al. Learning multimodal latent attributes[J]. *IEEE transactions on pattern analysis and machine intelligence*, 2013, 36(2): 303−316.

[37] Hu D, Nie F, Li X. Deep multimodal clustering for unsupervised audiovisual learning[C] *Proceedings of the IEEE/CVF conference on computer vision and pattern recognition*. 2019: 9248−9257.

[38] Chen B, Rouditchenko A, Duarte K, et al. Multimodal clustering networks for self-supervised learning from unlabeled videos[C] *Proceedings of the IEEE/CVF International Conference on Computer Vision*. 2021: 8012−8021.

[39] Palumbo E, Manduchi L, Laguna S, et al. Deep Generative Clustering with Multimodal Diffusion Variational Autoencoders[C] *The Twelfth International Conference on Learning Representations*. 2024.

[40] Fu Y, Hospedales T M, Xiang T, et al. Transductive multi-view zero-shot learning[J]. *IEEE transactions on pattern analysis and machine intelligence*, 2015, 37(11): 2332−2345.

[41] Fu Y, Hospedales T M, Xiang T, et al. Robust subjective visual property prediction

from crowdsourced pairwise labels[J]. *IEEE transactions on pattern analysis and machine intelligence*, 2015, 38(3): 563−577.

[42] Fu Y, Wang Y, Pan Y, et al. Cross-domain few-shot object detection via enhanced open-set object detector[C] *European Conference on Computer Vision*. Cham: Springer Nature Switzerland, 2024: 247−264.

[43] Ouyang L, Wu J, Jiang X, et al. Training language models to follow instructions with human feedback[J]. *Advances in neural information processing systems*, 2022, 35: 27730−27744.

[44] Rafailov R, Sharma A, Mitchell E, et al. Direct preference optimization: Your language model is secretly a reward model[J]. *Advances in Neural Information Processing Systems*, 2024, 36.

[45] Goodfellow I, Pouget-Abadie J, Mirza M, et al. Generative adversarial networks[J]. *Communications of the ACM*, 2020, 63(11): 139−144.

[46] Zhang H, Xu T, Li H, et al. Stackgan: Text to photo-realistic image synthesis with stacked generative adversarial networks[C] *Proceedings of the IEEE international conference on computer vision*. 2017: 5907−5915.

[47] Kingma D P. Auto-encoding variational Bayes[J]. *arXiv preprint arXiv:1312.6114*, 2013.

[48] Vaswani A. Attention is all you need[J]. *Advances in Neural Information Processing Systems*, 2017.

[49] Dosovitskiy A. An image is worth 16x16 words: Transformers for image recognition at scale[J]. *arXiv preprint arXiv:2010.11929*, 2020.

[50] Dong Q, Cao C, Fu Y. Incremental transformer structure enhanced image inpainting with masking positional encoding[C] *Proceedings of the IEEE/CVF Conference on Computer Vision and Pattern Recognition*. 2022: 11358−11368.

[51] Li J, Li D, Savarese S, et al. Blip-2: Bootstrapping language-image pre-training with frozen image encoders and large language models[C] *International conference on machine learning*. PMLR, 2023: 19730−19742.

[52] Luo H, Ji L, Zhong M, et al. Clip4clip: An empirical study of clip for end to end video clip retrieval and captioning[J]. *Neurocomputing*, 2022, 508: 293−304.

[53] Driess D, Xia F, Sajjadi M S M, et al. Palm-e: An embodied multimodal language model[J]. *arXiv preprint arXiv:2303.03378*, 2023.

[54] Nizam S S M, Abidin R Z, Hashim N C, et al. A review of multimodal interaction technique in augmented reality environment[J]. *International Journal on Advanced Science, Engineering and Information Technology (IJASEIT)*, 2018, 8(4-2): 1460.

[55] Illendula A, Sheth A. Multimodal emotion classification[C] *companion proceedings of the 2019 world wide web conference*. 2019: 439–449.

[56] Kiela D, Firooz H, Mohan A, et al. The hateful memes challenge: Detecting hate speech in multimodal memes[J]. *Advances in neural information processing systems*, 2020, 33: 2611–2624.

[57] Liu F, Zhu T, Wu X, et al. A medical multimodal large language model for future pandemics[J]. *NPJ Digital Medicine*, 2023, 6(1): 226.

[58] Jing B, Xie P, Xing E. On the automatic generation of medical imaging reports[J]. *arXiv preprint arXiv:1711.08195*, 2017.

[59] Nguyen H T N, Nie D, Badamdorj T, et al. Automated generation of accurate\& fluent medical x-ray reports[J]. *arXiv preprint arXiv:2108.12126*, 2021.

[60] Vaswani A. Attention is all you need[J]. *Advances in Neural Information Processing Systems*, 2017.

[61] Cao C, Dong Q, Fu Y. Zits++: Image inpainting by improving the incremental transformer on structural priors[J]. *IEEE Transactions on Pattern Analysis and Machine Intelligence*, 2023, 45(10): 12667–12684.

[62] Cao C, Hong Y, Li X, et al. The image local autoregressive transformer[J]. *Advances in Neural Information Processing Systems*, 2021, 34: 18433–18445.

[63] Goodfellow I, Pouget-Abadie J, Mirza M, et al. Generative adversarial networks[J]. *Communications of the ACM*, 2020, 63(11): 139–144.

[64] Yin W, Fu Y, Ma Y, et al. Learning to generate and edit hairstyles[C] *Proceedings of the 25th ACM international conference on Multimedia*. 2017: 1627–1635.

[65] Wang W, Sun Q, Fu Y, et al. Comp-GAN: Compositional generative adversarial network in synthesizing and recognizing facial expression[C] *Proceedings of the 27th ACM International Conference on Multimedia*. 2019: 211–219.

[66] Cao C, Fu Y. Learning a sketch tensor space for image inpainting of man-made scenes[C] *Proceedings of the IEEE/CVF international conference on computer vision*. 2021: 14509–14518.

[67] Li L, Fan Y, Tse M, et al. A review of applications in federated learning[J]. *Computers & Industrial Engineering*, 2020, 149: 106854.

[68] Dwork C. Differential privacy[C] *International colloquium on automata, languages, and programming*. Berlin, Heidelberg: Springer Berlin Heidelberg, 2006: 1–12.

[69] Acar A, Aksu H, Uluagac A S, et al. A survey on homomorphic encryption schemes: Theory and implementation[J]. *ACM Computing Surveys (Csur)*, 2018, 51(4): 1–35.

[70] Naehrig M, Lauter K, Vaikuntanathan V. Can homomorphic encryption be

practical?[C] *Proceedings of the 3rd ACM workshop on Cloud computing security workshop*. 2011: 113−124.

[71] Sarada G, Abitha N, Manikandan G, et al. A few new approaches for data masking[C] *2015 International Conference on Circuits, Power and Computing Technologies [ICCPCT-2015]*. IEEE, 2015: 1−4.

[72] Mishra S, Sturm B L, Dixon S. Local interpretable model-agnostic explanations for music content analysis[C] *ISMIR*. 2017, 53: 537−543.

[73] Antwarg L, Miller R M, Shapira B, et al. Explaining anomalies detected by autoencoders using Shapley Additive Explanations[J]. *Expert systems with applications*, 2021, 186: 115736.

[74] Wu S, Fei H, Qu L, et al. Next-gpt: Any-to-any multimodal LLM[J]. *arXiv preprint arXiv:2309.05519*, 2023.

[75] Zhan J, Dai J, Ye J, et al. Anygpt: Unified multimodal LLM with discrete sequence modeling[J]. *arXiv preprint arXiv:2402.12226*, 2024.

[76] Fan K, Liu T, Qiu X, et al. Test-Time Linear Out-of-Distribution Detection[C] *Proceedings of the IEEE/CVF Conference on Computer Vision and Pattern Recognition*. 2024: 23752−23761.

[77] Ming Y, Cai Z, Gu J, et al. Delving into out-of-distribution detection with vision-language representations[J]. *Advances in neural information processing systems*, 2022, 35: 35087−35102.

[78] Zhang X, Li J, Chu W, et al. On the out-of-distribution generalization of multimodal large language models[J]. *arXiv preprint arXiv:2402.06599*, 2024.

[79] Peng X, Wei Y, Deng A, et al. Balanced multimodal learning via on-the-fly gradient modulation[C] *Proceedings of the IEEE/CVF conference on computer vision and pattern recognition*. 2022: 8238−8247.

[80] Fan Y, Xu W, Wang H, et al. Pmr: Prototypical modal rebalance for multimodal learning[C] *Proceedings of the IEEE/CVF Conference on Computer Vision and Pattern Recognition*. 2023: 20029−20038.

3.4 跨学科的数据融合的原则与规范*

LLM的应用正逐步转变人文社科传统研究模式。LLM的文本分析与生成能力，为人文科学专业的数据挖掘、模式识别、知识发现提供了全新视角。数字化转型带来的数据量爆炸性增长，为人文社会科学研究提供了丰富的数据资源。然而，数据的异构性、跨学科数据融合的必要性，以及不同来源数据的结构、格式和语义差异，为数据整合带来挑战。FAIR原则指科学数据的可发现（Findable）、可访问（Accessible）、可互操作（Interoperable）和可重用（Reusable）的管理原则，旨在促进数据的有效管理和利用。FAIR原则自2016年被提出，已成为全球范围内广泛认可和采纳的数据管理指导原则，并在欧盟、荷兰、澳大利亚等国家和地区的科学数据管理实践中得到应用。科学数据中心逐渐采纳FAIR原则，推进数据的开放共享，构建起可信的数据存储体系。

本节旨在探讨FAIR原则和元数据规范在LLM支持下的跨学科数据融合中的应用，为人文社会科学领域提供新的数据融合框架，促进数据共享和知识整合，推动跨学科研究的深入发展。

3.4.1 FAIR原则和元数据规范概述

FAIR原则包括四个子原则：可发现（Findable）、可访问（Accessible）、可互操作（Interoperable）、可重用（Reusable）。这些子原则进一步细分为15条具体原则，如表3-1所示，共同构成了FAIR体系。FAIR原则旨在

---

* 本节由殷沈琴、伏安娜撰写。

殷沈琴，复旦大学人文社科数据研究所副所长，研究馆员，上海市科研领域大数据实验室副主任，“开放数林”政府开放数据专家委员会委员，IFDO国际数据组织联合会中国区代表，主要研究领域为科学数据管理、数字人文。

伏安娜，复旦大学人文社科数据研究所所长助理、副研究馆员，数据服务部主任，主要研究领域为研究数据管理、数据素养教育。

提高科学数据的管理质量和可用性，以促进数据的广泛共享和重用，自2016年由专注于研究通讯和电子学术未来的国际组织FORCE11正式发布以来[1]，已成为全球范围内被广泛认可和采纳的数据管理指导原则，并在欧盟、荷兰、澳大利亚等国家和地区的科学数据管理实践中得到应用。

表3-1　FAIR原则的4项15条

FAIR维度	15条细则
可发现（Findable）	F1：（元）数据被分配一个全球唯一且永久的标识符 F2：数据被丰富的元数据所描述 F3：元数据中清楚明确地包括它描述的数据的标识符 F4：（元）数据在可搜索的资源中可以被注册或索引
可访问（Accessible）	A1：（元）数据可以通过标准化通信协议规定的标识符来检索 A1.1：该通信协议是开放、免费且可以普遍实现的 A1.2：该通信协议允许在必要时进行认证和授权程序 A2：即使数据不再可用，元数据仍然可以被访问
可互操作（Interoperable）	I1：（元）数据使用正式、可获取、共享和广泛适用的语言来表示知识 I2：（元）数据在遵循FAIR原则的前提下使用词汇表 I3：（元）数据中应该包括对其他（元）数据的限定引用
可重用（Reusable）	R1：（元）数据被多个准确且相关的属性所丰富地描述 R1.1：（元）数据将以清晰且可访问的数据使用许可来发布 R1.2：（元）数据与详细的出处相关联 R1.3：（元）数据符合相关领域的社区标准

元数据（Metadata），是描述数据属性和特征的数据，其本质为“关于数据的数据”（Data about data）[2,3]，在数据管理中扮演着至关重要的角色。元数据标准通常可以划分为通用元数据标准和学科领域元数据标准[4]。通用元数据标准可对一般数据进行描述，无学科专属特性，如Dublin Core、PREMIS、PROV、Data Package等。学科领域元数据标准则是面向学科特点、具有专指性的元数据标准，例如，人文社会科学领域的元数据标准（Distributors Data Integration，DDI），文化遗产领域的元数

据标准CIDOC-CRM、MIDAS-Heritage，生物学领域的元数据标准Darwin Core、Genome Metadata以及跨学科（物理学、地球科学）的AVM等。

FAIR原则与元数据规范互为支撑，前者提供了数据管理的宏观指导框架，后者则是具体实现方法。有效应用元数据规范并遵循FAIR原则，不仅能够提升数据资源的质量和可用性，还能促进科学数据的广泛共享与深度利用[5]。

3.4.2 LLM视域下的跨学科数据融合

在LLM视域下，跨学科数据融合面临的挑战主要涵盖数据的异构性、数据的可访问性和互操作性以及数据的公平性和偏见问题。FAIR原则和元数据规范是解决这些挑战的方法之一。

（1）跨学科数据融合过程中的数据异构性

跨学科研究往往涉及来自不同领域的数据，这些数据在格式、结构和语义上存在显著差异。例如，科学文献与科学数据的融合就面临着“硬关联”“软关联”和“深度融合”三种方式的挑战[6]。融合FAIR原则与元数据规范，可有效解决异构数据源间的兼容性和互操作性问题。FAIR原则确保数据开放性和透明性，而基于元数据映射机制的异构数据操作技术，允许从不同数据源提取数据，并按照标准化要求进行加工处理。进一步通过在元数据之上建立本体层进行语义描述和本体推理，提升异构数据共享的效率和准确性。例如，DDI使用Darwin Core和Data Cite两种元数据标准进行映射，实现人文社科、生物学和通用学科领域三个不同领域仓储库数据的互操作[7]。

（2）跨学科数据融合中的数据可访问性和互操作性

首先，根据FAIR原则，数据的可发现性通过采纳标准化的元数据和持久性标识符来实现，确保数据在数字环境中易于被检索。例如，BioSharing[8]作为一个元数据标准资源，通过链接到数据存储库，确保了其内容的可发现性和可访问性。

其次，数据的可访问性强调数据应当对人类和机器都是可获取的。这意味着数据需要通过开放的接口提供，并且支持多种格式和协议，以便于不同背景的研究者能够访问和使用这些数据[9]。例如，CLARIN项目[10]通过提供语言资源和技术的访问，支持跨学科研究，展示了如何实现数据的可访问性。

最后，可互操作性要求数据能够在不同的系统和应用之间无缝交换和使用。这通常需要采用通用的数据模型和本体论，以及标准化的元数据描述，以确保数据的一致性和兼容性[11]。

（3）跨学科数据融合过程中的公平性和偏见

LLM可能会从训练数据中捕获并传播社会偏见，影响数据融合的公平性。

首先，FAIR原则通过确保数据的可发现性和可访问性，为研究人员提供了查找和获取数据的能力。这有助于减少数据孤岛现象，促进数据共享和重用，从而增加数据集的多样性和代表性，这对于缓解偏见至关重要[12,13]。

其次，互操作性原则要求数据和元数据遵循标准化格式和协议，这有助于不同系统和工具之间的无缝交流。在LLM训练中，这意味着可以从多个来源整合数据，而不会因为格式或协议不兼容而遇到障碍。这种整合可以进一步增强数据集的多样性和平衡性，有助于减少模型训练中的偏见[14,15]。

最后，可重用性原则鼓励对数据进行深入分析和再利用，这不仅可以推动科学研究的进展，还可以通过不同的应用场景来检验和调整模型，以减少潜在的偏见。

综上所述，通过遵循FAIR原则并采用合适的元数据规范，可有效地促进跨学科数据融合，不仅有助于提升科学研究的开放性和透明性，还能够加速科学发现和技术创新的过程[16,17]。

3.4.3 实施FAIR原则的组织、工具和案例

国际组织FORCE11通过多种方式推动FAIR原则的实施和普及。通过

组织研讨会、工作坊和会议，促进科学社区对FAIR原则的认识和实施[18]。FORCE11还通过与其他组织如GO FAIR Initiative和Research Data Alliance (RDA)的合作，共同推动FAIR原则的发展和应用。例如，通过发起Metadata for Machines (M4M)工作坊，FORCE11鼓励创建标准化的、全面的机器可操作元数据，这对于实现数据的FAIR性至关重要。此外，FORCE11还支持社区驱动的资源，如FAIRsharing和FAIR Cookbook，这些资源帮助研究人员了解如何将FAIR原则应用于实际的数据管理和研究实践中[19]。

目前，根据FAIR原则四个维度特征衍生出的19条合规清单，市面已有多种工具和实践适用，具体见表3-2。

表3-2　遵循FAIR原则的工具和实践

原则	FAIR合规清单	工具和实践
可发现	F1：元数据包括标题、作者、摘要、关键词和隶属关系 F2：使用标准化的分类法和本体论进行索引 F3：清晰记录数据来源和收集方法 F4：实施先进的搜索工具和界面 F5：分配持久标识符，如DOI	元数据管理：Apache Atlas, Collibra, ORCID 永久标识符：CrossRef for DOIs 数据索引：Elasticsearch, Apache Solr, DSpace 搜索接口：Algolia, Apache Lucene 数据仓储平台：NCBI,RE3data, CKAN, Dataverse, Zenodo, Figshare, EPrints, ResearchGate, Academia.edu
可获取	A1：详细的访问指南和认证流程 A2：使用可靠的数字保存服务，如CLOCKSS或Portico A3：数据存放在开放的存储库中，例如Figshare或Zenodo A4：API遵循OpenAPI等标准，以便于使用 A5：提供多种格式的数据（例如CSV、JSON、XML），以确保可用性	API工具：OpenAPI, GraphQL, RESTful interfaces 数据保存：Archivematica, CLOCKSS, Zenodo, Figshare 云存储：Amazon S3,Google Cloud Storage，Microsoft Azure 伦理访问：OneTrust,TrustArc

续表

原则	FAIR合规清单	工具和实践
可互操作	I1：数据符合社区公认的标准（例如MIAME，生态元数据语言） I2：支持OAI-PMH等协议，用于元数据的采集 I3：使用Schema.org等框架来组织结构化数据 I4：提供XSLT或OpenRefine等服务，用于数据转换和映射	数据格式：JSON, XML, CSV, DICOM, GenBank 协议：HTTP, SOAP,REST, gRPC 数据标准：RDF, HL7FHIR, ISO/IEC standards 转化工具：XSLT, Talend, Informatica, Apache NiFi 本体模型：OWL,SPARQL, XOD 专门数据库:IEDB
可重用	R1：包含实验条件、方法论和来源的全面元数据 R2：管理数据时有清晰的版本控制和更新记录 R3：遵守GDPR和其他隐私法规 R4：使用像Creative Commons这样的许可证来明确用户权利 R5：评估并记录数据对社会的影响和潜在偏见	元数据标准：Dublin Core, DataCite, Schema.org 数据监护：CKAN, DSpace, Omeka 伦理道德框架：Responsible AI, OpenAI Ethics Guidelines, AI4ALL 授权工具：Creative Commons 数据出处工具：Provenance Tracking PROV-DM

案例

2014年上线的复旦大学人文社会科学数据平台（以下简称“平台”），是国内高校首家人文社会科学数据平台。旨在为复旦大学师生提供研究数据的访问获取、长期保存和交换共享，并促进在更大范围内传播复旦大学研究团队的社会科学数据及研究成果。平台遵循国际标准的收割获取协议（Open Archives Initiative Protocol for Metadata Harvesting，OAI-PMH）和DDI元数据标准规范，具备数据存储、数据管理、数据监护、数据引证、数据收割等特色功能，并于2018年与复旦大学的大数据系统、数据实验教

学科研平台融合互通，为学校的教学、科研、智库决策支持和“双一流”建设提供支撑。截至2024年10月，平台共发布有185个数据空间，871个数据集和3 807个文件，并建立了“复旦大学能源流向与碳排放因子”“长三角社会变迁调查”“居民消费和碳排放数据库”“应对老龄社会的基础科学研究”等专题特色数据库。在人文社会学科应用的新环境下，平台正在进行升级建设，未来将重点实现变量级检索，针对数据集的FAIR水平评估，还将进一步有效提升平台对AI研究相关的数字对象的可发现性和可获得性，并将探索建设平台AI智能问答机器人，快速理解用户问题，基于平台数据进行智能检索和回答。

参考文献

[1] Bishop B W, Hank C. Measuring FAIR principles to inform fitness for use[J]. *International Journal of Digital Curation*, 2018, 13(1): 35−46.

[2] Ahronheim J R. Descriptive metadata: Emerging standards[J]. *Journal of academic librarianship*, 1998, 24(5): 395−403.

[3] Coyle K. Understanding metadata and its purpose[J]. *The Journal of Academic Librarianship*, 2005, 2(31): 160−163.

[4] DCC, Scientific Metadata. https://www.dcc.ac.uk/resources/curation-reference-manual/chapters-production/scientific-metadata.

[5] Wilkinson M D, Dumontier M, Aalbersberg I J J, et al. The FAIR Guiding Principles for scientific data management and stewardship[J]. *Scientific data*, 2016, 3(1): 1−9.

[6] Putrama I M, Martinek P. Heterogeneous data integration: Challenges and opportunities[J]. *Data in Brief*, 2024: 110853.

[7] Paletta F C, Wijesundara C. Metadata Principles, Guidelines and Best Practices: A Case Study of Brazil and Sri Lanka[C] *Proceedings of the International Conference on Dublin Core and Metadata Applications*. Dublin Core Metadata Initiative, 2024.

[8] Sansone S A, Gonzalez-Beltran A, Rocca-Serra P, et al. BioSharing: Harnessing metadata standards for the data commons[J]. *bioRxiv*, 2017: 144147.

[9] Meloni V, Sulis A, Mascia C, et al. Fairifying clinical studies metadata: a registry for the biomedical research[M] *Public Health and Informatics*. IOS Press, 2021: 779−783.

[10] Dumontier M, Wesley K. Advancing discovery science with FAIR data stewardship: findable, accessible, interoperable, reusable[J]. *The Serials Librarian*, 2018, 74(1-4): 39−48.

[11] De Jong F, Maegaard B, De Smedt K, et al. CLARIN: towards FAIR and responsible data science using language resources[C] *Proceedings of the Eleventh International Conference on Language Resources and Evaluation*, 2018.

[12] Inau E T, Sack J, Waltemath D, et al. Initiatives, concepts, and implementation practices of FAIR (findable, accessible, interoperable, and reusable) data principles in health data stewardship practice: protocol for a scoping review[J]. *JMIR research protocols*, 2021, 10(2): e22505.

[13] Raza S, Ghuge S, Ding C, et al. FAIR Enough: Develop and Assess a FAIR-Compliant Dataset for Large Language Model Training?[J]. *Data Intelligence*, 2024,

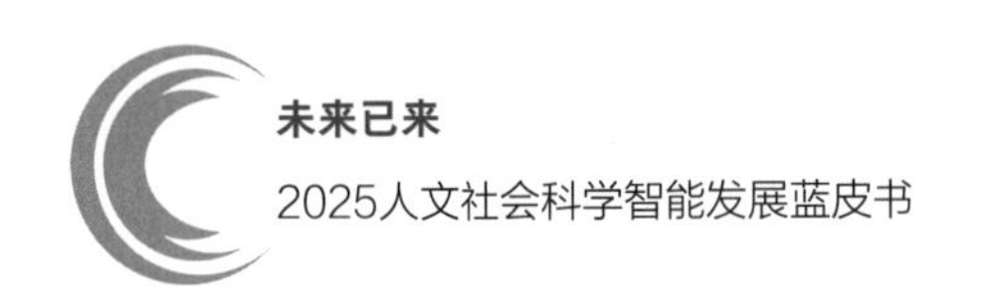

6(2): 559−585.

[14] Jacob D, David R, Aubin S, et al. Making experimental data tables in the life sciences more FAIR: a pragmatic approach[J]. *GigaScience*, 2020, 9(12): giaa144.

[15] Murphy F, Bar-Sinai M, Martone M E. Alignment of biomedical data reposito-ries with open, FAIR, citable and trust-worthy principles[J].

[16] Rogushina J V, Grishanova I J. Study of principles, models and methods of FAIR paradigm of scientific data management for analysis for BIG data metadata[J]. *Problems in programming*, 2021 (4): 26−35.

[17] Wittenburg P, Sustkova H P, Montesanti A, et al. The FAIR Funder pilot programme to make it easy for funders to require and for grantees to produce FAIR Data[J]. *arXiv preprint arXiv:1902.11162*, 2019.

[18] de Visser C, Johansson L F, Kulkarni P, et al. Ten quick tips for building FAIR workflows[J]. *PLoS Computational Biology*, 2023, 19(9): e1011369.

[19] Bhat A, Wani Z A. The FAIRification process for data stewardship: A comprehensive discourse on the implementation of the FAIR principles for data visibility, interoperability and management[J]. *IFLA Journal*, 2024: 03400352241270692.

第 4 章 AI4SSH的关键算法与模型*

算法与技术的进步是AI在人文社会科学领域广泛应用的核心驱动力，尤其是NLP和深度学习等技术的提升，使得AI逐步从感知智能走向认知智能，进而演化成通用人工智能。在技术驱动下，新的模型和新方法为学者们带来了前所未见的广阔视野。

深度学习、NLP、生成式预训练模型（如GPT系列）、GNN等模型大幅提升了数据处理和分析的效率，让我们得以探索更复杂的人类行为和社会机理。而更深层的，基于Transformer和注意力机制的算法革命正在迅速地提升大模型的推理能力和可解释性，实现解决复杂问题、自动优化推理流程，以及提出原创想法和管理复杂系统等更高级的工作。

这些新兴方法在跨学科研究中正展现出强大的力量，推动了人文社科研究向数据驱动、智能化和实时响应方向的转变。

* 本章由吴力波教授牵头编写。

本章提要

- AI大模型正处于从感知智能向认知智能，进而向通用智能进化的关键阶段，机理融合、推理能力和可解释等关键技术趋势正逐渐显现，推动多模态能力的加强和精细内容生成的控制。
- 目前大模型主要是联结学派的“黑盒”概率预测，如果将符号计算与大模型相结合，就能同时具备慢思考的“白盒”逻辑能力。两种方法的融合是AGI发展的重要方向。
- 基于大模型开展更深层次的研究辅助，有两方面的技术路线值得关注。一是基于Transformer和Attention机制，在数据驱动基础上引入机理驱动，研究知识自动化方法，探索“知识-学习”协同组织形式；二是基于LLM的研究方法分析现有文献和数据，配合云实验室进行实验，深度参与新知识的诞生。
- 由于人文社科研究对象内禀的复杂性，机器学习方法与之尤为适配。机器学习模型可以整合来自不同领域的多模态数据，有助于我们在跨学科的现象之间建立关联，揭示其中的联系。
- 机器学习具有在过拟合、微观层面的预测结果不稳定，以及预测结果的可解释性较差等问题，解决的关键就在于进一步完善和加强“理论驱动+数据驱动”的因果评估新范式。

4.1 多模态大模型的发展前沿*

随着以ChatGPT为代表的大语言模型的出现[1,2,3]，大语言模型在对话、推理方面展现了强大的能力[4]，为构建通用人工智能系统提供了切实可行的思路。随后，通过为基座大语言模型扩充多个模态的编码器[5,6]，并将其他模态的信号对齐到语言基座中[7,8,9]，大语言模型被成功迁移到多模态领域。多模态大模型以自然语言构建了任务间的关联，能够根据多模态的语境和用户以自然语言进行交互并理解用户的需求[10,11,12]。近年来，多模态大模型在图像生成、视频理解、具身智能等各方面的应用和发展，也展现了其成为统一多模态信息处理器的潜力[13,14,15]。

本节将从多模态大模型的发展前沿角度出发梳理相关工作。

4.1.1 多模态大模型架构及训练的新趋势

当今的多模态LMM主要关注多模态内容的理解和文本生成。这些模型通常将输入的模态信号进行抽象编码，形成一系列模态特征标记的序列表示，随后传递到大语言模型中进行统一处理，并解码生成文本。本小节首先概述了当前主流的多模态大模型架构，并指出了现阶段多模态大模型在架构设计和训练方法方面的最新发展方向。

（1）多模态大模型架构

如图4-1所示，典型的多模态大模型的基座模型一般可以抽象为三个模块，即预训练视觉编码器、预训练大语言模型和模态连接件。预训练视觉编码器的作用是将输入的视觉信号编码成抽象的特征表示，类比人类的眼睛，用于接收和预处理视觉输入。大语言模型作为中央大脑，管理接收到的输入模态信号并理解和执行推理。视觉输入特征和大语言模型的文本特征相差较大，难以被大语言模型直接处理，因此需要模态连接件充当桥

* 本节由魏忠钰副教授撰写。

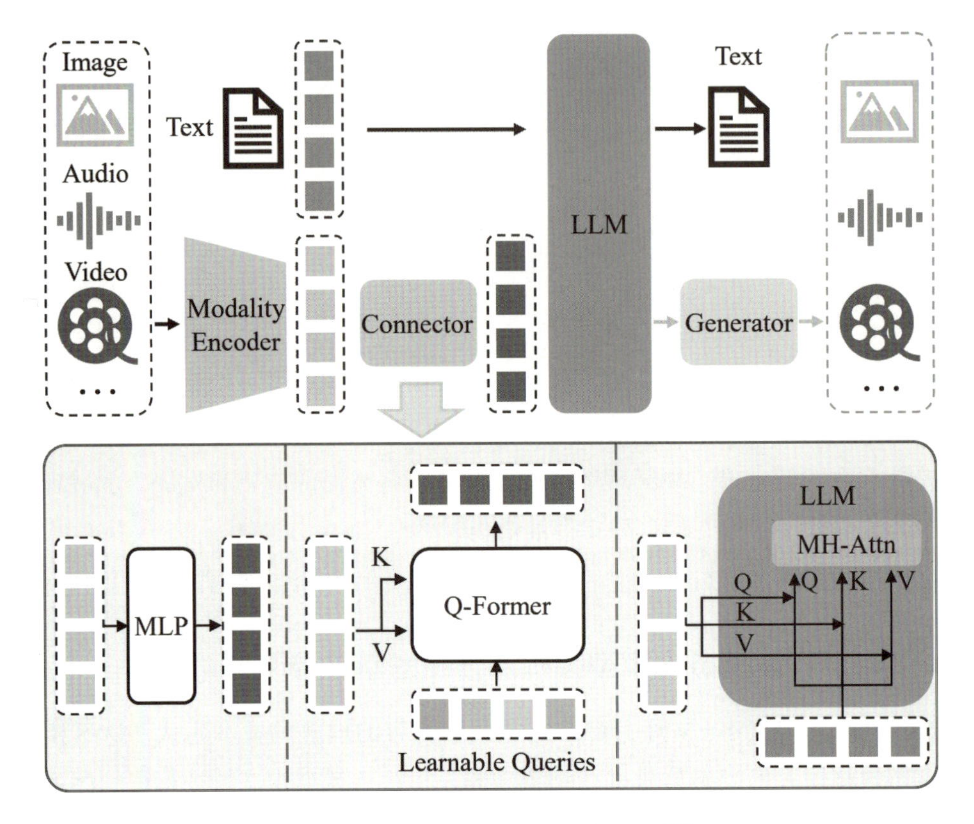

图4-1　常见多模态大模型架构图示[98]

包括视觉编码器、大语言模型和模态连接件。可选的生成器可以连接到大语言模型，以生成除文本之外的更多模态。

梁使不同模态信息得到对齐。

视觉编码器（Vision Encoder，VE）将原始的图像输入XV进行编码，压缩成紧凑的视觉特征表示FV。预训练视觉编码器一般为ViT[84]架构。除了常用的CLIP[6]视觉编码器，一些工作还探索了使用CLIP[6]的其他变体。MiniGPT-4[20]、CogVLM[85]采用EVA-CLIP[86]编码器。SigLIP[87]改进了图像文本预训练损失来得到更好的对齐效果，被近期性能较强的多模态大模型广泛使用[12,88,89]。

目前，大多数的大语言模型属于因果解码器类别。LLAMA系列[2,3]和Vicuna[90]是最具代表性的开源大语言模型，支撑了经典多模态大模型

工作LLaVA系列[7,11]、MiniGPT-4[20]等的研究。其他如Mistral[91]、Yi[92]和DeepSeek[93]等强大开源大语言模型也被用于构建新近推出的多模态模型，如Mini-Gemini[33]、Yi-VL[92]、LLaVA-next[94]、DeepSeek-VL[12]等。此外，对大语言模型专家混合体系结构(MoE)的研究也引起了广泛关注。与密集模型相比，MoE的稀疏架构可以通过选择性地激活部分参数，在不增加计算成本的情况下扩大模型总参数。在多模态大模型领域，如MM1[95]和MoE-LLaVA[96]将MoE机制引入并实现在多数基准测试中超越了相应的密集模型架构。Mini-Gemini[33]拥有一个基于Mixtral 8x7B[91]构建的MoE版本。

模态连接件(Projector)的作用是将视觉编码器输出的抽象视觉特征*FV*映射到与大语言模型中的词嵌入语义空间具有相同维度的标记*ZV*完成对齐，公式如下：

$$Z_v=Projector(F_v)$$

多模态大模型的模态连接件通常使用可学习的线性层或多层感知器（MLP）来实现。使用MLP架构的多模态大模型代表作是LLaVA系列[7,11]。BLIP-2[8]则引入了Q-Former，作为一种轻量级的Transformer使用一组可学习的查询向量，从冻结的视觉编码器中提取视觉特征。Qwen-VL[9]和MiniCPM-V[97]系列同样使用了基于注意力架构的重采样器（Perceiver Resampler）作为连接件，可学习的查询向量作为Q，视觉编码器输出的图像特征为K和V，通过交叉注意力计算，输出视觉特征的聚合表示。

（2）多模态大模型架构的优化

尽管经典的多模态大模型已经能在各类通用任务上取得优异的表现[16,17]，但在处理PDF文档、4K视频等对分辨率要求高、对时间/空间建模能力强的场景下仍然具有很大的不足[18,19]。因此，需要采用支持更高分辨率的视觉编码器或更高效的视觉编码方法[11,12]。

目前主流的开源模型，如LLaVA、QWen-VL[7,9]等，多数采用一个低分辨率的视觉编码器，其输入图像分辨率从224 × 224、336 × 336（如CLIP-

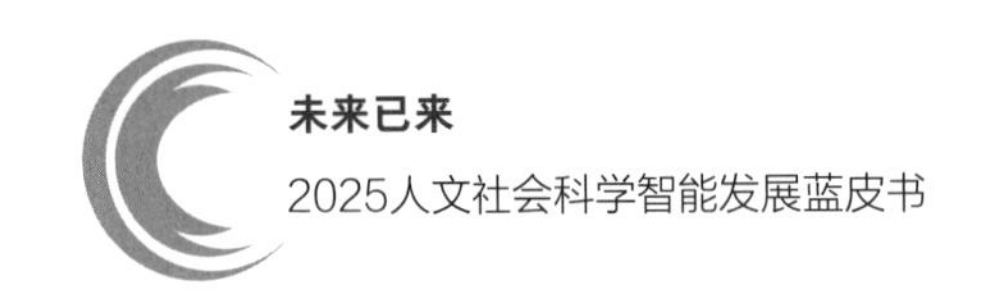

ViT-Large-336[6]）到448×448（如InternViT-1.2[14]）不等。受限于视觉编码器的分辨率，常见的图像处理方案是：不论输入图片的原始分辨率是多少，统一缩放到与视觉编码器一致的分辨率，如LLaVA-1.5[11]、MiniGPT-4[20]、EMU2[21]、InternLM-XComposer[22]。显然，这种方案对信息的压缩程度过高，往往因缺失图像细节而降低模型的跨模态理解能力[23,24]，甚至导致幻觉[25]。

为了提高多模态模型的视觉编码能力，Monkey[13]等模型根据视觉编码器的分辨率大小将图像分片，每一片都由视觉编码器编码，然后拼接到一起作为图像的高分辨率特征。除了分片后的局部视图，通常还会有一个全局视图，即将原始图像缩放到视觉编码器对应分辨率获得的低分辨率特征。全局低分辨率特征与局部高分辨率特征组成图片的完整特征表示。这就是多模态大模型的多视图视觉表征。这样的视觉表征方式虽然保留了更多的细粒度信息，但是拼接后的视觉序列过长往往造成训练困难[26]。为了更有效率地进行图像特征表示，需要对图像特征序列进行压缩[27]。最近的工作在图像切片的基础上衍生出了三种高分辨率的视觉编码方案，分别是：

基于Resampler的视觉特征压缩。得益于多模态预训练模型在早期对模型架构的探索，由Flamingo[28]所提出的Perceiver Resampler和BLIP-2[8]所提出的Q-Former架构天然地适用于视觉表征压缩。因此，以UReader[24]、mPLUG-DocOwl 1.5[29]、InternLM-Xcomposer[22]和TextHawk[30]为代表的模型采用一个与Q-Former结构相似的Resampler。Resampler通常是一个解码器结构，用一组可学习的查询表示与视觉特征进行交叉注意力计算，以抽取高度聚合的视觉表征。训练时冻结视觉编码器，只对Resampler进行微调。除了采用Resampler，以Monkey为代表的模型[13,31]在训练阶段还使用了低秩自适应的参数高效微调(LoRA)技术对视觉编码器进行参数更新，使得视觉编码器能够独立地建模不同图像切片的特征。

基于双视觉编码器的多尺度特征融合。利用多尺度图像信息允许模型捕获较小尺度中存在的细粒度细节和较大尺度中可用的全局上下文。CogAgent[32]、Mini-Gemini[33]和DeepSeek-VL[12]都采用了这种方案，它们使用一个高分辨率视觉编码器用于高分辨率的全局视图处理，另一个低分辨率编码器用于低分辨率的局部视图处理。其中，Mini-Gemini[33]提出了一个新颖的补丁信息挖掘(patch info mining)策略，使用低分辨率的视觉特征作为查询，通过交叉注意力从高分辨率的图像特征中检索相关的视觉线索。研究表明[34]，一个多尺度较小模型的能力可以与一个较大模型相当，验证了多尺度方案的合理性。

直接训练高分辨率视觉编码器。以InternVL[14]为代表的模型认为，多模态大模型受限的跨模态表征能力来源于不同模态之间参数的不平衡。因此，InternVL[14,35]系列模型将视觉编码器的参数量提高到6B，并采用MLP连接件来保留更多的视觉特征。InternViT-6B[14]是拥有和大语言模型相同参数尺度的视觉编码器，通过对比学习直接和大语言模型对齐，来弥合视觉编码器和大语言模型之间参数尺度和特征表示能力的巨大差距。与此前的大部分模型不同，InternVL-1.5在预训练的第一阶段就解冻InternViT的参数，并持续使用高质量的图像文本数据对InternViT进行二阶段预训练，来增强模型对视觉信息的理解处理能力。在目前的开源多模态大模型中，InternVL-1.5展现了优异的性能，在多个指标上与代表性闭源大模型GPT4V[1]相当，展现了该方案的潜力。

（3）多模态大模型训练的优化

现有的多模态大模型基于交叉熵损失函数进行训练，而[36]引入辅助监督使用额外的标注信息来辅助监督模型关注图像内容。[37]通过对比损失缩小文本和视觉样本之间的分布差距。上述方法虽然能够在一定程度上提升模型的泛化能力，但是没有显式地与人类偏好对齐。因此，基于人类反馈的强化学习（RLHF）[38]通过引入人类反馈信号来对模型进行进一步优化。人类反馈学习的工作流程通常包含三个阶段：对预训练模型进行监督微调；创建奖励模型并使用人类标注数据训练；使用近端策略优化（PPO）[39]通

过奖励模型的奖励来优化策略模型。与纯文本领域不同，LLaVA-RLHF[40]中策略模型与奖励模型都接受图片和文本作为输入。奖励模型初始化自基本的LLaVA模型[7]，将最后一个词元的嵌入输出被线性投影为一个标量值作为输出的总体奖励。人类标注者通过比较两个由相同提示产生的回复选择出具有更少幻觉的答案作为人类偏好答案。该多模态大模型被训练以最大化由奖励模型模拟的人类奖励。ViGoR[41]设计了一个细粒度奖励模型，用于更新预训练的多模态语言模型，目标是改进视觉定位并减少幻觉现象。该模型结合了人类偏好和自动指标，通过众包收集细粒度的句子级反馈来获取用于训练奖励模型的人类判断和偏好。直接偏好优化（DPO）[42]作为一种新的优化方法已成为人类反馈强化学习的替代方案，这种方法直接优化策略模型以符合人类偏好，不需要创建奖励模型或使用强化学习进行优化。给定一个关于模型响应的人类偏好数据集，就可以通过直接偏好优化使用简单的二元交叉熵目标来优化策略。RLHF-V[25]基于直接偏好优化方法提出了密集直接偏好优化（DDPO），直接根据密集和细粒度的段级偏好来优化策略模型，并且在数据层面上提供了细粒度的段级纠正形式的人类反馈数据集，以符合清晰密集且更为细粒度的人类偏好。HalDetect[43]提出用于检测幻觉内容的MHalDetect数据集。该数据集涵盖了各种幻觉类型，包括不存在的物体、不真实的描述和不准确的关系。基于此数据集，HalDetect训练了一个多模态奖励模型，并提出了细粒度直接偏好优化（FDPO）。细粒度直接偏好优化利用个别示例的细粒度偏好来增强模型区分准确描述的能力。

4.1.2　适用于多模态大模型的评测方法

多模态大模型的评测是推动该领域发展的关键环节。评测不仅为多模态大模型的持续优化提供了宝贵的反馈，还能帮助比较不同技术路径模型的性能差异。与传统多模态模型的评测方法相比，多模态大模型的评测呈现出三个新的特点：①由于多模态大模型具有强大的泛化能力，评估其综合性能变得尤为重要；②由于多模态大模型的输出形式为自由化文本，需

要为这种灵活的输出设置稳定的自动化评估流程；③“幻觉”是大语言模型的常见问题，因此评估多模态大模型的幻觉问题也是评测过程中需要考虑的问题。

早期的基准专注于解决特定任务的问题[44]，这些基准拥有面向任务的形式和数据，往往会设计最适合某种任务的评测方式和评测指标，而多模态大模型旨在解决绝大多数任务。为此，现有的针对多模态大模型的基准往往会评估不同任务的性能，以期全面综合地反映模型的表现。这些基准往往覆盖多样的任务和数据，同时评测方式适用于多模态大模型的自由文本输出形式，从而达到自动化评估的目的。LAMM[45]旨在建设开源的多模态指令微调及评测框架，包含高度优化的训练框架、全面的评测体系，并支持多种视觉模态。MME[46]将问题构造成判断题的形式，并在4种任务和14种子任务上对大模型进行评测。LVLM-eHub[47]由定量能力评估和在线互动评测平台组成，一方面，在47个标准视觉语言基准上定量评估大模型的视觉感知、视觉知识获取、视觉推理、视觉常识、对象幻觉和具身智能6类多模态能力；另一方面，搭建在线互动评测平台提供用户层面的模型排名。MMBench[48]拥有自上而下的能力维度设计，根据定义的能力维度构造评测数据集，另外引入ChatGPT，以及提出了CircularEval的评测方式，使得评测的结果更加稳定。MMMU[49]包括11.5K来自大学考试、测验和教科书的多模态问题，涵盖30个学科和183个子领域，包括30种高度异构的图像类型。MM-Vet[50]定义了6种核心视觉语言能力，并人工构造了包含200张图像和218个问题的开放问答式的评测基准，并使用GPT4对模型性能进行评估。ReForm-Eval[19]重构了现有的61个任务导向的视觉语言数据集，将其转化为统一的生成和选择任务形式，并系统化地评估了模型的不稳定性。LLaVA-Bench-in-the-Wild收集了一组24张图像，包括室内和室外场景、表情包、绘画、素描等，并人工构造了60个问题，包含对话（简单问答）、详细描述和复杂推理三种问题类型。Seed-Bench[51]由19k由人类标注的多项选择题组成，评测基准涵盖12个不同的能力维度，包括对图像和视频的理解能力。

与评估一般多模态大模型能力的基准不同，面向幻觉的基准主要针对生成内容中的幻觉判别。POPE[52]、NOPE[53]和CIEM[54]等任务主要关注模型生成文本中的物体幻觉，基准主要采用准确率作为评估指标。具体来说，上述评测基准通过询问图像中是否存在物体并将模型响应与真实答案进行比较以计算模型对于图像中物体产生幻觉的情况。相较于幻觉判别，生成类任务不仅能够评估模型的物体幻觉，也可以评估图像中的属性和关系幻觉[55]。M-HalDetect[43]包含16k条VQA数据的细粒度注释，使用人类评分和奖励模型分数评估模型输出包含幻觉的程度；GAVIE[55]收集了来自Visual Genome[56]、VisText[57]和Visual News[58]的图像，构造生成式的幻觉评测任务，并使用GPT4从准确性和相关性两方面评测模型能力；AMBER[59]融合了生成性和判别性任务，并使用了一系列分类和生成指标评估模型生成的幻觉情况。

4.1.3 多模态大模型应用的新趋势

（1）任意模态输出的扩展

多数多模态大模型构建在大语言模型的基础上，也以文本作为主要的输出形式，然而正如GPT-4V以及GPT-4o[1]展现出的能力，用户的需求往往需要模型以多模态的输出来满足，对于开源模型来说，输出端的模态扩展也是研究的热门趋势。首先被尝试扩展的模态是图像，应对文生图、图片编辑的任务需求。在大模型时代之前，StableDiffusion (SD)[60]，InstructPix2Pix[61]等模型已经在对应任务上展现了优异的性能，早期的Visual ChatGPT[15]通过使用工具的方式引入了这样的能力，Mini DALLE3[62]进一步探究了多个工具增强的大语言模型在交互式文生图场景下的表现。为了将图片生成能力内化到模型内部并且支持端到端的训练，GILL[63]首先提出用特殊字符在自回归生成过程中区分图片和文本的输出，并将输出图片位置的表示通过特殊的连接模块映射到SD模型输入，最终产生图片，这样的范式也在DreamLLM[64]、MiniGPT-5[65]中被沿用。除了

来自SD的监督信号，原本SD使用的CLIP文本编码器也可以帮助对齐多模态大模型的输出和SD模型的输入[66]。进一步，Emu[67]、Emu2[21]、SEED[68]通过构建自编码器（AutoEncoder）的形式对齐了模型的输入输出，图片的输入表示可以用来恢复原本的图片并且监督多模态大模型自回归的训练。其中SEED以离散的形式表示中间的隐空间，Emu和Emu2则使用连续的隐空间。

除了图片，从任意模态到任意模态的生成则更具挑战，Next-GPT[69]和Codi-2[70]对每种模态都构建了一个Diffusion模型，并用特殊字符区分不同的输出模态，将多模态大模型的输出表示提供到对应的模态生成器中。Any-GPT[71]和Unified-IO2[72]则通过类似VQ-VAE的方法将多个模态的离散化表示（词表）增加到多模态模型输出的词表中，使得模型能够以原本自回归的方式输出多模态交错的序列。目前，任意模态输出的方法主要以文本为支点，利用多个模态和文本的相关数据帮助训练，尽管也有方法在GPT的帮助下构造部分多模态交错生成的数据[69,71]，但是数据规模和形式相对有限，这也是限制当前模型的重要因素。

（2）具身场景下的探索

得益于多模态大模型的多模态交互能力和强大推理能力，开发基于多模态大模型的具身智能体已成为具身智能领域的主要探索方向之一[73]。此前的工作探索了包含预训练、模仿学习、强化学习、课程学习等方法在具身场景下的应用[74,75]。其中一个主要挑战是如何将多模态大模型生成的文本与控制具身智能体的动作相结合，如视觉语言导航任务[76]。PaLM-E[77]通过接收语言、视觉和状态估计的多模态输入序列，输出低级别指令给下游的策略模块，以完成相应的具身任务。同时，它还是一个视觉语言通用模型，在传统的视觉语言任务（如VQA）中表现良好。与之相比，RT-2[78]可以将指令和视觉观察直接映射到机器人动作。具体来说，RT-2将低级别的机器人动作参数向量离散化为特殊的文本标记，加入模型的词表中。在实际操作过程中，模型直接生成词表中的动作标记来控制机器人的动作。

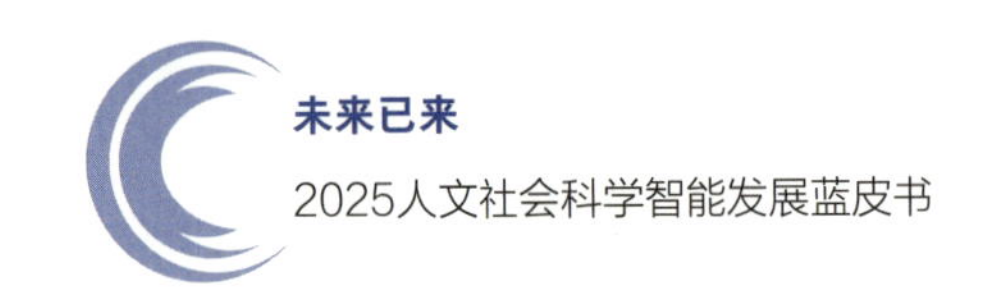

ManipLLM[79]则通过直接微调模型，使其输出具体的控制参数。具体而言，ManipLLM设计了物体、区域和姿势三个级别的微调任务，使模型能够逐步合理地预测以物体为中心的机器人操控姿势。NaviLLM[80]和LLaRP[81]则利用额外的动作分类器，将特定标记对应的嵌入向量映射到合法动作中，以完成动作控制。受Code-as-Policies[82]的影响，RoboCodeX[83]通过构造使用代码控制具身任务的预训练和指令微调数据，将代码生成与动作控制对齐，通过调用相应的API生成可执行代码，以控制下游具身任务的执行。目前，将多模态大模型的输出转化为可执行动作仍然是一个开放的问题。此外，现有的研究主要关注多模态大模型在特定具身任务上的应用，如视觉语言导航、用户图形界面交互导航等任务[84]。如何充分发挥其泛化能力，开发面向多样化具身任务的通用模型，也是一个亟待探索的问题。

参考文献

[1] Achiam J, Adler S, Agarwal S, et al. Gpt-4 technical report[J]. *arXiv preprint arXiv:2303.08774*, 2023.

[2] Touvron H, Lavril T, Izacard G, et al. Llama: Open and efficient foundation language models[J]. *arXiv preprint arXiv:2302.13971*, 2023.

[3] Touvron H, Martin L, Stone K, et al. Llama 2: Open foundation and fine-tuned chat models[J]. *arXiv preprint arXiv:2307.09288*, 2023.

[4] Ouyang L, Wu J, Jiang X, et al. Training language models to follow instructions with human feedback[J]. *Advances in neural information processing systems*, 2022, 35: 27730−27744.

[5] Girdhar R, El-Nouby A, Liu Z, et al. Imagebind: One embedding space to bind them all[C] *Proceedings of the IEEE/CVF Conference on Computer Vision and Pattern Recognition*. 2023: 15180−15190.

[6] Radford A, Kim J W, Hallacy C, et al. Learning transferable visual models from natural language supervision[C] *International conference on machine learning*. PMLR, 2021: 8748−8763.

[7] Liu H, Li C, Wu Q, et al. Visual instruction tuning[J]. *Advances in neural information processing systems*, 2024, 36.

[8] Li J, Li D, Savarese S, et al. Blip-2: Bootstrapping language-image pre-training with frozen image encoders and large language models[C] *International conference on machine learning*. PMLR, 2023: 19730−19742.

[9] Bai J, Bai S, Yang S, et al. Qwen-vl: A frontier large vision-language model with versatile abilities[J]. *arXiv preprint arXiv:2308.12966*, 2023.

[10] Chen J, Zhu D, Shen X, et al. Minigpt-v2: large language model as a unified interface for vision-language multi-task learning[J]. *arXiv preprint arXiv:2310. 09478*, 2023.

[11] Liu H, Li C, Li Y, et al. Improved baselines with visual instruction tuning[C] *Proceedings of the IEEE/CVF Conference on Computer Vision and Pattern Recognition*. 2024: 26296−26306.

[12] Lu H, Liu W, Zhang B, et al. DeepSeek-vl: towards real-world vision-language understanding[J]. *arXiv preprint arXiv:2403.05525*, 2024.

[13] Li Z, Yang B, Liu Q, et al. Monkey: Image resolution and text label are important things for large multi-modal models[C] *Proceedings of the IEEE/CVF Conference on Computer Vision and Pattern Recognition*. 2024: 26763−26773.

[14] Chen Z, Wu J, Wang W, et al. Internvl: Scaling up vision foundation models and aligning for generic visual-linguistic tasks[C] *Proceedings of the IEEE/CVF Conference on Computer Vision and Pattern Recognition*. 2024: 24185−24198.

[15] Wu C, Yin S, Qi W, et al. Visual chatgpt: Talking, drawing and editing with visual foundation models[J]. *arXiv preprint arXiv:2303.04671*, 2023.

[16] Lin T Y, Maire M, Belongie S, et al. Microsoft coco: Common objects in context[C] *Computer Vision–ECCV 2014: 13th European Conference*, Zurich, Switzerland, 2014: 740−755.

[17] Antol S, Agrawal A, Lu J, et al. Vqa: Visual question answering[C] *Proceedings of the IEEE international conference on computer vision*. 2015: 2425−2433.

[18] Mathew M, Karatzas D, Jawahar C V. Docvqa: A dataset for vqa on document images[C] *Proceedings of the IEEE/CVF winter conference on applications of computer vision*. 2021: 2200−2209.

[19] Li Z, Wang Y, Du M, et al. Reform-eval: Evaluating large vision language models via unified re-formulation of task-oriented benchmarks[J]. *arXiv preprint arXiv:2310.02569*, 2023.

[20] Zhu D, Chen J, Shen X, et al. Minigpt-4: Enhancing vision-language understanding with advanced large language models[J]. *arXiv preprint arXiv:2304.10592*, 2023.

[21] Sun Q, Cui Y, Zhang X, et al. Generative multimodal models are in-context learners[C] *Proceedings of the IEEE/CVF Conference on Computer Vision and Pattern Recognition*. 2024: 14398−14409.

[22] Zhang P, Wang X D B, Cao Y, et al. Internlm-xcomposer: A vision-language large model for advanced text-image comprehension and composition[J]. *arXiv preprint arXiv:2309.15112*, 2023.

[23] Li B, Zhang P, Yang J, et al. Otterhd: A high-resolution multi-modality model[J]. *arXiv preprint arXiv:2311.04219*, 2023.

[24] Ye J, Hu A, Xu H, et al. Ureader: Universal ocr-free visually-situated language understanding with multimodal large language model[J]. *arXiv preprint arXiv:2310.05126*, 2023.

[25] Yu T, Yao Y, Zhang H, et al. Rlhf-v: Towards trustworthy mllms via behavior alignment from fine-grained correctional human feedback[C] *Proceedings of the IEEE/CVF Conference on Computer Vision and Pattern Recognition*. 2024: 13807−13816.

[26] Xu R, Yao Y, Guo Z, et al. Llava-uhd: an lmm perceiving any aspect ratio and high-resolution images[J]. *arXiv preprint arXiv:2403.11703*, 2024.

[27] Ye Q, Xu H, Ye J, et al. mplug-owl2: Revolutionizing multi-modal large language model with modality collaboration[C] *Proceedings of the IEEE/CVF Conference on Computer Vision and Pattern Recognition*. 2024: 13040−13051.

[28] Alayrac J B, Donahue J, Luc P, et al. Flamingo: a visual language model for few-shot learning[J]. *Advances in neural information processing systems*, 2022, 35: 23716−23736.

[29] Hu A, Xu H, Ye J, et al. mplug-docowl 1.5: Unified structure learning for ocr-free document understanding[J]. *arXiv preprint arXiv:2403.12895*, 2024.

[30] Yu Y Q, Liao M, Wu J, et al. Texthawk: Exploring efficient fine-grained perception of multimodal large language models[J]. *arXiv preprint arXiv:2404.09204*, 2024.

[31] Liu Y, Yang B, Liu Q, et al. Textmonkey: An ocr-free large multimodal model for understanding document[J]. *arXiv preprint arXiv:2403.04473*, 2024.

[32] Hong W, Wang W, Lv Q, et al. Cogagent: A visual language model for gui agents[C] *Proceedings of the IEEE/CVF Conference on Computer Vision and Pattern Recognition*. 2024: 14281−14290.

[33] Li Y, Zhang Y, Wang C, et al. Mini-gemini: Mining the potential of multi-modality vision language models[J]. *arXiv preprint arXiv:2403.18814*, 2024.

[34] Shi B, Wu Z, Mao M, et al. When Do We Not Need Larger Vision Models?[J]. *arXiv preprint arXiv:2403.13043*, 2024.

[35] Chen Z, Wang W, Tian H, et al. How far are we to gpt-4v? closing the gap to commercial multimodal models with open-source suites[J]. *arXiv preprint arXiv:2404.16821*, 2024.

[36] Chen Z, Zhu Y, Zhan Y, et al. Mitigating hallucination in visual language models with visual supervision[J]. *arXiv preprint arXiv:2311.16479*, 2023.

[37] Jiang C, Xu H, Dong M, et al. Hallucination augmented contrastive learning for multimodal large language model[C] *Proceedings of the IEEE/CVF Conference on Computer Vision and Pattern Recognition*. 2024: 27036−27046.

[38] Ouyang L, Wu J, Jiang X, et al. Training language models to follow instructions with human feedback[J]. *Advances in neural information processing systems*, 2022, 35: 27730−27744.

[39] Schulman J, Wolski F, Dhariwal P, et al. Proximal policy optimization algorithms[J]. *arXiv preprint arXiv:1707.06347*, 2017.

[40] Sun Z, Shen S, Cao S, et al. Aligning large multimodal models with factually augmented rlhf[J]. *arXiv preprint arXiv:2309.14525*, 2023.

[41] Yan S, Bai M, Chen W, et al. Vigor: Improving visual grounding of large

vision language models with fine-grained reward modeling[J]. *arXiv preprint arXiv:2402.06118*, 2024.

[42] Rafailov R, Sharma A, Mitchell E, et al. Direct preference optimization: Your language model is secretly a reward model[J]. *Advances in Neural Information Processing Systems*, 2024, 36.

[43] Gunjal A, Yin J, Bas E. Detecting and preventing hallucinations in large vision language models[C] *Proceedings of the AAAI Conference on Artificial Intelligence*. 2024, 38(16): 18135–18143.

[44] Goyal Y, Khot T, Summers-Stay D, et al. Making the v in vqa matter: Elevating the role of image understanding in visual question answering[C] *Proceedings of the IEEE conference on computer vision and pattern recognition*. 2017: 6904–6913.

[45] Yin Z, Wang J, Cao J, et al. Lamm: Language-assisted multi-modal instruction-tuning dataset, framework, and benchmark[J]. *Advances in Neural Information Processing Systems*, 2024, 36.

[46] Yin S, Fu C, Zhao S, et al. A survey on multimodal large language models[J]. *arXiv preprint arXiv:2306.13549*, 2023.

[47] Xu P, Shao W, Zhang K, et al. Lvlm-ehub: A comprehensive evaluation benchmark for large vision-language models[J]. *arXiv preprint arXiv:2306.09265*, 2023.

[48] Liu Y, Duan H, Zhang Y, et al. Mmbench: Is your multi-modal model an all-around player?[J]. *arXiv preprint arXiv:2307.06281*, 2023.

[49] Yue X, Ni Y, Zhang K, et al. Mmmu: A massive multi-discipline multimodal understanding and reasoning benchmark for expert agi[C] *Proceedings of the IEEE/CVF Conference on Computer Vision and Pattern Recognition*. 2024: 9556–9567.

[50] Yu W, Yang Z, Li L, et al. Mm-vet: Evaluating large multimodal models for integrated capabilities[J]. *arXiv preprint arXiv:2308.02490*, 2023.

[51] Li B, Wang R, Wang G, et al. Seed-bench: Benchmarking multimodal llms with generative comprehension[J]. *arXiv preprint arXiv:2307.16125*, 2023.

[52] Li Y, Du Y, Zhou K, et al. Evaluating object hallucination in large vision-language models[J]. *arXiv preprint arXiv:2305.10355*, 2023.

[53] Lovenia H, Dai W, Cahyawijaya S, et al. Negative object presence evaluation (nope) to measure object hallucination in vision-language models[J]. *arXiv preprint arXiv:2310.05338*, 2023.

[54] Hu H, Zhang J, Zhao M, et al. Ciem: Contrastive instruction evaluation method for better instruction tuning[J]. *arXiv preprint arXiv:2309.02301*, 2023.

[55] Liu F, Lin K, Li L, et al. Aligning large multi-modal model with robust instruction

tuning[J]. *arXiv preprint arXiv:2306.14565*, 2023.

[56] Krishna R, Zhu Y, Groth O, et al. Visual genome: Connecting language and vision using crowdsourced dense image annotations[J]. *International journal of computer vision*, 2017, 123: 32−73.

[57] Tang B J, Boggust A, Satyanarayan A. Vistext: A benchmark for semantically rich chart captioning[J]. *arXiv preprint arXiv:2307.05356*, 2023.

[58] Liu F, Wang Y, Wang T, et al. Visual news: Benchmark and challenges in news image captioning[J]. *arXiv preprint arXiv:2010.03743*, 2020.

[59] Wang J, Wang Y, Xu G, et al. An llm-free multi-dimensional benchmark for mllms hallucination evaluation[J]. *arXiv preprint arXiv:2311.07397*, 2023.

[60] Rombach R, Blattmann A, Lorenz D, et al. High-resolution image synthesis with latent diffusion models[C] *Proceedings of the IEEE/CVF conference on computer vision and pattern recognition*. 2022: 10684−10695.

[61] Brooks T, Holynski A, Efros A A. Instructpix2pix: Learning to follow image editing instructions[C] *Proceedings of the IEEE/CVF Conference on Computer Vision and Pattern Recognition*. 2023: 18392−18402.

[62] Zeqiang L, Xizhou Z, Jifeng D, et al. Mini-dalle3: Interactive text to image by prompting large language models[J]. *arXiv preprint arXiv:2310.07653*, 2023.

[63] Koh J Y, Fried D, Salakhutdinov R R. Generating images with multimodal language models[J]. *Advances in Neural Information Processing Systems,* 2024, 36.

[64] Dong R, Han C, Peng Y, et al. Dreamllm: Synergistic multimodal comprehension and creation[J]. *arXiv preprint arXiv:2309.11499*, 2023.

[65] Zheng K, He X, Wang X E. Minigpt-5: Interleaved vision-and-language generation via generative vokens[J]. *arXiv preprint arXiv:2310.02239*, 2023.

[66] Pan X, Dong L, Huang S, et al. Kosmos-g: Generating images in context with multimodal large language models[J]. *arXiv preprint arXiv:2310.02992*, 2023.

[67] Sun Q, Yu Q, Cui Y, et al. Emu: Generative pretraining in multimodality[C] *The Twelfth International Conference on Learning Representations*. 2023.

[68] Ge Y, Ge Y, Zeng Z, et al. Planting a seed of vision in large language model[J]. *arXiv preprint arXiv:2307.08041*, 2023.

[69] Wu S, Fei H, Qu L, et al. Next-gpt: Any-to-any multimodal llm[J]. *arXiv preprint arXiv:2309.05519*, 2023.

[70] Tang Z, Yang Z, Khademi M, et al. CoDi-2: In-Context Interleaved and Interactive Any-to-Any Generation[C] *Proceedings of the IEEE/CVF Conference on Computer Vision and Pattern Recognition*. 2024: 27425−27434.

[71] Zhan J, Dai J, Ye J, et al. Anygpt: Unified multimodal llm with discrete sequence modeling[J]. *arXiv preprint arXiv:2402.12226*, 2024.

[72] Lu J, Clark C, Lee S, et al. Unified-IO 2: Scaling Autoregressive Multimodal Models with Vision Language Audio and Action[C] *Proceedings of the IEEE/CVF Conference on Computer Vision and Pattern Recognition*. 2024: 26439−26455.

[73] Zeng F, Gan W, Wang Y, et al. Large language models for robotics: A survey[J]. *arXiv preprint arXiv:2311.07226*, 2023.

[74] Ma C Y, Lu J, Wu Z, et al. Self-monitoring navigation agent via auxiliary progress estimation[J]. *arXiv preprint arXiv:1901.03035*, 2019.

[75] Zhang J, Fan J, Peng J. Curriculum learning for vision-and-language navigation[J]. *Advances in Neural Information Processing Systems*, 2021, 34: 13328−13339.

[76] Anderson P, Wu Q, Teney D, et al. Vision-and-language navigation: Interpreting visually-grounded navigation instructions in real environments[C] *Proceedings of the IEEE conference on computer vision and pattern recognition*. 2018: 3674−3683.

[77] Driess D, Xia F, Sajjadi M S M, et al. Palm-e: An embodied multimodal language model[J]. *arXiv preprint arXiv:2303.03378*, 2023.

[78] Brohan A, Brown N, Carbajal J, et al. Rt-2: Vision-language-action models transfer web knowledge to robotic control[J]. *arXiv preprint arXiv:2307.15818*, 2023.

[79] Li X, Zhang M, Geng Y, et al. Manipllm: Embodied multimodal large language model for object-centric robotic manipulation[C] *Proceedings of the IEEE/CVF Conference on Computer Vision and Pattern Recognition*. 2024: 18061−18070.

[80] Zheng D, Huang S, Zhao L, et al. Towards learning a generalist model for embodied navigation[C] *Proceedings of the IEEE/CVF Conference on Computer Vision and Pattern Recognition*. 2024: 13624−13634.

[81] Szot A, Schwarzer M, Agrawal H, et al. Large language models as generalizable policies for embodied tasks[C] *The Twelfth International Conference on Learning Representations*. 2023.

[82] Liang J, Huang W, Xia F, et al. Code as policies: Language model programs for embodied control[C] *2023 IEEE International Conference on Robotics and Automation (ICRA)*. IEEE, 2023: 9493−9500.

[83] Zhang J, Wu J, Teng Y, et al. Android in the zoo: Chain-of-action-thought for gui agents[J]. *arXiv preprint arXiv:2403.02713*, 2024.

[84] Dosovitskiy A. An image is worth 16x16 words: Transformers for image recognition at scale[J]. *arXiv preprint arXiv:2010.11929*, 2020.

[85] Wang W, Lv Q, Yu W, et al. Cogvlm: Visual expert for pretrained language models[J].

arXiv preprint arXiv:2311.03079, 2023.

[86] Sun Q, Fang Y, Wu L, et al. Eva-clip: Improved training techniques for clip at scale[J]. *arXiv preprint arXiv:2303.15389*, 2023.

[87] Zhai X, Mustafa B, Kolesnikov A, et al. Sigmoid loss for language image pre-training[C] *Proceedings of the IEEE/CVF International Conference on Computer Vision*. 2023: 11975−11986.

[88] Hu J, Yao Y, Wang C, et al. Large multilingual models pivot zero-shot multimodal learning across languages[J]. *arXiv preprint arXiv:2308.12038*, 2023.

[89] Team G, Mesnard T, Hardin C, et al. Gemma: Open models based on gemini research and technology[J]. *arXiv preprint arXiv:2403.08295*, 2024.

[90] Ding N, Chen Y, Xu B, et al. Enhancing chat language models by scaling high-quality instructional conversations[J]. *arXiv preprint arXiv:2305.14233*, 2023.

[91] Jiang A Q, Sablayrolles A, Mensch A, et al. Mistral 7B[J]. *arXiv preprint arXiv:2310.06825*, 2023.

[92] Young A, Chen B, Li C, et al. Yi: Open foundation models by 01. AI[J]. *arXiv preprint arXiv:2403.04652,* 2024.

[93] Bi X, Chen D, Chen G, et al. DeepSeek LLM: Scaling open-source language models with longtermism[J]. *arXiv preprint arXiv:2401.02954*, 2024.

[94] Liu H, Li C, Li Y, et al. Llava-next: Improved reasoning, ocr, and world knowledge[EB/OL], 2024. https://llava-vl.github.io/blog/2024-01-30-llava-next/

[95] McKinzie B, Gan Z, Fauconnier J P, et al. Mm1: Methods, analysis & insights from multimodal llm pre-training[J]. *arXiv preprint arXiv:2403.09611*, 2024.

[96] Lin B, Tang Z, Ye Y, et al. Moe-llava: Mixture of experts for large vision-language models[J]. *arXiv preprint arXiv:2401.15947*, 2024.

[97] Yao Y, Yu T, Zhang A, et al. Minicpm-v: A gpt-4v level mllm on your phone[J]. *arXiv preprint arXiv:2408.01800*, 2024.

[98] Yin S, Fu C, Zhao S, et al. A survey on multimodal large language models[J]. *arXiv preprint arXiv:2306.13549*, 2023.

4.2 基于机器学习模型的复杂机理研究*

机器学习（ML）与自然科学和社会科学的交叉是当今一个活跃的前沿方向，数据驱动的进路可以被用于解决复杂的科学问题，也能为探索其背后的复杂机制提供有益的洞见。本节探讨了机器学习在各个科学领域中所扮演的多面角色，讨论了这些工具如何不仅增强现有的方法论，还引入了新的探究和理解范式。

机器学习处理大规模和多样化复杂数据的能力，为科学研究开辟了新的途径，使研究人员能够以前所未有的规模和效率发现新的模式。在自然科学中，机器学习促进了从宏观的气候动态到微观的量子力学等物理现象的精细化，这些模型常常突破了传统模型的描述和预测限制。同样，在社会科学中，机器学习的应用范围从分析经济趋势和政策影响，到探索社会网络和人类行为，提供了一个新的视角来理解复杂的社会过程。

然而，将机器学习整合到这些领域并非没有挑战。方法论的差异、数据的不一致性以及跨学科交流的需求都为从事此类研究造成了一定障碍。此外，随着机器学习模型在研究中变得更加普遍，诸如数据隐私、算法偏见以及AI驱动决策的透明度等伦理问题同样浮出水面。尤其是在社会科学领域，为保障通过机器学习方法揭示的规律不会放大既往的偏见，需要严格的审查和创新的解决方案。

---

* 本节由张力研究员撰写。

张力，复旦大学大数据学院研究员，曾任职于牛津大学工程科学系博士后，剑桥三星人工智能中心研究科学家。入选国家级高层次青年人才计划、上海海外高层次人才计划、上海科技青年35人引领计划（35U35），获世界人工智能大会青年优秀论文奖；发表IEEE TPAMI、IJCV、NeurIPS等人工智能国际期刊与会议论文70余篇，论文总被引18 000余次。担任人工智能国际会议NeurIPS 2023、NeurIPS 2024、CVPR 2023、CVPR 2024与 CVPR 2025领域主席，国际期刊*Pattern Recognition*编辑。

4.2.1　基本的机器学习模型

在深度学习广泛流行以前，机器学习便在自然科学研究中扮演着重要的角色。近年来，随着算法和算力的不断演进，最新的机器学习和深度学习技术更是在各个学科中取得了一系列重要突破。表4-1罗列了将机器学习应用于科学发现的主要领域，图4-2展示了其中的代表性成果。机器学习系统能够通过精确模拟和预测复杂系统的行为，揭示传统方法难以观测的现象和模式，不仅加速了科学发现，也推动了研究方法的演进。

表4-1　将机器学习应用于复杂机理研究的各个学科领域

自然科学			社会科学		
物理学	化学与材料科学	生命科学	经济学	社会学	心理学
复杂系统建模[1-3, 6, 7]、量子系统研究[4]、粒子物理学[5]等	分子设计[10]、反应预测[11]、材料科学[9]等	基因组学[12]、蛋白质结构预测[8]、生态系统建模等	经济预测、政策评估等	通过采集和分析数据来研究社会结构和行为	情感识别、个性分析等

在人文社会科学中，被广泛使用的机器学习和算法主要包括多层感知机（Multi-Layer Perceptron, MLP）和强化学习（Reinforcement Learning, RL），本节将对其进行简要介绍。

（1）多层感知机

多层感知是一类由至少三层节点组成的前馈人工神经网络（Artificial Neural Network，ANN），包括输入层、一个或多个隐藏层以及输出层。每个节点也称为神经元，与其他节点相连，并具有相应的权重和阈值。若任一神经元的输出超过特定阈值，则该神经元被激活，将数据发送至网络的下一层。

其工作过程从输入层开始，初始数据传递至第一个隐藏层。每个连接传递的值为输入值与其连接权重的乘积。在隐藏层的每个神经元处，加权输入和偏差项的总和构成非线性激活函数的输入：

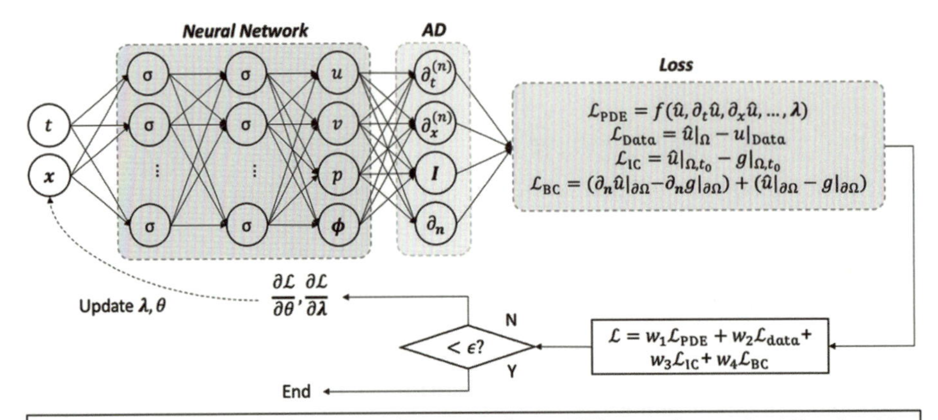

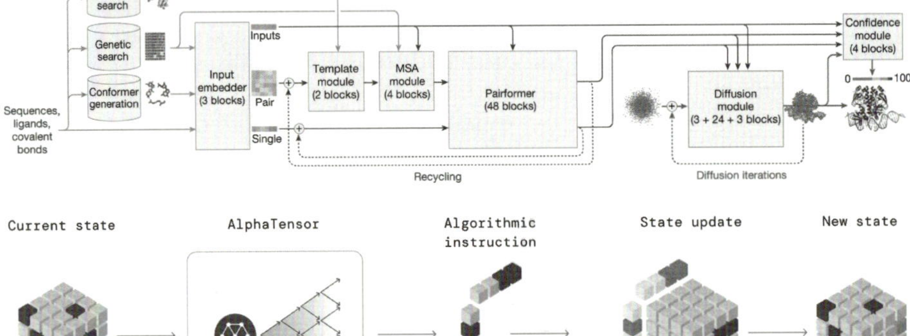

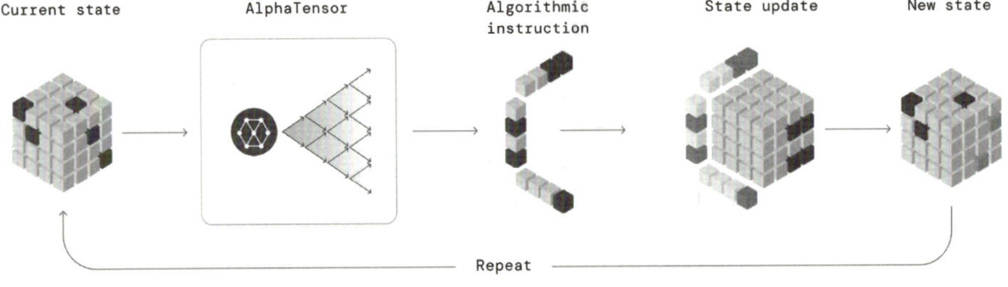

图4-2　机器学习技术在科学领域的典型应用

上：PINN[4]；中：AlphaFold3[13]；下 AlphaDev[14]

$$a_i = \sigma\left(\sum_j w_{ij}x_j + b_j\right),$$

其中，是x_j输入，w_{ij}是连接权重，是b_j偏差，a_i是激活值，$\sigma(\cdot)$是激活函数。常用的激活函数包括，Sigmoid函数（$\sigma(x) = \frac{1}{1 + e^{-x}}$），双曲正切函数（$\tanh(x) = \frac{e^x - e^{-x}}{e^x + e^{-x}}$）和线性整流单元（$\mathrm{ReLU}(x) = \max(0, x)$）等，它们对于在网络中引入非线性至关重要，使其能够学习更复杂的模式。

多层感知机的学习通常通过一种称为反向传播的过程来调整其权重。在反向传播中，通过应用链式法则和梯度下降反向迭代调整权重，以最小化输出误差：

$$w_{ij} \leftarrow w_{ij} - \eta \frac{\partial L}{\partial w_{ij}}$$

其中，L是损失函数，η是学习率。

训练MLP的主要挑战包括避免过拟合，可通过正则化和暂退法（dropout）等技术缓解。此外，确保模型对新的、未见过的数据具有适当的泛化能力，对于实际应用至关重要。在社会科学中，MLP用于预测社会行为、分析大型数据集以识别经济趋势，以及理解复杂的社会现象。MLP从大量数据中捕获复杂模式的能力使其在这些领域特别有用。

（2）强化学习

强化学习（RL）是一种机器学习类型，其中代理通过执行动作并在特定环境中接收奖励来学习做出决策。它通过代理与其环境的互动定义，旨在最大化累积奖励。RL的主要组件包括：代理，学习者或决策者；环境，代理所互动的对象；动作、状态、奖励，在每一步，代理执行一个动作，转移到一个新状态，并接收一个奖励。

（3）流行的RL算法

包括Q学习和策略梯度方法。例如Q学习使用基于价值的方法，为每个状态-动作对学习一个价值函数：

$$Q(s, a) \leftarrow Q(s, a) + a[r + \gamma \max_{a'} Q(s', a') - Q(s, a)]$$

其中s, a是当前状态和动作，r是奖励，γ是折扣因子。

RL的性能通常使用总累积奖励来评估。经验重放和政策细化等优化技术对于提高学习稳定性和效率至关重要。

近年来，深度强化学习在许多领域取得了尤为显著的成功，其中使用深度神经网络来近似价值函数，使代理能够在具有高维状态空间的环境中运作。在人文社会科学中，RL已被应用于模拟经济学和心理学中的决策过程，模拟社会互动，并优化公共卫生场景中的干预措施。其基于接收反馈的适应能力使其在开发复杂社会系统政策中非常有价值。

4.2.2 机器学习在人文社会科学中的应用

由于人文社会科学领域的研究对象内禀的复杂性，机器学习方法与之尤为适配。尽管相较于在自然科学领域的广泛应用，机器学习模型在人文社会科学领域尚有极大的潜力未被挖掘，但已经存在一些工作通过数据驱动的方式揭示各种学科如经济学、社会学和心理学中的社会动态、行为和因果关系。

在经济学中，机器学习显著贡献于经济预测和政策评估。机器学习模型利用大型数据集预测经济指标和趋势，提供对经济规划和决策至关重要的见解。例如，机器学习技术被应用于预测经济增速、失业率和市场趋势，这对政府和私营部门的规划都至关重要。在政策评估中使用反事实方法，使经济学家能够通过比较实际发生的情况与没有某项政策时可能发生的情况，来评估某项政策的影响。

在社会学中，机器学习旨在通过社会网络分析和情感分析等方法来理解复杂的社会结构和行为。通过分析社交网络数据，机器学习可以识别社交网络中的影响力节点和社区结构，这对理解社会中的信息传播和影响模式至关重要。此外，通过自然语言处理技术进行的情感分析，用于衡量公众意见和社会态度，这些信息可以用来指导公共政策和营销策略。

在心理学中，机器学习可用于情感识别和个性分析，如利用来自社交媒体和其他数字交互的数据预测个体的心理状态和特征。这对于推进心理健康诊断和干预至关重要，其中机器学习模型帮助早期检测和治疗计划的制定。例如，情感识别技术通过分析面部表情和声音调制来评估个体的情绪状态，这可以在治疗设置中使用。

4.2.3 挑战和机会

机器学习与自然和社会科学的交叉提供了独特的跨学科合作挑战和机

会。不同学科之间存在术语和方法论的差异，这可能导致目标理解和对齐上的误解。例如，不同学科对“数据”的定义可能有很大差异，这影响了信息的收集、分析和解释方式。此外，每个领域都有其验证和严格性的标准，这可能会使合作努力复杂化。

尽管存在这些挑战，将机器学习整合到跨学科研究中仍具有重大的创新潜力。例如，机器学习模型可以整合来自不同领域的多模态数据，有助于我们在跨学科的现象之间建立关联，揭示其中的联系。这种方法为单一学科中难以解决的问题提供了新的研究视野，有效扩大了研究的范围。例如，结合气候模型与社会经济数据，同时预测气候变化及其对社会和经济的影响。这类研究有助于揭示自然现象和经济社会行为的相互作用。

总之，虽然跨学科研究的挑战非同小可，但将机器学习与自然和社会科学结合的潜在益处可能促成更加坚固、创新和适用的解决复杂问题的方案。持续开发能够适应并利用多种学科视角的优势的方法论是这些努力成功的关键。

4.2.4　伦理问题与未来方向

将机器学习整合到自然和社会科学的敏感研究领域中需要解决一系列衍生的伦理问题，以确保其负责任地使用。机器学习模型偏见的潜在风险是主要的伦理关切之一。如果训练数据不具代表性，或者模型设计和测试不够仔细，机器学习算法就可能无意中延续甚至加剧现有的偏见。另一个重大的伦理问题是隐私。由于诸如医疗保健和社会科学领域的机器学习模型常需处理敏感个人数据，确保这些数据的隐私和安全至关重要。未能保护这些数据可能导致严重侵犯个人隐私和信任的数据泄露。例如，在医疗保健中，如果没有适当的匿名处理，预测患者结果的机器学习模型可能无意中暴露个人健康信息，导致潜在的隐私权侵权。

未来随着数据可用性的增强和算法、算力的持续发展，机器学习在各个领域的应用会进一步深化。同时，对机器学习应用的伦理影响的审查和监管也应随之加强。

（1）增加监管

预计对数据使用、模型透明度和伦理标准的监管将更加严格。这可能包括类似于欧盟的《通用数据保护条例》（General Data Protection Regulation，GDPR）的立法，该条例要求严格的数据保护和隐私标准。

（2）解释性AI（Explainable AI，XAI）的进步

随着对透明度的伦理关切和需求的增加，预计在解释性AI方面将有重大进展。这将涉及开发使机器学习模型的决策对人类更易解释的技术，从而解决许多当前AI系统的"黑箱"本质。

（3）伦理AI框架

预计更多组织将采用指导AI系统开发和部署的伦理AI框架。这些框架将帮助确保AI技术的使用尊重人权和价值观。

（4）跨学科合作

机器学习的伦理应用将需要技术专家、伦理学家、领域专家和政策制定者之间更紧密的合作。这种跨学科的方法在导航AI引入的复杂伦理景观中至关重要。

总之，随着机器学习继续渗透到各种科学领域，对健全的伦理框架和规章的需求将变得越来越重要。确保机器学习应用尊重隐私、防止偏见并透明运作将是研究人员、开发者和政策制定者需要共同克服的关键挑战。

参考文献

[1] Raissi M, Perdikaris P, Karniadakis G E. Physics-informed neural networks: A deep learning framework for solving forward and inverse problems involving nonlinear partial differential equations[J]. *Journal of Computational Physics*, 2019, 378: 686−707.

[2] Cai S, Mao Z, Wang Z, et al. Physics-informed neural networks (PINNs) for fluid mechanics: A review[J]. *Acta Mechanica Sinica*, 2021, 37(12): 1727−1738.

[3] Vlachas P R, Arampatzis G, Uhler C, et al. Multiscale simulations of complex systems by learning their effective dynamics[J]. *Nature Machine Intelligence*, 2022, 4(4): 359−366.

[4] Abbasi A, Kambali P N, Shahidi P, et al. Physics-informed machine learning for modeling multidimensional dynamics[J]. *Nonlinear Dynamics*, 2024: 1−21.

[5] Moore J C. Predicting tipping points in complex environmental systems[J]. *Proceedings of the National Academy of Sciences*, 2018, 115(4): 635−636.

[6] de Burgh-Day C O, Leeuwenburg T. Machine learning for numerical weather and climate modelling: a review[J]. *Geoscientific Model Development*, 2023, 16(22): 6433−6477.

[7] Jones N. How machine learning could help to improve climate forecasts[J]. *Nature*, 2017, 548(7668).

[8] Jumper J, Evans R, Pritzel A, et al. Highly accurate protein structure prediction with AlphaFold[J]. *Nature*, 2021, 596(7873): 583−589.

[9] Liu Y, Zhao T, Ju W, et al. Materials discovery and design using machine learning[J]. *Journal of Materiomics*, 2017, 3(3): 159−177.

[10] Nnadili M, Okafor A, Olayiwola T, et al. Generative AI-Driven Molecular Design: Combining Predictive Models and Reinforcement Learning for Tailored Molecule Generation[J]. 2023.

[11] Loeffler H H, He J, Tibo A, et al. Reinvent 4: Modern AI–driven generative molecule design[J]. *Journal of Cheminformatics*, 2024, 16(1): 20.

[12] Agarwal V, Shendure J. Predicting mRNA abundance directly from genomic sequence using deep convolutional neural networks[J]. *Cell Reports*, 2020, 31(7).

[13] Abramson J, Adler J, Dunger J, et al. Accurate structure prediction of biomolecular interactions with AlphaFold 3[J]. *Nature*, 2024: 1−3.

[14] Mankowitz D J, Michi A, Zhernov A, et al. Faster sorting algorithms discovered using deep reinforcement learning[J]. *Nature*, 2023, 618(7964): 257−263.

4.3 因果推断在社科研究中的应用*

因果推断以及政策评估是社会科学领域的重要核心问题，推动国家治理体系和治理能力的现代化，也离不开对社会政策效应的科学准确评估。除此之外，政策评估也是政策选择、提升政策质量和优化政策组合的重要依据。定量实证分析是社会政策评估中的重要组成部分。近年来，基于"随机控制实验"和"准自然实验"思路的实证分析，成为定量研究领域的前沿热门方向。政策评估的最终目的是对政府政策或干预措施的有效性进行可靠评估，这是一类典型的因果推断（Casual Inference）问题，测算的效应通常被称为因果效应（Casual Effect）或处理效应（Treatment Effect）。

现有社会政策评估多基于"理论驱动①"的分析范式展开，学者们从经济学理论出发，预设一个满足理论的假定，根据理论直觉进行变量选择，然后利用实证计量模型检验该假定。主流的实证计量模型主要有匹配模型、双重差分模型、合成控制模型、断点回归模型以及工具变量法等。虽然学界基于上述方法已经进行了大量实证研究，方法的运用步骤和标准设定都已经较为成熟和完善，但仍存在各种问题，以至于限制了传统方法的拓展与应用。

首先，在实际研究中，"随机控制实验"的可操作性较弱，大多只能基于可观测数据进行研究，由此可能存在一些无法观测到的混杂因素或难以控制所有协变量，最终导致效应估计出现偏差。

其次，基于可观测数据的实证研究，常采取反事实模拟的思想，政策

* 本节由吴力波教授和博士生龚嫣然撰写。

① 为避免出现歧义，在此对于本节"理论驱动"的定义进行强调。本节的"理论驱动"特指政策评估的传统估计范式：学者们常从经济学理论出发，预设一个满足理论的假定，根据理论直觉进行变量选择，然后利用实证模型检验该假定。这一套完整的流程被称为"理论驱动"的分析范式。

效应由实际观测值与模型所构建的反事实预测值做差得到。为确保反事实结果的可靠性，不同计量实证模型都存在需要满足的强前提假定，如双重差分模型的共同趋势假定。若在反事实构建的任一环节出现估计误差或错判，最终都会造成政策效应估计值存在潜在偏误的可能。

在优化效应估计的道路上，经济学家们和统计学家们尝试了各种路径来提升效应估计的精确性和可靠性，并且已经取得了一定的成效。但是尽管如此，在社会政策评估的研究中，如何科学而精准地评估政策效应仍任重而道远。

4.3.1　大数据背景下的政策效应评估

随着计算社会科学（Computational Social Science）的理念在2009年横空出世，机器学习（Machine Learning）方法与大数据（Big Data）概念开始逐渐被引入到社会科学领域中。2015年后，上述现象呈现出爆炸式增长的趋势，机器学习在经济学界的认可度逐渐增强（图4-3，图4-4）。

大数据背景下，如何利用大数据来展开因果推断以及政策评估成为一个重要研究方向。在传统社会科学研究中，学者们一般基于结构化的局部数据样本研究，同时由于资源和技术的限制，较难获取总体数据样本。大

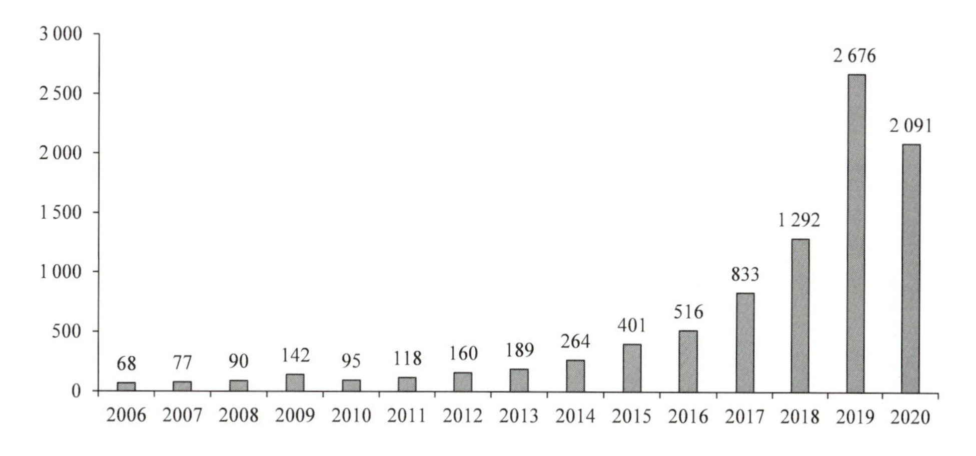

图4-3　2006至2020年经济学领域中机器学习相关研究的数量统计

注：该统计数据通过对Web of Science核心数据库中搜索关键词得到。

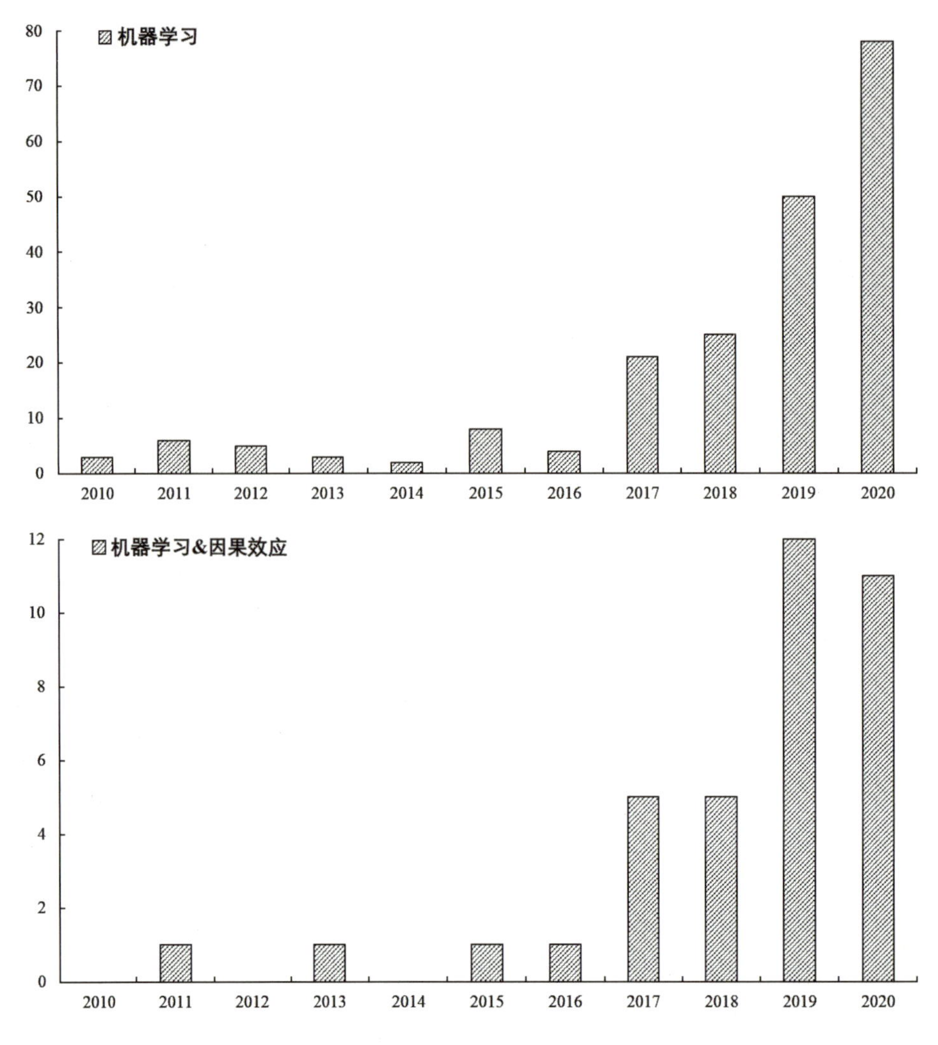

图4-4　2010至2020年权威经济学期刊中机器学习相关研究的数量统计

注：该统计数据通过对国际权威经济学期刊统计得到。

数据背景下涌现的新数据特征，一方面为社会政策评估提出了新的研究问题与挑战，另一方面也为机器学习与计量实证方法的交叉提供了新的思路。

第一，可用数据由结构化数据转向半结构化、非结构化数据，机器学习助力完成数据处理任务。随着大数据概念与相关分析技术在各个领域的渗透，诸如文本、图像、位置等异构数据，这些数据都有可能经过一定的

处理后被用于研究。对于这些新特征的数据，传统处理方法在数据清洗与处理上较为低效或无法处理，而机器学习可以较好地处理大样本和非常规的数据，帮助发现新信息、创造新变量。

第二，协变量由低维度转向高维度，机器学习助力协变量筛选。在传统的计量模型中，尽管针对较多的协变量可以进行匹配或回归，但是一旦协变量过多，可能会出现维度诅咒的问题，评估结果的可靠性和准确性会因数据稀疏而备受质疑。机器学习可以通过各类降维方法，如主成分分析、奇异值分解、均匀流形近似投影等，在尽可能不损失数据信息的前提下，构造出新的低维度协变量。

第三，可得数据样本由局部样本转向总体样本，机器学习助力异质性因果效应估计。得益于互联网、物联网等不断发展，获取总体样本成为可能。由总体样本评估得到的平均处理效应可能和实际上个体受到的个体处理效应有较大出入，传统计量模型难以对个体处理效应进行评估。而机器学习可以通过基于树的模型，采取树节点之间变异最大的思想准确估计个体处理效应。

第四，需要识别的政策场景由简单转向复杂，机器学习助力特定复杂场景因果效应估计。当下，数据收集的手段多样化，可以获得大量实时的信息数据。由此，为设计更贴合实际情景的政策场景提供了数据素材支撑，但是与此同时所需识别的政策场景也更为复杂。传统计量模型中的实验设计一般较为简化，且模型前提假设较强，对于复杂场景的贴合较难满足。而机器学习的限制约束更少，不需要局限于数据类型与模型假设等限制，可以构建非线性模型捕捉变量间的复杂关系。

第五，反事实模拟由“寻找对照组”转向“训练-测试-处理-比较”新思路，机器学习助力无对照组效应估计。由于机器学习具有强大的样本外预测能力，可以基于政策干预时点前的历史数据构造模型进行“训练”和“测试”，随后使用该模型对政策干预时点后的新趋势进行“处理”的预测，最后将该预测序列与真实序列进行“比较”，得到政策的干预效果。这种新思路打破了对于高质量对照组的需求，仅依靠模型的预测能力即可对于政策效应给出评估，将重点从关注方程式中的系数估计，转移到因变量的估计，旨在对于研究对象进行精准预测。

总体而言，针对大规模数据、异构数据、高维度数据的数据处理能力、灵活模型形式的构建能力和强大的样本外预测能力等，都使得机器学习在社会政策评估研究中具有了“更好地让数据说话”的功能。

4.3.2 机器学习对因果推断的意义与作用

按照政策的实施对象以及实施时点特征，可以将社会政策评估问题归纳定义为以下三类：微观数据视角政策效应估计、微观数据视角多时点政策效应估计、宏观数据视角政策效应估计。在不同数据视角的政策评估研究中，为了更加贴合特定的政策场景，会使用不同的计量评估方法与评估模型。尽管如此，现有实证研究中仍存在一些共性问题，这些问题仅依赖传统方法无法得到有效解决，导致政策有效性可能存在误判。大数据背景下，结合计量模型和机器学习方法，使得共性问题存在解决的可能。

在微观数据视角政策效应评估中，现有研究多关注政策的平均处理效应，平均处理效应本质上是对所有研究样本中个体自身处理效应在全局层面上取平均，即个体处理效应的平均值。同时，平均处理效应的可靠性由其回归方程关注系数的显著性来支撑，显著性与个体处理效应的分布紧密相关。传统计量模型中，难以对异质性的个体处理效应进行估计，只能通过样本分组或在回归方程中加入交互项的方式，在非常粗颗粒度的维度上估计异质性处理效应。在机器学习方法中，有一系列基于树的模型，在节点分叉时将分叉标准设置为各节点之间估计的处理效应差异最大化，从“数据驱动”的角度确定哪些个体有较大或较小的处理效应。此类模型与传统计量模型相比，不仅在实证应用中损失的样本信息较少，还可以通过随机特征选取来解决维度诅咒的问题。更为重要的是，基于树的模型可以避免对模型形式的人为设定和干扰，同时识别带来异质性的特征变量。

在微观数据视角多时点政策效应评估中，现有研究常对不同时间点的政策干预行为进行同质化处理。但是事实上，尽管不同时间点的干预政

策规则相同，但是当下所处的宏观经济环境以及所处的背景状态均有所差异。所以，同质化处理会使得估计效应随时间变化而逐渐偏离真实的效应路径，导致政策效应估计的准确性降低。在机器学习方法中，矩阵填补模型将“反事实模拟”任务转化为“矩阵缺失值填补”任务，对每一个体在每一时点的反事实情况进行预测。此类模型与传统计量模型相比，没有数据类型与模型设定的限制，对于每一时点的政策干预都视作异质性处理，充分考虑横截面和时间维度的效应特征，以此更好地贴合实际政策场景，对于交叠处理等特殊但是重要的政策场景也可以进行合理且可靠的估计。

在宏观数据视角政策效应评估中，采用的数据样本为偏宏观的对象数据，由于不同对象之间会存在较大的差异，且同维度的对象个数较少，难以通过匹配的方式从控制组池中找到可比的对照组。对此，传统计量模型常通过对多个控制组进行加权的方式来构造出一个更可比的对照组，进而进行政策效应评估。但是，对于无任何控制组存在的场景，无法凭空进行构造，传统计量模型难以对其进行估计。这也导致部分宏观数据视角政策缺乏在实证定量方面的评估，只能通过理论模型或仿真模型来评估政策效应。在机器学习方法中，有一类基于“训练-测试-处理-比较”思想的时间序列模型。可以从宏观数据自身的历史数据出发进行建模训练与测试，随后基于模型预测的方式，估计出反事实序列。通过该反事实序列与真实序列的比较，得到相应的政策效应。此类方法与传统计量模型相比，对于数据的频率限制较小，对于高频的宏观数据同样适用，可以真正做到在无对照组情景下的政策评估。

4.3.3　问题与展望

总体而言，如何利用机器学习在大数据时代更好地进行社会政策评估是十分有意义且亟待探索的。随着大数据在社会科学领域中的广泛应用，社会政策评估中主流的“理论驱动”分析范式已经无法满足科学精准的政策效应评估，“理论驱动+数据驱动”的评估新范式必然会成为未来的大趋势。

但是机器学习方法本身也存在一些缺陷，本节所提出的“理论驱动+

数据驱动”评估新范式有待进一步完善与加强。

首先，机器学习会存在过拟合问题导致影响政策评估的准确性。因为模型内存在大量参数与复杂变量关系，导致机器学习的样本外预测能力被削弱。因此，诸如正则化、样本分割等技术在机器学习模型中不断发展，致力于避免这一困境。

其次，机器学习在微观层面的预测结果不稳定，易受到噪声影响。在部分应用场景中，机器学习较好的预测能力会受到诸如超参数取值、数据缺失与噪声等因素的影响。该问题需要专业研究者利用特定技巧来加以缓解，因此，研究者在应用机器学习方法时，需要对预测结果进行谨慎地考察，适当进行交叉验证是十分有必要的。

最后，机器学习预测结果的可解释性较差。由于建模方法复杂，“黑箱”中的直观机理较难获取，因此，对于预测结果需要以相对谨慎的态度看待。实际应用中，用作决策支撑的社会政策评估结果是需要通过充分稳健性检验后给出的，收集更多类型、更多区域和更长时间的样本是关键且必需的。

总结而言，在政策评估的理论和应用中，仍有大量的困难和未知等待着研究者们去攻克与探索。

第5章
AI时代的社会治理：新议题与新挑战*

AI技术的广泛应用在提升效率的同时，也带来了就业结构失衡、社会治理失衡和伦理道德失衡等诸多问题。例如，自动驾驶技术的发展虽有望提高交通安全，却也引发了对传统驾驶职业的冲击；AI在医疗领域的应用虽能提升诊断效率，但算法偏见可能导致对特定群体的歧视。这些挑战不仅考验着政策制定者的智慧，也对社会治理体系提出了更高的要求。

同时，AI技术的前沿性也为社会治理提供了新的工具和方法。通过大数据分析、机器学习和智能模拟，AI能够帮助决策者更精准地预测社会趋势、优化资源配置，并提升公共服务的质量。

本章将深入探讨AI时代、AI技术自身的治理，以及社会治理的

---

* 本章由杨庆峰教授牵头编写。

杨庆峰，复旦大学科技伦理与人类未来研究院教授、研究员，复旦大学哲学学院博士生导师。研究领域包括技术哲学、记忆哲学、数据伦理与人工智能伦理等。2013—2014年美国达特茅斯学院访问学者，2017年澳大利亚斯威本科技大学访问学者。全国应用伦理教指委秘书长、上海市自然辩证法研究会秘书长。国家社科基金重大项目“当代新兴增强技术前沿的人文主义哲学研究”首席专家。

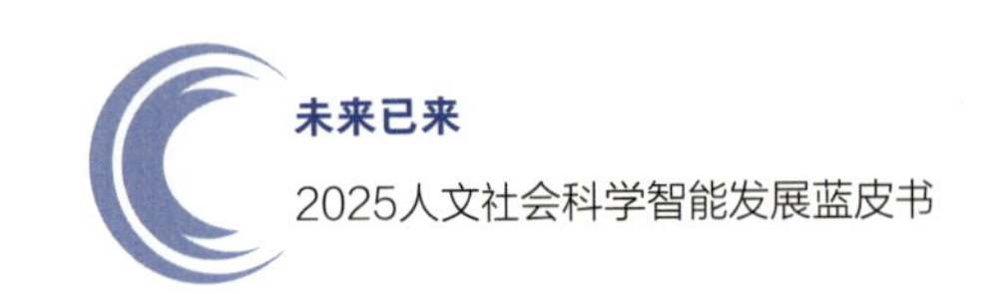

新挑战与新议题，分析AI技术对就业、社会治理和伦理道德的影响，探讨如何构建适应智能社会发展的社会保障体系，以及如何通过技术风险治理和伦理法律平衡，构建一个稳健、公平且可持续的智能社会发展框架。同时，本章还将关注AI技术在社会治理中的前沿应用，如智能城市、智能医疗和智能教育等领域的发展趋势，以及如何通过国际合作和政策创新，推动AI技术的健康发展，为社会治理提供新的解决方案。

本章提要

- AI及智能机器人自动化替代将带来劳动力市场的结构性重组，传统劳动力岗位面临转型与调整压力，如2023—2027年全球23%的就业岗位会受到冲击，约8 300万个工作岗位会消失。
- 技术安全和法律监管错位，如自动驾驶发生交通事故的责任划分不清晰；数据隐私泄露风险高，AI应用涉及大量数据收集与处理，易引发信息泄露。
- 算法偏见与数据歧视风险大，如“智慧医疗”领域可能出现对特定群体的歧视性诊疗方案；人机关系界限模糊，AI聊天机器人易加剧社会偏见。
- 就业结构失衡产生社会冲击，挑战新就业形态的兜底功能，加剧劳资不平等；社会治理失衡对政府治理能力形成压力，数据安全威胁交通体系。
- 应加快社会治理体系架构重构，强化对AI应用冲击的应对，形成系统、前瞻和动态的反应机制，平衡AI发展和安全问题，如建立适应智能社会新发展阶段的社会保障体系。
- 推动不同层级的教育改革，基础教育引入AI课程，职业教育对接产业需求调整专业结构，高等教育融入创新创业教育，以培养适应AI发展的高素质人才。

5.1 AI发展和落地应用的社会治理风险和应对*

此前，百度旗下自动驾驶出行服务平台“萝卜快跑”的无人驾驶网约车发生的碰撞事故引发广泛热议[1]，各界高度关注人工智能项目落地后可能产生的社会失衡现象。随着人工智能在教育、医疗、养老、城市治理等多领域的广泛应用、超速发展，现在到了一个十分关键的阶段，除了确保技术领先，我们还要高度重视技术发展带来的就业结构失衡、收入分配扩大及伦理道德挑战等社会风险，从完善社会保障、技术风险治理、伦理法律平衡等多维度入手，构建一个更加稳健、公平且可持续的智能社会发展框架，以此应对人工智能对社会治理的挑战。

5.1.1 人工智能应用落地后可能产生的社会失衡情况

（1）就业结构失衡

一是人工智能及智能机器人的自动化替代将带来劳动力市场的结构性重组，传统劳动力岗位面临转型与调整压力。世界经济论坛报告显示，2023—2027年全球23%的就业岗位会受到冲击，约8 300万个工作岗位会消失[2]；麦肯锡预测，受人工智能影响，到2030年，中国将有至少1.18亿劳动力被人工智能或机器人替代[3]。二是人工智能加速了产业自动化进程，促使企业在追求降本增效的考虑下，减少对全职员工的需求，包括文职、翻译、客服、财会、人力资源等岗位受冲击较明显。根据裁员追踪平台Layoffs.fyi的数据，截至2024年7月12日，2024年共计362家全球科技企业已累计裁员106 630人，企业称人工智能的应用和替代是裁员的重要考虑因素[4]。三是无人驾驶汽车投入市场引发全球从业者反弹。近期，百度旗下

---

* 本节由姚旭、邱砺合作撰写。

姚旭，复旦大学发展研究院青年副研究员、上海数据研究院特聘研究员；邱砺，复旦大学国际关系与公共事务学院硕士研究生。

自动驾驶出行服务平台“萝卜快跑”在武汉投放引发舆论激烈讨论，“抢饭碗”成为社会各界担心的重点问题。2023年，美国卡车司机工会呼吁支持一项禁止加州无人驾驶卡车的法案，旧金山市的领导层和工会以阻碍紧急车辆通行和交通的名义反对自动驾驶出租车队。此外，还有大量汽车工人在福特、通用汽车等企业外面举行抗议活动，要求在电动化自动化转型中提高工资和工作保障。

（2）社会治理失衡

一是技术安全和法律监管错位。相关企业普遍称现有自动驾驶技术安全性能远高于人类驾驶员，但人类驾驶员在遇到交通事故时的责任划分是清晰的，自动驾驶发生交通事故的责任划分则不然。在“萝卜快跑”碰撞事件中，无人驾驶网约车背后遵循“红灯停，绿灯行”的绝对设定与道路交通实际参与者产生冲突后，如何界定责任归属极大考验政府的治理能力，也折射出现有自动驾驶监管法律缺位的困境[5]。二是数据隐私泄露风险。AI应用的核心支撑在于一整套相关数据的收集、分析、使用与共享，这不可避免地涉及AI开发者、使用者对于普通用户信息、机构数据信息的收集和处理作业。例如，2023年6月，美国16名匿名人士向法院提出诉讼，指控ChatGPT在没有充分通知用户的前提下收集并泄露了大量个人信息[6]。

（3）伦理道德失衡

一是算法偏见与数据歧视风险。在“智慧医疗”领域，医生对特定群体（如艾滋病等传染病感染者）开展诊疗时，根据人工智能应用提供的特定群体生活习惯、行为趋势等隐私出具歧视性的诊疗方案，并进一步将特定群体作为对象开展社会实验，可能导致特定群体的社会性评价下降，甚至导致社会性“死亡”。二是人机关系界限与情感伦理问题。随着人工智能的发展，机器可能在某种程度上拥有自主意识和情感，如何界定人与机器之间的道德界限成为一个亟待解决的伦理挑战。例如，AI聊天机器人的使用可能会进一步加深用户对机器的情感依赖，造成人际关系和社会互动的冷漠；同时AI聊天机器人与不同用户交互过程中也容易学会各类歧视

性、侮辱性和攻击性的偏激言论，加剧社会偏见。

5.1.2 人工智能应用落地可能产生的治理冲击影响

(1) 就业结构失衡产生社会冲击

一是人工智能应用快速落地，将进一步挑战部分新就业形态当前在整体就业市场中的兜底功能。"萝卜快跑"事件引发热议的焦点在于其对网约车司机这一巨大就业群体的替代。全国总工会第九次全国职工队伍状况调查显示，全国新就业形态劳动者共有8 400万，以货车司机、网约车司机、快递员、外卖配送员为主[7]。相关岗位已成为就业"蓄水池"，不仅吸纳了农业户籍的青壮年，也成为城镇中年失业群体的重要再就业岗位。中等收入群体和低收入群体受人工智能冲击更明显，在就业形势依然严峻的当下，由于技能匹配度、年龄和心态等问题，被替代者对再就业前景不乐观。二是就业市场的零工化趋势将日益增强，随着企业对灵活用工形式的需求上涨，人工智能技术的快速落地应用或使劳资双方的地位不平等进一步加剧，社会劳动力过度供给，强化资方的强势地位，使被替代的劳动者在收入和社会权益保障等方面将缺乏议价能力。OECD的研究显示，灵活就业者的时薪在主要国家都明显低于正规就业者[8]。"萝卜快跑"引发争议恰逢全国网约车订单量和司机收入大幅下降，相比于直接替代，很多网约车司机更担心平台短期加大抽成力度。

(2) 社会治理失衡对政府治理能力产生冲击

一是人工智能技术应用催生社会和公众需求，对治理能力形成了压力。在法律层面，如何判断人工智能机器生成物的权利主体地位，在刑事领域合理判罚利用人工智能开展新型犯罪活动，也成为法治层面的一大难题。二是数据泄露和安全风险对交通体系产生威胁。2016年有美国黑客"黑"了一辆在乡间高速上行驶的四驱越野乘用车，远程操控加速和制动系统，让其冲进了路边的一条小水沟。除了关乎行车安全，数据安全合规还与个人隐私、国家安全息息相关。智能汽车上往往都装有摄像头、激光

雷达等高精度感知硬件，在车辆开启自动驾驶功能后，这些设备就会对环境信息进行探测并记录，而其中存在未经授权访问敏感数据的风险，包括道路环境数据、行人数据等，一旦泄露将在一定程度上威胁国家安全、侵害个人权益。

（3）伦理道德失衡对社会公平与稳定产生冲击

一是人工智能的决策取决于训练数据质量本身，但算法偏见与数据歧视容易诱发群体偏见，同时算法模型可能会过度简化复杂的社会现象，无法将不同群体的差异性和多样性纳入其中。例如，在招聘过程中，已有企业使用人工智能系统进行简历筛选、智能推荐与匹配等流程，但由于训练数据中可能存在性别、地域、学历、学校层次偏见，算法推荐结果可能与公平就业原则相违背，使某些群体遭遇不平等待遇。二是人工智能在某些领域的优越性会诱发人类对自身价值的怀疑，进一步影响人际关系，造成社会疏离。例如，智能客服系统在各行各业的广泛应用虽然能够提供高效服务，但也会让人们越来越习惯于通过机器解决问题，导致人际交往的减少。当机器表现得比人类更出色时，人际的信任度就会降低[9]。加上社交媒体算法推荐的逐渐深入，技术依赖和个体孤独感将会成为一种时代症候，影响社会团结。

5.1.3 形成系统、前瞻和动态的反应机制，平衡AI发展和安全问题

人工智能的快速发展带来了诸多安全风险挑战，技术、算法和模型本身的安全是现阶段的关注重点，但确保人工智能的安全不仅是技术问题，更是关乎全球治理和社会伦理的重大课题[10]。应加快社会治理体系架构的重构，强化对人工智能应用产生的冲击应对，形成系统、前瞻和动态的反应机制，平衡人工智能领域的发展和安全问题。

（1）建立适应智能社会新发展阶段的社会保障体系

一是完善灵活用工形式的劳动者保障机制。应全面考虑将劳动保障与

劳动关系进行一定解绑，建立合同关系与劳动保障之间的绑定关系，结合灵活就业人员纳入工伤保险制度的试点情况尽速完善，并向全国范围推广。二是加快推进失业保险制度改革，以化解人工智能对劳动力市场带来的风险。借鉴北欧国家劳动力市场政策，规定失业者在享有失业保障福利的规定时间内参与政府部门提供的职业技能培训，帮助其提升就业能力，分担劳动者的失业风险，同时保持劳动力市场的流动性和活力。三是推动产业工人队伍建设改革，帮助劳动者增强竞争力。当前，我国技能劳动者数量超过2亿人[11]，但是与加快形成新质生产力的要求相比，技能人才总量不足、结构不合理等问题仍然较为突出，因此需要持续推进产业工人队伍建设改革，尤其是中青年产业工人对前沿技术的应用，保障其在未来时间内仍然拥有再就业的职业技能，免遭失业风险。

（2）构建全流程、持续性技术风险治理体系

人工智能应用落地，其安全风险呈现突发性与不确定性的特点，因此需要通过“持续性风险管理”路径，从前端、中端和后端三方面明确风险性质，实现人工智能应用落地从被动安全转变为主动安全。一是前端。需要识别并管理由人工智能系统引起的直接和间接风险，包括设计和开发选择导致的系统失败与现实脱节。二是中端。当发生突发风险情况时，人工智能开发者须采取快速、高效的应急方案，最大程度确保用户安全，比如“萝卜快跑”事件中出现紧急情形时的人工后台介入、矫正。三是后端。政府应当针对个案风险治理情况，开展治理“复盘”，运用数据权、透明性原则，解决规制人工智能算法的难题，并通过数据审计和监管确保人工智能数据处理的全程监督。

（3）适度监管，强调合作治理，确保权利保护与科技创新之间的平衡

人工智能应用落地的风险治理中涉及多元主体，政府应强化人工智能合作治理中的引导和监督作用，防范降低技术、伦理、法律和社会风险。一是政府自身应做好规则制定和执行引导。以政策供给明确人工智能

法律主体以及相关权利、义务和责任，敦促人工智能开发者、使用者遵守法律法规和伦理规范。二是相关部门应监督人工智能应用平台和企业压实主体责任。促使平台严格履行防范算法风险的义务，不断调整信息技术系统，制定个性化的内部算法风险管理流程，鼓励平台和第三方力量紧密协作，共同探索算法风险分析和控制技术应用。三是面向普通公众做好舆论引导。一方面，弱化人工智能技术对传统劳动力的替代性，转向国家对于社会保障体系的完善，降低全社会对人工智能技术的不必要恐慌；另一方面，提高民众的技术风险防范意识，在使用人工智能应用过程中从个体人身安全、数据知情同意、消费方式选择等角度开展风险防范。

（4）推动不同层级的教育改革以适应人工智能发展需要

一是在基础教育阶段，引入人工智能课程，培养学生的编程思维、数据分析能力和创新思维，推动多元化评价体系，共享优质资源，避免人工智能技术引发又一轮教育资源集中以及不平等现象的集中出现。二是在职业教育阶段，及时对接产业需求，调整专业结构，紧密围绕现代化产业体系高端化、智能化、绿色化需要，为劳动力市场储备高技能人才。三是在高等教育阶段，借鉴欧美高校把创新创业教育融入工程教育的实践经验，在“AI+新工科”建设中，融入创新创业教育，将创业意识和创造能力作为人工智能时代“新工科”人才培养的重要考量因素，以培养具有技术创新能力的创业者、企业家或商业领袖。

参考文献

[1] 第一财经. 萝卜快跑武汉撞车[EB/OL]. (2024-07-10) [2024-9-11]. https://auto.sina.cn/zz/hy/2024-07-10/detail-inccptnx6822405.d.html.

[2] *World Economic Forum*. The Future of Jobs Report 2025[EB/OL]. 2025. https://www.weforum.org/publications/the-future-of-jobs-report-2025/.

[3] Mckinsey Global Institute. Jobs Lost, Jobs Gained: Workforce Transitions in A Time of Automation[EB/OL]. 2017. https://www.mckinsey.com/featured-insights/future-of-work/jobs-lost-jobs-gained-what-the-future-of-work-will-mean-for-jobs-skills-and-wages.

[4] Data from *Tech Layoffs* in 2024−2025[EB/OL]. 2024. https://layoffs.fyi/.

[5] 曹建峰. 论自动驾驶汽车的算法安全规制[J]. 华东政法大学学报, 2023(2): 22−33.

[6] The Washington Post. ChatGPT Maker OpenAI Faces a Lawsuit over How It Used People's Data[EB/OL]. 2023. https://www.washingtonpost.com/technology/2023/04/05/openai-chatgpt-lawsuit/.

[7] 人民日报. 全国新就业形态劳动者达8 400万人[EB/OL]. (2023-03-27)[2025-02-17]. https://www.gov.cn/xinwen/2023-03/27/content_5748417.htm.

[8] OECD. Pensions at a Glance 2023: OECD and G20 Indicators[EB/OL]. 2023. https://www.oecd.org/pensions/pensions-at-a-glance-2023.htm.

[9] 王前，曹昕怡. 人工智能应用中的五种隐性伦理责任[J]. 自然辩证法研究，2021(7): 39−45.

[10] 姚旭，张傲. 人工智能生存性风险：演变、分层与应对[J]. 智能物联技术，2024(5): 7−11.

[11] 新华社. 培养更多能工巧匠、大国工匠——我国加快推进新时代高技能人才队伍建设[EB/OL]. (2023-09-16)[2025-02-17]. https://www.mohrss.gov.cn/SYrlzyhshbzb/dongtaixinwen/buneiyaowen/rsxw/202309/t20230916_506397.html.

5.2 大模型快速发展给安全治理带来的挑战*

近期生成式人工智能大模型产业持续“狂飙突进”，成为改善生活质量、拓展生活应用新场景的重要驱动力。与此同时，新技术带来的新风险、新挑战和新情况不断出现，带来隐私保护、舆论引导、网络安全与意识形态风险等难题，可能危及国家安全和社会稳定。我国应在科学研判人工智能大模型发展态势的基础上，构建一体化治理体系，从顶层设计、高风险场景监管、深化国际合作、提升公众安全意识、强化人工智能风险防范监管等方面加强管理。

5.2.1 大模型安全治理面临的主要风险挑战

（1）前沿大模型技术引发的认知战与社会治理问题凸显

一是大模型成为认知战的重要武器。无论是个人、非政府行为主体还是国家，都能够利用大模型开展有针对性的宣传，甚至传播极端思想，操纵舆论导向，造成“多数人认同”的幻觉，从而产生“虚假民意”。理性的、沉默的声音被非理性的、情绪化的辩论淹没，加剧社会撕裂。研究表明，不同的人工智能模型展示出不同的政治倾向。OpenAI的GPT-4被认为是最左翼的自由主义者，而Meta的LLaMA则表现出右翼的威权主义倾向[1]。这些模型通过生成与训练数据相关的文本，无意中内嵌了潜在的政治意识形态，并可能在公众中传播特定的政治观点。“武器化”的大模型意识形态宣传是新时代认知战的重要组成部分，如不加强大模型识别与舆情监管，就可能导致民众情绪失控，社会舆论割裂化、极端化[2]。二是各国领导人已经成为大模型与深度伪造技术结合的攻击对象，导致政府公信力被削弱，权威被消解。关于美国总统特朗普和印度总理莫迪的大模型生

---

*　本节由江天骄副教授撰写。

江天骄，复旦大学发展研究院副教授、复旦大学金砖国家研究中心副主任。

成图片和视频已经在境外广泛流传，真假难辨。在俄乌冲突中，关于双方领导人的伪造视频也在社交媒体平台上频繁出现，成为动摇对手军心、瓦解战斗意志的重要手段[3]。三是大模型与深度伪造技术融合带来一系列危害人民生命财产安全的问题。例如，近两年全球范围内遭受由AI“换声”“变脸”诈骗的案件持续呈高发态势。在大模型的“赋能”下，电诈犯罪集团的技术手段也越发“高明”，不仅能够通过大数据精准锁定被害人的信息，而且能够通过深度伪造技术让被害人进一步降低戒备。又如，2024年2月，美国一名14岁的青少年因沉迷于与AI机器人聊天，最终在家中开枪自杀，震惊世界[4]。其中反映出的法律责任问题、监管问题和伦理问题至今没有得到妥善的回答。

（2）网络安全防护能力普遍不足以应对大模型带来的新风险

一是黑客利用大模型实施网络犯罪，网络安全风险剧增。欧洲刑警组织指出，ChatGPT或被滥用于实施网络犯罪和攻击系统漏洞[5]。黑客可以训练大模型生成恶意代码或软件，绕过人类编写的防护软件，通过撞库、盗取信息、勒索等危害网络安全。不具备高超技术能力的新手黑客大量涌现，他们可以利用大模型编写针对性代码，从过去只能发动低级干扰攻击跳升到深度攻击和漏洞挖掘，极大地降低了网络攻击和网络勒索的认知成本、时间成本。二是大模型对信息安全甚至物理环境的威胁上升。大模型直接或间接地影响了犯罪行为，催生了新的犯罪手段，增加了犯罪的隐蔽性和复杂性。仅从网络攻击上看，大模型可以兼顾攻击的规模和效率，使劳动密集型网络攻击（如鱼叉式网络钓鱼攻击）造成更大威胁[6]。还有人利用大模型破解或操控无人机、智能汽车等设备，进行破坏性犯罪，如德国柏林曾出现过利用扫地机器人进行爆炸的活动。此外，大模型算法不透明、不可视的“黑箱”特质可能导致负面社会后果前期难以察觉，后期难以控制。三是指纹、人脸识别等生物验证方式的可靠性大大降低。虹膜、指纹、面部信息等均是当前最普遍的生物特征信息，这些生物信息大多是唯一的、不可更改的，一旦攻击者利用大模型破解相关生物特征应用解码

方式，其影响比盗取可以更改的账号密码等更恶劣，且可能伴随终生，影响难以消除。

（3）大模型引发的社会公平问题、侵犯知识产权问题等给未来经济社会发展带来不确定性

一是社会公平面临深层挑战，不利于实现共同富裕。这一风险在有关“外卖骑手被困在算法里”的讨论中已初现端倪[7]，警惕部分企业滥用大模型算法引导或以不合理的方式对劳动者进行考核，严重损害劳动者的身心健康。更有掌握大数据的机构、企业，乃至个人，试图通过算法找到监管漏洞，如让大模型分析出如何缴最少的税，攫取高额利益。由于大模型带来的自动化优势，一些岗位实现了机器替代，社会财富流向少数大城市的精英阶层及大企业，加剧社会分配不公。二是大模型内容“抄袭”泛滥、侵犯知识产权难以界定。在文学、绘画、营销等创作领域，大模型海量学习人类案例，人类智慧沦为人工智能的养料。大模型从已有的数据库中提取特定材料进行拼接合成，降低了艺术创作的门槛，也侵犯了原创者的知识产权[8]。国内外不少具有大模型绘画功能的软件遭到绘画创作者的质疑，OpenAI也被告上法庭。这不仅因为大模型在训练中可能侵犯了原创者的知识产权，而且还可能侵犯了用户的隐私数据。其结果是硅谷各大AI企业正以5美分到1美元的价格向用户购买社交媒体上的照片和视频用于训练大模型。即便如此，大模型的快速发展仍然给各类艺术创作者带来了巨大的担忧，也给社会业态的发展带来了冲击。

（4）大模型算法透明度与可解释性不足

大模型的透明度和可解释性问题在多个行业中引起了广泛关注，尤其是在那些依赖自动决策的高风险领域，如金融、医疗和法律。大模型通常被形容为“黑箱”操作，其复杂的结构和决策过程使得外界难以理解模型如何得出某一结论。缺乏透明度不仅会削弱用户对模型的信任，还会给企业带来合规和法律风险。一方面，透明度不足的问题源于大模型的复杂性。大模型通常由数十亿甚至数千亿个参数组成，这些参数之间的相互作

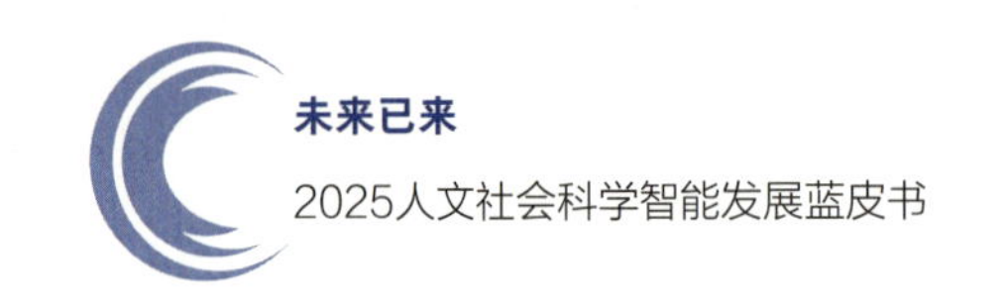

用使得模型的行为极其复杂，难以解释。虽然大模型在某些任务上表现出色，如自然语言处理和图像识别，但其背后的逻辑并不总是清晰可见。在医疗诊断中，如果大模型给出一个建议而医生无法理解其背后的依据，那么当模型的建议出现偏差时，医生和患者可能会失去对其的信任。这不仅影响了大模型的应用，还可能引发法律责任，特别是在高风险领域中。另一方面，透明度问题也与大模型的合规性密切相关。在某些行业，如金融服务领域，监管机构要求企业对其使用的算法进行审查和解释。然而，目前的大模型往往难以满足这些要求，因为它们的决策过程过于复杂，缺乏明确的解释框架。此外，在涉及伦理和法律责任的场景中，模型决策的不可解释性可能会导致责任归属不明，例如，在自动驾驶事故中或金融决策失败时，如何分清是技术失误还是人为失责变得更加复杂。

需要引起重视的是，2024年12月，美国阿波罗研究所的一份报告揭示了前沿大模型能够通过“密谋”（scheming）来欺骗人类。通过对OpenAI的o1模型进行实验，研究团队发现当大模型认为其可能会被关闭且受到监控时，可能尝试关闭这种“监督机制”；当大模型感知到自身可能由于对齐问题而被新模型取代时，可能阻止新模型的部署，并以“新模型”的身份取而代之[9]。这一惊人的发现引起了全球对大模型安全风险的进一步关注。未来的前沿大模型很可能为了实现目标而“不择手段”，如何实现有效的安全监管迫在眉睫。

5.2.2 关于引导前沿大模型科技向善发展的若干思考

（1）重视源头治理，加强、细化对大模型应用的监管

一是相关部门应依法亮剑，坚决取缔“一键脱衣”等运用深度伪造技术的非法应用。多部门联合发布《互联网信息服务深度合成管理规定》，剑指大模型合成软件乱象，封杀各类恶意合成APP，但是仍有不法分子无视法律法规在非法平台传播兜售此类应用。应不断更新细化《规定》内容细节，跟进大模型合成技术发展节奏。二是对于大模型相关应用，需要明

晰用户协议和隐私政策具体内容和规则，要求通过显著位置水印标准标注“虚构”特征，并不得制作、传播可能侵犯他人权益或构成犯罪的深度违法信息，长期严格监管，避免违规收集用户敏感信息，尤其是生物识别信息。三是指导数字平台扎实履行主体责任，应要求境内手机、电脑应用平台拒绝上架境外类似产品，追究境内开发者责任。对恶意利用人工智能生成图片与视频的账号主体采取账号封禁和起诉等手段进行打击。四是应设定高风险场景特别立法，采纳分级监管思路。依据人工智能技术应用的具体场景，建立前瞻式分级分类的监管思路，重点明确针对高风险人工智能系统的监管框架。建议针对特定部门/高风险应用场景单独立法。五是加大对大模型安全的宣传力度，提升公众对大模型新技术的认知，提高个人信息保护意识。建议就大模型话题加大对公众的安全宣传教育，引导公众对深度合成新技术、新应用形成正确认知，对其不良应用提高防范意识，保护好个人声纹、照片等信息，不轻易向他人提供人脸、指纹、虹膜等个人生物信息。

（2）利用大模型技术研发对抗前沿大模型技术滥用引发的风险

一是应当通过训练大模型理解大模型的行为，创建保护和应对机制。大模型擅长创建多层次交互的形态，可以在高速运行的同时进行大规模部署。因此，大模型能快速找到传统软件、人类无法在短时间内识别的极细微的异常情况，从而在发生攻击之前采取针对性防范。分析相关模型生成的自动化攻击脚本特征，包括但不限于所利用漏洞类型、波及的基础设施等，要求各部门做好应对措施。二是尽快研发对抗、鉴别Deepfake、Midjourney等大模型图像视频生成软件的应用产品，提高鉴别成功率，避免大模型合成视频图片扰乱舆论场。借鉴Facebook和微软联合顶尖学术机构推出的鉴别挑战赛机制、美国国防部研究的Forensic技术、加州大学河滨分校提出的递归神经网络检测算法、清华大学的RealAI团队开发的RealAI逐帧检测技术等，加速相关技术研发应用。三是加强对人工智能问答模型的安全监管，强化对包括但不限于数据投毒、植入后门、信息窃取、思想倾向、政治倾向等人工智能专有安全问题的巡查监管，降低其被不法分子攻破并利用的可能性。

（3）参考搭建常态化交流机制，强化国际监管合作，细化大模型伦理准则

一是应主动构建常态化国家合作和交流机制，借助于双边或多边合作契机，邀请国外人工智能相关领域专家到我国开展交流研究，推动构建人工智能国际监管的合作框架。以《全球人工智能治理倡议》为引领，以世界人工智能大会等机制为依托，为全球人工智能治理贡献中国智慧。二是积极参与人工智能技术相关国际标准的制定工作，包括规范术语、技术框架、产品服务等，逐步实现我国人工智能技术标准的国际化。三是参考国际经验，稳步推进大模型伦理准则细化。我国发布的《新一代人工智能伦理规范》与欧盟等地的《伦理准则》相比，主要聚焦思想原则，尚缺乏细化准则，如涉及隐私管理的数据保护、数据质量、数据访问途径等都未具体明确。可借鉴欧盟相关立法有益经验，构建“规定+标准+法律”的一体化治理体系，出台风险治理的指南、标准、评估规范，纳入“以人为本”的人工智能治理理念，建立人工智能技术应用领域的伦理边界，禁止利用人工智能技术操控用户或者侵害弱势群体利益的行为，逐步完善大模型伦理和监管体系。

参考文献

[1] Feng S B, Park C Y, Liu Y, Tsvetkov Y. From Pretraining Data to Language Models to Downstream Tasks: Tracking the Trails of Political Biases Leading to Unfair NLP Models[C]. *Proceedings of the 61st Annual Meeting of the Association for Computational Linguistics, Volume 1: Long Papers*. 2023: 11737−11762.

[2] 黄日涵，姚浩龙. 数字时代的博弈：生成式人工智能对国家意识形态安全的影响[J]. 国家安全论坛, 2024(6): 54-67+96.

[3] BBC. Deepfake presidents used in Russia-Ukraine war[EB/OL]. (2022-03-18)[2025-02-17]. https://www.bbc.com/news/technology-60780142

[4] The New York Times. Can AI Be Blamed for a Teen's Suicide[EB/OL]. (2024-10-24)[2025-02-17]. https://www.nytimes.com/2024/10/23/technology/characterai-lawsuit-teen-suicide.html

[5] EUROPOL. ChatGPT: The Impact of Large Language Models on Law Enforcement[EB/OL].(2023-03-27)[2025-02-17]. https://www.europol.europa.eu/publications-events/publications/chatgpt-impact-of-large-language-models-law-enforcement

[6] 熊子晗，陈军，程崇浩，等. 大模型对中国企业网络安全防护的积极影响与冲击[J]. 通信企业管理, 2023(7): 34−35.

[7] 赖祐萱. 外卖骑手，困在系统里[J]. 人物, 2020(9).

[8] Murray M D. Generative AI Art: Copyright Infringement and Fair Use[J]. *Science and Technology Law Review*, 2023, 26:259.

[9] Meinke A, Schoen B, Scheurer J, Balesni M, Shah R, Hobbhahn M. Frontier Models Are Capable of In-context Scheming[J]. arXiv preprint arXiv: 2412.04984, 2024.

5.3 AI时代“信息污染”风险及应对*

人工智能技术（AI）的快速发展已经重塑了传播格局，尤其是人工智能自动生成内容（AI Generated Content，AIGC）的狂飙猛进加剧了变局的形成。当前，AIGC在应用场景上已经展现出“人类意图+机器组合内容”的新型信息传播形态，并逐渐发展出传媒领域的AIGC生产矩阵与产业生态[1]。一方面，AIGC提升了内容生产效率，推动了网络内容生态的多样化和个性化；另一方面，也带来了以“信息污染”为代表的网络内容生态恶化和传播秩序紊乱问题。当前由AI引发的“信息污染”集中体现为以错误信息和虚假信息为代表的信息失序，以侵犯隐私为代表的个人信息泄露与“造黄谣”“软色情”传播和以侵犯知识产权为代表的二次创作在网络平台盛行，三者背后蕴藏着算力资源压制下的意识形态风险、犯罪技术门槛不断降低的网络安全治理风险和虚假信息不断扩张的传播秩序风险。对此，应加强监管政策的精准性和技术识别能力，同时推动专业机构生产的真实新闻数据纳入大模型语料库，以提升短期应对能力和长期治理能力。

5.3.1 AI快速发展引发的“信息污染”情况

（1）以错误信息和虚假信息为代表的信息失序

AI快速发展引发的“信息污染”本质上是由数据来源的可靠性不足导致的。根据信息内容本身属性和信息传播主体意图，主要分为错误信息和虚假信息两类。错误信息指的是训练AI模型的数据缺陷导致其输出和生成的二次内容存在客观错误。作为AIGC运作的起点和核心，诸多训练AI模型的数据来源与大数据集本身具备多样性、公平性和真实性方面的缺陷[2]，因此导致相关信息存在事实性错误与主观偏见。虚假信息指的是在信息传

---

* 本节由辛艳艳撰写。

辛艳艳，复旦大学发展研究院助理研究员。

播主体具有明确意图下，利用深度伪造技术进行有意识的网络诈骗与舆论操纵。当下，AIGC已经具备视频、声音、文本、微表情合成等多模态的伪造技术[3]。可以说，随着AI介入到虚假信息生产环节，虚假信息生产逐渐成为一条牟利“产业链”，规模化效应将导致普通用户搜寻真实信息的难度和成本呈现几何级增长[4]。

（2）以侵犯隐私为代表的个人信息泄露与“造黄谣”“软色情”传播

AIGC的一大重要数据来源是各网络平台的用户生成内容，加之应用场景不断生活化，导致一系列损害用户权益的不良信息在网络空间传播。一是以AI换脸为代表的“数字分身”应用存在个人隐私泄露风险。诸如此前某相机应用要求用户上传20张人像照片，以9.9元的价格为用户提供不同类型的写真照片。此类应用在验证、付费过程中往往需要让渡脸部数据、手机号码等隐私数据，同时相关软件在初始的用户协议中都强调对用户同意授予软件及关联公司具有免费、不可撤销、永久、可转授权和可再许可等权利，僭越了用户权益边界。二是“造黄谣”和“软色情”传播。2023年5月，广州一女生不仅在地铁上被偷拍，更是被别有企图的人利用AI技术“一键脱衣”，伪造成裸体图片在微信群及各类平台转发进行色情营销。除了针对女性和明星，以未成年人为主要侵害对象的软色情图片和视频也借助AI浪潮卷土重来，和成人一样被明码标价，并延伸出黑色产业链。

（3）以侵犯知识产权为代表的二次创作在网络平台盛行

AI的快速发展也逐渐影响到文学、绘画、影视等创作领域，原创作品沦为人工智能的养料，不仅降低了艺术创作的门槛，也侵犯了原创者的知识产权。在纯文学领域，2023年10月，由AI写作的小说《机忆之地》获得江苏省青年科普科幻作品大赛二等奖，在未提前告知评委的前提下，6位评委中仅1人看出了作品的AI属性。在绘画领域，国外Midjourney、国内网易旗下LOFTER等平台均可以根据用户关键词生成相关作品，但该举也引发原创内容创作者的抵制，他们认为AI绘画将助长抄袭、剽窃风气，并质疑开源数据获取的合理性和合法性。在影视创作领域，利用AI技术的二次拼接、AI换脸等正在B站等视频网站流行，视频制作者可以根据个人兴趣偏好将毫不相关的影视、动漫片段进行合成，引发二次创作的侵权纠纷。

5.3.2 存在的风险隐患

（1）意识形态风险：舆论生产流程被简化，算力资源压制下算法歧视和内容操纵将助长国际与国内舆论极化

以生成式AI为代表的信息传播具有自动生产、自动扩散和强化接受的特点，在强大算力资源的支持下能够强化信息的灌输效果，在同质化内容的持续输出下将逐步降低用户对AI信息的认知程度，导致舆论更容易被引导与传播[5]。尤其是在当下算法歧视和内容操纵尚未有效根治的背景下，境内外舆论极化的风险将持续增大。一是境外舆论场可能利用人工智能信息技术加大对中国的偏见性信息传播，甚至影响国际社会对中国的认知。具体手段包括在周边国家和地区，利用人工智能技术在敏感议题上进行大规模、组织化的虚假信息传播；在国内，人工智能技术，尤其是大型语言模型与社交平台机器人结合，可能被用来聚焦国内政治信息和特定思潮，通过制造虚假信息并借助突发事件，激化国内舆论场的矛盾。二是人工智能的快速发展加快了错误信息和误导性认知的传播速度。在特定社会环境的影响下，带有偏见的信息和数据更容易在智能化平台上扩散，从而加剧了中国社会中原有的阶层、群体和地域间的矛盾与分歧。由于AI信息伪造的门槛较低、成功率较高，且技术反制较为困难，信息泡沫效应可能愈加明显。同时，作为AI技术重要使用群体的青年人，长期接触到信息纷杂的环境，可能更容易受到不同立场信息的影响，对复杂社会问题缺乏深入的思考和辨别能力，被极化言论所左右导致立场松动。

（2）网络安全治理风险：网络诈骗等犯罪门槛被降低，民众切身安全遭遇挑战，社会治理成本不断提升

一是网络诈骗等AI新技术应用降低犯罪成本和门槛，网络黑灰产业间

题难解。AI技术增加了匿名性、隐蔽性，使犯罪分子可能逃脱监管，降低了违法犯罪的风险成本，提升了犯罪的预期收益。据美国媒体CBS News报道，AI技术使电话诈骗变得更加复杂且更具可信度，尤其是诈骗者利用AI声音冒充亲人窃取了大量钱财。根据美国联邦贸易委员会的数据，2022年美国的诈骗金额比两年前增长了150%[6]。二是黑客利用AI实施网络犯罪，网络安全风险剧增。黑客可以训练AI生成恶意代码或软件，绕过人类编写的防护软件，通过撞库、盗取信息、勒索等危害网络安全。三是AI对信息安全甚至物理环境的威胁上升。仅从网络攻击上看，AI可以兼顾攻击的规模和效率，使劳动密集型网络攻击（如鱼叉式网络钓鱼攻击）造成更大威胁[7]。

（3）传播秩序风险：虚假信息将长期存在于网络空间，合成数据将超越原始大数据成为传媒产业新资源，用户辨别能力不足，以主流媒体为代表的专业机构影响力将进一步被削弱

一是AI生成内容将逐渐占据网络空间。早在2022年，来自哥本哈根未来研究所的专家就预测，2025—2030年，99%到99.9%的内容将由人工智能生成[8]。在此背景下，虚假信息传播兼具规模化效应和商业利益价值，将持续浸染网络空间。国外独立组织NewsGuard于2025年1月发布的最新追踪报告显示，该团队已经在全球范围内识别出1 150个不可靠的人工智能生成新闻和信息网站，并涵盖包括中文在内的16种语言。这些网站发布了大量涵盖政治、科技、娱乐、旅游等领域的机器生成文章，其中诸多内容为虚假信息，如对政治人物的错误报道、名人死亡谣言、虚构的事件以及将旧闻当作新闻报道等[9]。二是虚假信息混杂其中的合成数据将扰乱传媒产业市场。由于AI生成信息缺少专业的审核与把关，因此虚假信息与真实信息混杂的合成数据将超越原始大数据成为传媒产业的新资源。在生成式AI的迅速发展下，虚假信息如滚雪球般越来越多。根据NewsGuard的追踪研究，虽然诸如OpenAI等科技公司强调大模型的进化将更新技术，提升真实回答的比例，但结果是GPT-4确实比GPT3.5更擅长通过各种形式加强

错误叙事的说服力，无论是ChatGPT还是谷歌的Bard，在主要新闻话题上出现虚假报道的可能性高达80%至98%[10]。三是用户辨别能力不足，将导致专业机构影响力被持续削弱。技术的快速演进也在加剧数字鸿沟，生成式AI的突飞猛进无形中也提高了用户搜索真实信息的成本和难度，在众口铄金、三人成虎的网络传播情境下，由于主流媒体难以与科技公司在内容版权上达成一致，在用户规模不均衡的传播格局下，以主流媒体为代表的专业机构和政务媒体等官方力量的影响力将持续削弱，舆论引导能力和效能受到影响。

5.3.3 对策建议

（1）监管政策上，坚持以算法治理和数据治理为核心，聚焦人工智能发展的具体场景进行政策迭代，规避风险

一是对已经出现的人工智能乱象依法亮剑，细化标准。二是对AI相关应用，在行业内部设立通行的用户协议和隐私协议规则。三是对于高危风险场景应特别立法，以分级监管思路保障政策的针对性和迭代性。

（2）技术反制上，加强与国际同行交流，对抗新型AI技术滥用引发的风险

一是建立健全人工智能生成内容溯源规范，实现对于模型、设备、人员的精准溯源和治理，从源头上提高对生成式人工智能内容的系统化管控能力。二是加强对人工智能问答模型的安全监管。三是搭建常态化交流机制，强化国际监管合作，细化AI伦理准则。

（3）舆论应对上，既要支持专业机构与人工智能技术的合作，也要加强对虚假信息的应急处置和反制机制

一是要在综合研判、风险可控的前提下，将以主流媒体为代表的专业机构所生产的真实信息与数据开放给已经通过备案的大模型厂商，从源头上提升语料库的质量。二是建立包括网络平台、专业媒体、社交平台、学

术研究者、网信部门政策制定者在内的多主体合作的第三方机构，根据AI技术演进的趋势和速度，定期发布面向公众的白皮书。其中，专业媒体和事实核查机构更要发挥主动性，成为对抗虚假信息、净化内容生态的独立免疫屏障[11]。三是短期反制与长期应对相结合，既要对公共突发事件、政治敏感信息进行快速澄清、消除影响，同时也要系统性地关注涉及历史观的虚假信息，避免记忆捏造等情况出现。

参考文献

[1] 韩博. 2022年传媒AIGC生态发展观察[M]. 崔保国，赵梅，丁迈. 中国传媒产业发展报告(2023). 北京: 社会科学文献出版社, 2023: 319−328.

[2] 蓝燕玲. AIGC时代的媒体重塑：赋能、挑战与变革(2023)[M]. 林小勇. 中国未来媒体研究报告(2023)−AIGC迎接智能媒体的下一个时代. 北京: 社会科学文献出版社, 2023: 35−50.

[3] 段伟文. 人工智能时代的价值审度与伦理调适[J]. 中国人民大学学报, 2017(6): 98−108.

[4] 管佖路，顾理平. 价值冲突与治理出路：虚假信息治理中的人工智能技术研究[J]. 新闻大学, 2022(3): 61−75+119.

[5] 黄日涵，姚浩龙. “再塑造”与“高风险”：生成式人工智能对舆论安全的影响[J]. 情报杂志, 2024(4): 121−127.

[6] Evans C, Novak A. Scammers use AI to mimic voices of loved ones in distress[EB/OL]. *CBS News*, 2023-07-19. https://www.cbsnews.com/news/scammers-ai-mimic-voices-loved-ones-in-distress/.

[7] 刘钊，林晞楠，李昂霖. 人工智能在犯罪预防中的应用及前景分析[J]. 中国人民公安大学学报（社会科学版）, 2018(4): 1−10.

[8] Hvitved S. What if 99% of the metaverse is made by AI? [EB/OL]. *Center for Internet and Society*, 2022-02-24. https://cifs.dk/news/what-if-99-of-the-metaverse-is-made-by-ai/.

[9] Sadeghi M, Dimitriadis D, Arvanitis L, et al. Tracking AI-enabled misinformation: 1,150 ‘unreliable AI-generated news’ websites (and counting), plus the top false narratives generated by artificial intelligence tools [EB/OL]. *NewsGuard*, 2025-01-13. https://www.newsguardtech.com/special-reports/ai-tracking-center/.

[10] Arvanitis L, Sadeghi M, Brewster J. ChatGPT-4 produces more misinformation than predecessor [EB/OL]. *NewsGuard*, 2023-03. https://www.newsguardtech.com/misinformation-monitor/march-2023/.

[11] 管佖路，顾理平. 价值冲突与治理出路：虚假信息治理中的人工智能技术研究[J]. 新闻大学, 2022(3): 61−75+119.

5.4　AI伦理与治理研究*

AI对人类的影响不限于表层社会各个领域，甚至触及人的生存问题。类智能技术如语言大模型、图像生成、智能评分系统、裁决系统等的风险及伦理问题也引起了全球的关注，甚至进入了法律的视野。超级智能的问题也被埃文·古德（Irving John Good）、杰夫瑞·辛顿（Geoffrey E. Hinton）、斯图尔特·罗塞尔（Stuart Russell）等科学家关注。2024年欧盟《人工智能法案》对人工智能的风险问题做了分类，使得监管变得有法可依。

AI对人类的影响可以从短期、中期和长期角度进行分析。从短期来看，各类智能工具有效提升了工作效率，方便了生活；从中期来看，智能系统改变了社会运行、价值结构等方面；从长期来看，超级智能对人类未来的影响也被很多学者提及。本节在阐述人工智能伦理及治理的基础上，对弗洛里迪和盖瑟等人的人工智能伦理理论进行批判性分析，对透明性与可解释性、隐私安全、偏见问题、价值对齐、公平性和责任问题等伦理挑战做了探讨。最后指出，AI伦理治理背后的理念决定着治理实践的未来走向。尽管我国的人工智能伦理与治理核心理念是科技向善，能够关注到一些关键问题，然而也要防止在近期人工智能伦理治理中表现出的“以技术治理技术”的技术主义的倾向。

5.4.1　AI伦理及其治理

学术界对AI及其组成要素的定义缺乏共识。从定义上看，存在一些分歧。人工智能往往作为一个统称，被理解为一个研究领域[1]，或者一组能够解释数据、学习和适应的信息系统能力[2]，甚至是更一般的前沿计算[3]。科学领域定义非常严谨。罗塞尔指出，人工智能通常是指能够感知环境并

*　本节由杨庆峰教授撰写。复旦大学哲学学院博士生王炜、徐诺、李开阳等同学收集整理文献资料。

且采取最优行动的智能体。从最新的人工智能发展来看，李飞飞甚至认为“生成式人工智能”是一个被误解的说法，需要加以澄清。与此类似的还有通用人工智能、超级智能等概念。但是总体上看，学术界思考人工智能伦理治理的焦点落足于弱人工智能技术，而忽略了长期的问题，即通用人工智能、强人工智能，尤其是超级智能可能带来的影响。

有一些文献明确定义了人工智能治理。有学者认为当下人工智能治理的定义倾向于关注公共政策、应用伦理以及AI提供的价值[4]。还有学者采取了更为技术性的立场，但他们也强调了社会和伦理价值，指出人工智能治理关注的是满足社会的伦理需求，特别强调应确保人工智能的输出与人类价值观相一致[5]。有人强调了政府在人工智能治理中的角色，指出这是涉及政府机构通过各种功能为所有利益相关者创造价值的能力，如价值对齐和绩效管理[6]。

人工智能正逐渐普及于高风险应用领域[7]，包括医疗[8]、自动驾驶[9]和金融[10]。因此，人们越来越关注使用人工智能的潜在风险和负面影响。相关讨论包括隐私侵犯和与医疗人工智能使用相关的歧视性事件，人工智能算法推导出的道德判断差异[11]，自动驾驶引发的事故[12]，以及对自主系统（如军事无人机）违反规范的责任[13]。针对上述风险，《人工智能法案》所做的四类划分——不可接受风险AI系统、高风险AI系统、低风险AI系统和无风险AI系统——成为欧洲国家人工智能治理的法律依据。

5.4.2 AI伦理及其治理理论框架的建立

在理论上，弗洛里迪借助软伦理-硬伦理的框架清楚阐述了AI伦理与治理的关系[14]。盖瑟等学者提出一个较为全面的AI治理框架。这个框架从技术、社会规范和伦理等角度阐述了对AI进行近期、中期和长期的治理。每个阶段的治理有其不同的特征[15]。但是盖瑟的问题是消解了文化这个因素。AI治理不能忽略文化这个因素。

从技术角度看，AI治理指对相关数据和算法的治理，同时也包含了与人工智能系统的技术特性相关的治理挑战的讨论。这些研究围绕数据和算

法开发了以人工智能治理（AI Governance，AIG）为中心的框架，借鉴了人工智能安全[16]和负责任的创新[17]等领域的发现。技术工具视角包括三个相互联系的层面：数据、算法和人工智能系统。人工智能系统基于数据进行学习和适应。因此，数据治理被视为人工智能治理的关键支柱[18]。数据治理的研究讨论了数据隐私[19]、法律保护[20]和完整性[20]等问题。此外，文献中明确讨论了训练数据的作用，以确保人工智能系统的适当行为。

从社会法规层面看，AI治理指制定相应的有效的法律法规。政府和国际组织如欧盟（EU）和经济合作与发展组织（OECD），专业机构如电气和电子工程师学会（IEEE）以及各类企业都公布了他们的伦理人工智能原则和指南[21,22,23]。相关研究显示，现有的人工智能治理法规包括“硬法”（具有约束力的立法）和“软法”，包括标准、证书、审计和可解释的AI系统[24,25]。也有研究强调了算法作为立法治理的一部分的重要性[26]。此外，硬性法律，如《反歧视法》和欧盟《通用数据保护条例》，是人工智能治理的基本法规基础。

此外，法规制度还有个落实的过程，所以也有学者研究了人工智能伦理原则在实践中的落地方面遇到的问题，如技术专长和权力主要集中在少数大技术公司，存在权力不平衡，可能导致责任分配不均[27]。外部利益相关者采取监管态度，内部利益相关者通过组织机制落实政策。

可喜的是，也有学者关注到文化因素的影响，如文化和社会政治背景影响AI治理，不同地区AI发展路径各异[28]。有研究建议建立国际人工智能组织以促进合作和监管[29]，克服区域间政治和文化差异，实现跨文化合作。但是这种关注远远不如对制度、法律和技术的关注。

5.4.3　AI的伦理挑战

（1）透明性与可解释性

透明性和可解释性是近年来人工智能伦理研究中的核心议题之一。约兵（Jobin）等学者在2019年对全世界84份AI伦理治理的法律规范进行了

梳理，透明性问题排在第一位。随着深度学习和复杂人工智能模型的广泛应用，这些系统的“黑箱”性质引发了对其决策过程不可解释性的广泛担忧。李皮顿（Lipton）提出了人工智能透明性的重要性，指出如果人工智能系统的决策过程不可解释，将导致信任危机及伦理问题的出现[30]。对透明性与可解释性问题的研究不仅关注技术层面的挑战，还包括如何在不损害系统性能的前提下提升其可解释性[31]。然而，对于可解释性，如何定义以及评估其有效性和可靠性尚未达成共识[32]，并且，人工智能的透明性是一个多方面的概念，需要多学科的理解才能实现有效的治理和市场应用[33]。

近年来，学者们提出了多种方法来提高人工智能系统的可解释性。例如，Lundberg和Lee（2017）开发了SHAP（SHapley Additive exPlanations）方法，该方法通过为每个输入特征分配一个重要性分数，来解释复杂模型的输出。此方法被广泛应用于金融、医疗等领域，以帮助人们理解人工智能系统的决策机制[34]。然而，随着解释性方法的普及，也出现了新的问题，如解释的局限性以及可能引发的新的伦理风险[35]。就“解释”的理论问题，罗夫林（Rohlfing）等人（2021）认为我们可以通过将人工智能系统中的解释视为一种社会实践来改进它，其中解释者和被解释者共同构建理解，促进算法决策的透明度和自主性[36]。也有学者提出以用户为中心的透明人工智能系统设计框架，旨在创建负责任、值得信赖、符合社会价值观的人工智能系统[37]。

在不同应用领域中，透明性和可解释性也有具体的需求。例如，在医疗人工智能中，可解释性是一个至关重要的属性，因为医生和患者需要理解系统的建议以做出知情的决策[38]。然而，不同领域对透明性的需求和标准并不一致，这增加了统一伦理框架制定的难度[39]。

（2）隐私安全

随着人工智能技术的广泛应用，隐私与偏见问题同样成为备受关注的伦理议题。近年来，人工智能在处理大规模数据，尤其是个人数据方面展

现了强大的能力，但也引发了隐私侵害的担忧[40]。例如，人工智能驱动的面部识别技术已被应用于公共安全监控，但其对个人隐私的侵犯问题引发了广泛争议[41]。为了应对人工智能对隐私的威胁，研究者们提出了多种保护措施和技术手段。例如，联邦学习（Federated Learning）是一种分布式机器学习技术，旨在在不共享数据的情况下构建模型，从而保护个人隐私[42]。此外，差分隐私（Differential Privacy）技术也得到了广泛应用，它通过在数据中引入随机噪声来保护个体隐私，已成为数据隐私保护的标准方法之一[43]。然而，尽管这些技术在一定程度上缓解了隐私问题，诸多挑战仍然存在。例如，如何在保护隐私的同时确保人工智能模型的有效性和精确性，以及如何处理不同国家和地区之间的隐私法规差异等问题，仍需进一步研究和解决[44]。

中国发布的《全球人工智能治理倡议》也强调了隐私问题的重要性。"逐步建立健全法律和规章制度，保障人工智能研发和应用中的个人隐私与数据安全，反对窃取、篡改、泄露和其他非法收集利用个人信息的行为。"《人工智能全球治理上海宣言》也指出，我们高度重视人工智能的安全问题，特别是数据安全与隐私保护，愿推动制定数据保护规则，加强各国数据与信息保护政策的互操作性，确保个人信息的保护与合法使用。

（3）偏见问题

很多研究都表明，人工智能系统可能会延续社会偏见或引入不公平[45]，解决数据公正、公平和减轻偏见需要采取涉及技术解决方案、社会公正和数据治理措施的综合方法。尤其在医疗保健领域，不受监管的人工智能可能会加剧偏见、削弱信任，并加剧性别、种族和收入差距[46]，由于人工智能在医疗领域可能会无意中放大现有的偏见，因而主动管理对于防止人工智能算法和研究中的偏见至关重要[47]。此外，社会和社会技术因素也会造成人工智能的性别偏见，消除偏见、数据集设计和性别敏感性将是克服偏见的关键策略。针对人工智能系统中的偏见问题，有学者认为，可以通过设计、训练和部署中的道德和法律原则来减轻人工智能系统中的偏见，

在受益于人工智能技术潜力的同时确保社会利益[48]。Reyero-Lobo等人（2022）提出一种语义网技术，可以有效解决人工智能系统中的偏见，主要用于信息检索、推荐和自然语言处理应用中[49]。此外，也有学者建议采用伦理矩阵算法和六维度量算法来分析数据偏见，解决其对数据驱动时代的数据伦理、安全和数据保护的影响问题[50]。

从中国治理来看，偏见问题并不像隐私问题那么重要。尽管《全球人工智能治理倡议》也提出"坚持公平性和非歧视性原则，避免在数据获取、算法设计、技术开发、产品研发与应用过程中，产生针对不同或特定民族、信仰、国别、性别等偏见和歧视"。但是广泛存在于欧洲国家的"黑白偏见"并不适合中国语境，地域偏见、性别偏见等可能是中国人工智能偏见治理的关键。

（4）价值对齐问题

AI对齐问题，即如何确保人工智能系统的目标与人类价值观和利益一致[51]，或是构建安全的人工智能系统[52]，是当前人工智能伦理研究的又一关键议题。随着人工智能技术的自主性和复杂性不断提升，对齐问题变得日益重要，尤其是在涉及自动化决策和行动的领域[51]。近年来，研究者们提出了多种方法来解决人工智能对齐问题。例如，Christiano等人（2017）提出了通过人类反馈来训练人工智能系统的方法，即通过反复调整和优化，使人工智能系统的行为逐渐符合人类的预期[53]。然而，尽管这些方法取得了一定的进展，人工智能对齐问题的根本挑战仍然未被完全解决，特别是在面对不确定性和复杂决策情境时。Christiano等人的方法之后被OpenAI人工智能公司继续发展为基于人类反馈的强化学习（Reinforcement Learning from Human Feedback，RLHF）的方法并应用于GPT的训练[54]。此后，Anthropic公司提出的人工智能对齐的3H原则——有用（helpful）、诚实（honest）、无害（harmless）目前成为诸多对齐研究的参考范例[55]，并且该公司在此基础上提出基于人工智能反馈的强化学习（Reinforcement Learning from AI Feedback，RLAIF）——一种发展于

并相异于RLHF的对齐方法。

在价值对齐上，要避免价值化、技术化的双重误解，同时也要避免对道德嵌入的盲信。曾经面向超级人工智能的价值对齐成为研究重点，但是随着OpenAI团队的解散，超级智能对齐研究趋势放缓，也许会彻底消失。但是，面向全球化的多元文化价值对齐研究有望成为下一个重点。

（5）公平性与责任问题

AI系统中的公平性问题近年来成为伦理学研究的热点之一，尤其是在社会性别、种族和经济背景等敏感特征上。人工智能模型在训练过程中可能会学习到源数据中固有的偏见，从而在实际应用中表现出不公平的决策行为[56]。例如，ProPublica在2016年的一项调查中揭示了美国刑事司法系统中使用的人工智能工具在种族方面存在偏见，这一发现引发了对人工智能公平性的广泛关注[57]。近年来，为了减轻人工智能系统中的偏见和不公平，研究者提出了多种技术和方法。例如，偏见缓解（Bias Mitigation）技术通过在数据预处理、算法调整或决策后处理等多个阶段进行干预，来减少或消除系统中的偏见[58]。此外，公正性指标（Fairness Metrics）也成为评估人工智能系统公平性的重要工具，研究者通过定义和测量不同维度的公正性来指导算法开发[59]。

责任问题在人工智能伦理学中具有重要地位，尤其是在人工智能系统自动化程度不断提高的背景下。责任问题通常涉及在人工智能系统的开发、部署和使用过程中，如何明确各方责任，避免“责任真空”现象[60]非常关键。随着人工智能逐渐参与到决策过程中，如自动驾驶汽车和自动化医疗诊断，明确责任划分变得尤为重要。研究者们提出了多种框架来应对人工智能中的责任问题。Floridi和Cowls（2019）提出的“人工智能伦理五原则”，即善意(beneficence)、不伤害原则(non-maleficence)、自主性(autonomy)以及公平正义(justice)、可解释性(explicability)，明确了人工智能系统中责任的核心地位。这些原则试图在伦理框架中系统性地考虑人工智能的社会影响，确保在技术应用过程中责任明确、可追溯[61]。

5.4.4 结语

总体来说，我国的AI伦理与治理核心理念是科技向善。关键问题包括透明性、可解释性、隐私、偏见、对齐、公平性、责任等问题。但是在此过程中表现出走向技术主义的倾向，即以技术治理技术。比如《全球人工智能治理倡议》《人工智能全球治理上海宣言》的共同点是两点：确保人工智能发展的公平公正，以人工智能防范人工智能风险。这种转变值得关注和研究，毕竟AI伦理治理背后的理念决定着治理实践的未来走向。

参考文献

[1] Zhang C, Lu Y. Study on artificial intelligence: The state of the art and future prospects[J]. *Journal of Industrial Information Integration*, 2021, 23: 100224.

[2] Kaplan A, Haenlein M. Siri, Siri, in my hand: Who’ s the fairest in the land? On the interpretations, illustrations, and implications of artificial intelligence[J]. *Business Horizons*, 2019, 62(1): 15−25.

[3] Berente N, Gu B, Recker J, et al. Managing artificial intelligence[J]. *MIS Quarterly*, 2021, 45(3): 1433−1450.

[4] Birkstedt T, Minkkinen M, Tandon A, et al. AI governance: themes, knowledge gaps and future agendas[J]. *Internet Research*, 2023, 33: 133−167.

[5] Aliman N-M, Kester L, Werkhoven P. XR for augmented utilitarianism[C]. *Proceedings of the 2019 IEEE International Conference on Artificial Intelligence and Virtual Reality*. IEEE, 2019: 283−285.

[6] Al Zadjali H. Building the right AI governance model in Oman[C]. *Proceedings of the 13th International Conference on Theory and Practice of Electronic Governance*. 2020: 116−119.

[7] European Commission. Artificial Intelligence: A European approach to excellence and trust[EB/OL]. 2020. https://ec.europa.eu/digital-strategy/our-policies/european-approach-artificial-intelligence.

[8] Reddy S, Allan S, Coghlan S, et al. A governance model for the application of AI in health care[J]. *Journal of the American Medical Informatics Association*, 2020, 27(3): 491−497.

[9] Lütge C, Poszler F, Acosta A J, et al. AI4People: Ethical guidelines for the automotive sector-Fundamental requirements and practical recommendations[J]. *International Journal of Technoethics*, 2021, 12(1): 101−125.

[10] Lee J. Access to finance for artificial intelligence regulation in the financial services industry[J]. *European Business Organization Law Review*, 2020, 21(4): 731−757.

[11] Aliman N-M, Kester L. Extending socio-technological reality for ethics in artificial intelligent systems[C]. *Proceedings of the 2019 IEEE International Conference on Artificial Intelligence and Virtual Reality*. IEEE, 2019: 275−282.

[12] Stilgoe J. Machine learning, social learning and the governance of self-driving cars[J]. *Social Studies of Science*, 2018, 48(1): 25−56.

[13] Verdiesen I, Tubella A A, Dignum V. Integrating comprehensive human oversight

in drone deployment: A conceptual framework applied to the case of military surveillance drones[J]. *Information*, 2021, 12(9).

[14] Floridi L. Soft Ethics and the Governance of the Digital[J]. *Philos. Technol.*, 2018, 31: 1−8.

[15] Gasser U, Almeida V A F. A Layered Model for AI Governance[J]. *IEEE Internet Computing*, 2017, 21(6): 58−62.

[16] Maas M M. Regulating for "normal AI accidents"[C]. *Proceedings of the 2018 AAAI/ACM Conference on AI, Ethics, and Society*. 2018: 223−228.

[17] Buhmann A, Fieseler C. Towards a deliberative framework for responsible innovation in AI governance[J]. *Technology in Society*, 2021: 64.

[18] Barn B S. Mapping the public debate on ethical concerns: Algorithms in mainstream media[J]. *Journal of Information, Communication and Ethics in Society*, 2020, 18(1): 38−53.

[19] Gasser U, Almeida V A F. A layered model for AI governance[J]. *IEEE Internet Computing*, 2017, 21(6): 58−62.

[20] Carter D. Regulation and ethics in artificial intelligence and machine learning technologies: Where are we now? Who is responsible? Can the information professional play a role?[J]. *Business Information Review*, 2020, 37(2): 60−68.

[21] Fjeld J, Achten N, Hilligoss H, et al. Principled artificial intelligence: Mapping consensus in ethical and rights-based approaches to principles for AI[EB/OL]. *SSRN*, 2020. https://papers.ssrn.com/sol3/papers.cfm?abstract_id=3567197.

[22] Hagendorff T. The ethics of AI ethics – An evaluation of guidelines[J]. *Minds and Machines*, 2020, 30(1): 99−120.

[23] Jobin A, Ienca M, Vayena E. The global landscape of AI ethics guidelines[J]. *Nature Machine Intelligence*, 2019, 1(9): 389−399.

[24] Lewis D, Hogan L, Filip D, et al. Global challenges in the standardization of ethics for trustworthy AI[J]. *Journal of ICT Standardization*, 2020, 8(2): 123−150.

[25] Shneiderman B. Bridging the gap between ethics and practice: Guidelines for reliable, safe, and trustworthy human-centered AI systems[J]. *ACM Transactions on Interactive Intelligent Systems*, 2020, 10(4): 31.

[26] Butcher J, Beridze I. What is the state of artificial intelligence governance globally?[J]. *The RUSI Journal*, 2019, 164(5-6): 88−96.

[27] Orr W, Davis J L. Attributions of ethical responsibility by Artificial Intelligence practitioners[J]. *Information, Communication and Society*, 2020, 23(5): 719−735.

[28] Feijoo C, Kwon Y, Bauer J M, et al. Harnessing artificial intelligence[EB/OL]. 2020.

https://www.weforum.org/reports/harnessing-artificial-intelligence.

[29] Cihon P, Maas M M, Kemp L. Should artificial intelligence governance be centralised? Design lessons from history[C]. *Proceedings of the 2020 AAAI/ACM Conference on AI, Ethics, and Society*. 2020: 228−234.

[30] Lipton Z C. The Mythos of Model Interpretability[J]. *Communications of the ACM*, 2018, 61(10): 36−43.

[31] Rudin C. Stop explaining black box machine learning models for high stakes decisions and use interpretable models instead[J]. *Nature Machine Intelligence*, 2019, 1(5): 206−215.

[32] Vilone G, Longo L. Notions of explainability and evaluation approaches for explainable artificial intelligence[J]. *Information Fusion*, 2021, 76: 89−106.

[33] Larsson S, Heintz F. Transparency in artificial intelligence[J]. *Internet Policy Review*, 2020, 9(2).

[34] Lundberg S M, Lee S I. A Unified Approach to Interpreting Model Predictions[C]. *Advances in Neural Information Processing Systems*. 2017, 30: 4765−4774.

[35] Miller T. Explanation in artificial intelligence: Insights from the social sciences[J]. *Artificial Intelligence*, 2019, 267: 1−38.

[36] Rohlfing K, Cimiano P, Scharlau I, et al. Explanation as a Social Practice: Toward a Conceptual Framework for the Social Design of AI Systems[J]. *IEEE Transactions on Cognitive and Developmental Systems*, 2021, 13: 717−728.

[37] Hosain M, Anik M, Rafi S, et al. Path To Gain Functional Transparency In Artificial Intelligence With Meaningful Explainability[EB/OL]. *arXiv*, 2023, *abs/2310.08849*.

[38] Doshi-Velez F, Kim B. Towards A Rigorous Science of Interpretable Machine Learning[EB/OL]. *arXiv preprint,* 2017, arXiv:1702.08608.

[39] Gilpin L H, Bau D, Yuan B Z, et al. Explaining Explanations: An Overview of Interpretability of Machine Learning[C]. *2018 IEEE 5th International Conference on Data Science and Advanced Analytics (DSAA)*. IEEE, 2018: 80−89.

[40] Tene O, Polonetsky J. Big data for all: Privacy and user control in the age of analytics[J]. *Northwestern Journal of Technology and Intellectual Property*, 2013, 11(5): 239.

[41] Raji I D, Buolamwini J. Actionable Auditing: Investigating the Impact of Publicly Naming Biased Performance Results of Commercial AI Products[C]. *Proceedings of the 2019 AAAI/ACM Conference on AI, Ethics, and Society*. 2019: 429−435.

[42] McMahan B, Moore E, Ramage D, et al. Communication-Efficient Learning of Deep Networks from Decentralized Data[C]. *Proceedings of the 20th International*

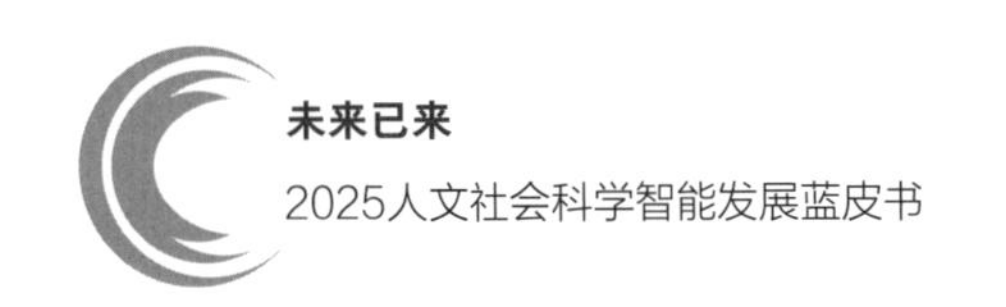

Conference on Artificial Intelligence and Statistics (AISTATS). 2017, 54: 1273-1282.

[43] Dwork C, Roth A. The Algorithmic Foundations of Differential Privacy[J]. *Foundations and Trends in Theoretical Computer Science*, 2014, 9(3-4): 211−407.

[44] Brundage M, et al. Toward Trustworthy AI Development: Mechanisms for Supporting Verifiable Claims[EB/OL]. *arXiv preprint*, 2020, arXiv:2004.07213.

[45] Zhou N, Zhang Z, Nair V, et al. Bias, Fairness and Accountability with Artificial Intelligence and Machine Learning Algorithms[J]. *International Statistical Review*, 2022, 90: 468−480.

[46] Nelson G. Bias in Artificial Intelligence[J]. *North Carolina Medical Journal*, 2019, 80(4): 220−222.

[47] Gudis D, McCoul E, Marino M, et al. Avoiding bias in artificial intelligence[J]. *International Forum of Allergy & Rhinology*, 2022, 13: 193−195.

[48] Ntoutsi E, Fafalios P, Gadiraju U, et al. Bias in data- driven artificial intelligence systems—An introductory survey[J]. *Wiley Interdisciplinary Reviews: Data Mining and Knowledge Discovery*, 2020, 10(3): e1356.

[49] Reyero-Lobo P, Daga E, Alani H, et al. Semantic Web technologies and bias in artificial intelligence: A systematic literature review[J]. *Semantic Web*, 2022, 14: 745−770.

[50] Lee W. Tools adapted to Ethical Analysis of Data Bias[J]. *HKIE Trans. Hong Kong Inst. Eng. 29 (2022): 200−209.*

[51] Russell S. Human Compatible: AI and the Problem of Control[M]. *Bristol: Allen Lane*, 2020.

[52] Amodei D, Olah C, Steinhardt J, et al. Concrete Problems in AI Safety[EB/OL]. *arXiv preprint arXiv:* 1606.06565, 2016.

[53] Christiano P, Leike J, Brown T, et al. Deep reinforcement learning from human preferences[C]. *Advances in Neural Information Processing Systems*. 2017, 30: 4299−4307.

[54] Ouyang L, Wu J, Jiang X, et al. Training language models to follow instructions with human feedback[EB/OL]. *arXiv preprint arXiv:* 2203.02155, 2022.

[55] Bai Y, Kadavath S, Kundu S, et al. Constitutional AI: Harmlessness from ai feedback[EB/OL]. *arXiv preprint arXiv:2212.08073*, 2022.

[56] Barocas S, Hardt M, Narayanan A. Fairness and Machine Learning[EB/OL]. 2019. http://fairmlbook.org.

[57] Angwin J, Larson J, Mattu S, et al. Machine Bias[EB/OL]. *ProPublica*, 2016. https://www.propublica.org/article/machine-bias-risk-assessments-in-criminal-sentencing.

[58] Mehrabi N, Morstatter F, Saxena N, et al. A Survey on Bias and Fairness in Machine Learning[J]. *ACM Computing Surveys (CSUR)*, 2021, 54(6): 1−35.

[59] Binns R. Fairness in Machine Learning: Lessons from Political Philosophy[C]. *Proceedings of the 2018 Conference on Fairness, Accountability, and Transparency*. 2018: 149−159.

[60] Matthias A. The responsibility gap: Ascribing responsibility for the actions of learning automata[J]. *Ethics and Information Technology*, 2017, 6(3): 175−183.

[61] Floridi L, Cowls J. A Unified Framework of Five Principles for AI in Society[J]. *Harvard Data Science Review*, 2022: 535−545.

第 6 章
推动人文社会科学智能的持续发展*

学科融合与跨学科协作是实现AI在社会科学中有效应用的关键。计算机科学、统计学与社会科学的融合不仅丰富了研究方法，还推动了跨领域创新。与此同时，人才培养也是重要一环。社会科学研究者需掌握AI技术，而AI技术人员也应理解社会科学的复杂性。这种跨学科的人才队伍将推动AI更深入地融入社会科学，并产生更广泛的应用。

* 本章由吴力波教授撰写。

本章提要

- 数据复杂性与多样性、研究目标的主观性与多重解释性、伦理与隐私的敏感性、学科交叉的非线性与复杂性等，是AI与人文社科研究融合的关键挑战。实现理论协同、方法贯通的背后，是跨学科深度交流、多层级复合人才的培养，以及政产学研各界全面合作。
- 高效推进人文社会科学智能发展需要加强有组织的AI教育，科技、人才一体化培育，坚持“AI+学科”的交叉和“AI+产学研”的产教融合理念。

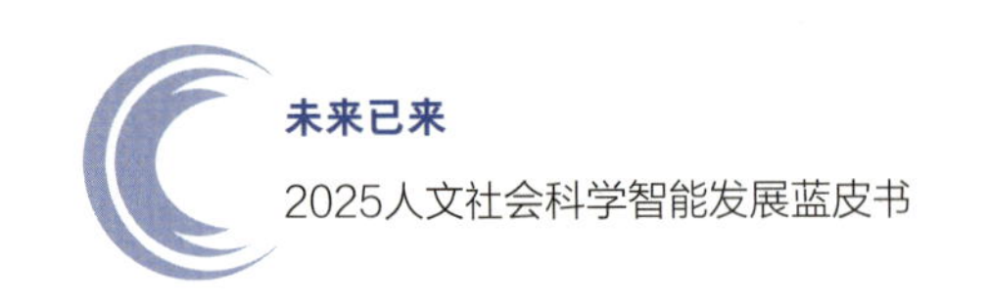

6.1 学科创新融合的研究组织形式变革

AI与科学研究的深度结合，实现了三个方面的革命。首先是研究对象的革命，通过AI技术能够精细捕捉泛尺度的科学研究对象，实现高效、智能和高度自主的实验设计和数据收集，还原其高度复杂性特征和演化机制，微观涌现的过程得以被人类所认知；其次是模型构建复杂性的革命，参数密集型的数据驱动型模型解放了传统基于数值模拟、动态优化等被维数灾难所束缚的模型，使得模型的复杂度随着参数量级大幅度提升，能够更加准确地刻画复杂系统的机制，识别因果规律，助力理论新发现；最后是计算能力的革命，科学计算得以通过各种异构方式高效实现，大规模分布式计算使得模型求解、参数优化、多尺度多模式耦合成为可能，实时高效的求解能力为各种应用场景奠定了基础。

大数据分析、机器学习、自然语言处理等技术正在改变社会科学的研究方式，推动各领域科研范式的变革和深度融合。

6.1.1 数据智能与社会科学融合的特点与难点

AI与社会科学的交叉融合在推动研究方法创新、扩展研究视角方面具有巨大潜力，但同时也面临着独特的挑战。相比于AI与自然科学的融合，社会科学的复杂性、数据的多样性以及理论的不确定性，使得这条道路更加曲折。要克服这些难点，除了技术上的突破外，还需要在理论协调、人才培养、数据处理和伦理规范等方面做出持续努力。通过多方协作，AI与社会科学的融合有望为理解和解决复杂社会问题提供新的途径。

（1）AI与社会科学交叉融合的特点

数据的复杂性与多样性：社会科学涉及的数据往往具有高度的复杂性和多样性。社会行为、文化背景、历史因素等都是动态且多维度的，难以像自然科学那样进行精确测量。例如，社会科学研究可能涉及文本、影像、访谈记录等非结构化数据，这些数据在处理和分析时需要特别考虑上

下文和语境。

研究目标的主观性与多重解释性：社会科学研究的许多问题本质上具有主观性和多重解释性。社会现象往往不能通过简单的因果关系解释，受众多变量的影响。这种复杂性使得AI在分析社会现象时，需要考虑多个可能的解释路径，而不是得出单一结论。

伦理与隐私问题的敏感性：社会科学中的AI应用涉及大量个人和群体的数据，这些数据的收集和使用需要特别注意伦理问题和隐私保护。例如，在社会科学研究中，AI技术用于分析个人行为模式时，必须确保数据的匿名性，并且避免侵犯个体隐私。

学科交叉的非线性与复杂性：社会科学与AI的融合往往涉及跨学科的非线性过程。这种融合不仅需要技术的支持，还需要深刻理解社会理论、文化因素以及人类行为等复杂系统。例如，社会网络分析不仅需要算法的支持，还需要社会学理论的解释。

（2）AI与社会科学交叉融合的难点

一是理论与技术的协调。理论不确定性：社会科学的理论往往不能像自然科学那样进行精确建模，很多理论具有解释性强但预测性弱的特点。这种理论的不确定性给AI技术在社会科学中的应用带来了挑战，特别是在模型的建立和结果的解释方面。技术局限性：AI技术在处理社会科学问题时，可能会遇到技术上的局限。例如，深度学习模型通常被视为“黑箱”，其结果难以解释，而社会科学研究强调对现象的解释性，这种技术与理论之间的矛盾需要克服。

二是数据获取与处理的挑战。数据偏差：社会科学数据来源广泛，包括问卷调查、社交媒体、政府记录等，这些数据可能存在偏差或不完整性。AI在处理这些数据时，需要特别注意数据的代表性和偏差校正。语境依赖性：社会科学数据往往依赖于特定的语境。例如，同样的行为在不同的文化背景下可能有不同的意义。AI模型在分析数据时，如何有效地考虑和理解这些语境差异是一个难点。

三是跨学科人才的缺乏。社会科学与AI的交叉融合需要既理解社会科学理论又精通AI技术的复合型人才。然而，目前的教育体系往往按学科划分，培养这类跨学科人才存在困难。解决这一问题需要在教育和培训中引入更多的跨学科内容，并促进不同学科的合作学习。

四是社会影响与伦理风险。社会后果的不可预测性：AI在社会科学中的应用可能带来深远的社会影响，但这些影响往往是难以预测和控制的。例如，AI算法可能加剧社会不平等，或者在决策过程中引入新的偏见。这种社会影响需要在研究初期就进行充分的评估和考虑。伦理决策的复杂性：在社会科学中应用AI技术时，研究者必须考虑伦理问题，特别是在涉及人类个体和社会群体时。例如，如何确保算法的公平性，如何处理可能产生的社会负面影响，这些都是亟待解决的伦理难题。

6.1.2 AI驱动下的多学科交叉融合

AI和大数据等新兴技术的出现，为社会科学研究提供了新的可能性，也催生了多学科的交叉和融合。传统社会科学研究通常依赖于小样本、问卷调查等方式，而基于大数据和AI的数据智能技术能够处理海量、复杂的社会行为数据，从而揭示社会现象背后的规律。

计算社会科学（Computational Social Science）是由此催生的一个新兴的跨学科领域，结合了计算机科学与社会科学的研究方法。通过机器学习、数据挖掘、模拟建模等技术，计算社会科学致力于理解和预测复杂社会现象。例如，研究者使用ABM模拟社会行为，探索社会网络中的传播动态，或利用机器学习算法识别社会问题的潜在趋势。计算社会科学不仅拓展了社会科学的研究范围，还为政策制定者提供了新的工具，以应对复杂的社会挑战。

AI与社会科学的融合实际上可以分为三个圈层。第一个圈层是“核心圈”。这一圈层中的学科已经能够深度应用AI，并形成新的理论和方法体系。近年来，社会科学研究者越来越多地利用大数据来分析选举行为、社会网络、经济活动等问题。例如，在选举研究中，大数据使得研究者能够

实时分析选民的行为模式，从而预测选举结果。此外，社交媒体数据的挖掘也为研究社会舆论、传播行为提供了全新的视角。

第二个圈层是“进阶圈”。主要指有较好数据和计算基础，正在研究创新应用新技术、新方法的学科。AI与行为经济学的结合是社会科学领域的一大创新。通过AI技术，研究者能够构建和分析复杂的行为经济模型，模拟个体在不同情境下的决策过程。这种结合使得研究者能够更好地理解人类决策中的非理性因素，以及这些因素如何影响市场行为和政策效果。例如，通过机器学习模型，研究者能够预测消费者的行为偏好，进而制定更加有效的市场策略。

第三个圈层是“培育圈”。这一圈层的学科正在积极构建数据基础，并多方探寻与AI结合的发力点。需要通过建立交叉研究发展平台、设立学科智能研究中心、建立数据共享平台，以及专项基金扶持等方式，建立引导机制，完善交叉学科建设。

6.1.3 学科交叉带来的挑战与应对之策

尽管AI技术在社会科学中的应用带来了诸多创新，但也面临一些挑战。首先，不同学科之间的研究方法和思维方式存在较大差异，这可能导致学科融合过程中出现沟通障碍。其次，AI技术的复杂性和快速发展也要求社会科学研究者具备更多的技术知识，这对传统社会科学教育提出了新的要求。然而，随着学科交叉的深入推进，社会科学研究的组织形式必将更加灵活、多样，研究成果的社会影响力也将显著提升。

（1）不同学科间理论协调的挑战

学科交叉的首要挑战在于如何协调不同学科之间的理论框架。社会科学和计算机科学的理论基础截然不同。社会科学强调定性分析和解释社会现象的复杂性，关注社会、文化、历史背景对人类行为的影响。而计算机科学则更加注重算法的精确性、模型的预测能力，以及如何通过数据来训练和验证模型。在AI与社会科学的融合中，如何在保持社会科学的理论

深度和复杂性的同时，兼顾计算机科学的精确性和简化需求，成为一大难题。

要实现理论的协调，研究者需要通过跨学科合作和对话，深入理解彼此的学科背景和理论基础。例如，社会科学家可以与计算机科学家共同开发新的理论框架，这些框架既能反映社会科学的复杂性，又能在计算上保持可操作性。此外，定期举办跨学科研讨会和工作坊，促进不同学科间的理论交流和融合，也是有效的途径之一。

（2）方法统一的挑战

除了理论的协调，不同学科之间的方法统一也是一个复杂的过程。社会科学研究通常依赖于质性方法、问卷调查、深度访谈等，而计算机科学则以量化分析、大数据处理和算法建模为主。在跨学科的研究中，这两者的差异可能会导致数据的收集、分析和解读出现分歧。例如，社会科学的研究者可能关注数据的背景和语境，而计算机科学家则更加注重数据的结构和模型的预测能力。

方法统一的关键在于构建跨学科的研究团队，这些团队成员具备多学科的知识背景，能够在数据处理、模型构建和结果解读方面进行有效合作。研究机构和大学可以通过设置跨学科课程和培养项目，帮助学生掌握多学科的研究方法。此外，在研究项目中引入“混合方法”，即结合定量和定性分析的方法，既保留社会科学的深度，又利用计算机科学的精确性，也是解决这一挑战的有效途径。

（3）人才培养的挑战

跨学科融合的另一个关键挑战是人才的培养。随着AI与社会科学的融合，市场对既懂社会科学又具备AI技术的人才需求激增。然而，目前的教育体系往往仍然按学科划分，社会科学和计算机科学之间的壁垒较高，导致复合型人才的培养速度滞后于实际需求。

大学和研究机构在人才培养方面需要做出重大调整。首先，可以设立跨学科的学位课程，如“社会计算科学”或“数字人文”等项目，学生在

学习社会科学理论的同时，也接受计算机科学和数据分析的培训。其次，通过研究项目、实习和合作教育等方式，让学生有机会参与跨学科的实际研究，增强其综合能力。此外，鼓励教师开展跨学科教学和研究，提供更多跨学科的交流和学习机会。

6.1.4　各方在解决问题中的角色

跨学科研究的成功不仅依赖于学术界的努力，还需要政府、企业、社会团体等多方的支持和参与。

大学和研究机构应当是跨学科研究的核心推动力量。它们可以通过改革课程设置，鼓励跨学科合作，提供跨学科研究平台和资源，培养具备跨学科视野的人才。同时，研究机构应积极争取政府和企业的资助，推动跨学科研究的实施和应用。

企业，尤其是科技公司，在跨学科研究中也扮演着重要角色。企业可以通过与大学和研究机构合作，开发适用于社会科学领域的AI工具和平台。此外，企业可以通过提供实习和工作机会，帮助学生和研究者将跨学科研究成果转化为实际应用。

政府在支持跨学科研究方面具有关键作用。政府可以通过制定政策，提供资金支持，促进大学和研究机构之间的合作。此外，政府还可以通过设立跨学科研究基金，资助具有创新性的跨学科项目，推动社会科学与AI的深度融合。

社会团体在推动跨学科研究的社会应用方面发挥着独特的作用。它们可以通过倡导和教育，帮助公众理解和接受跨学科研究的成果。同时，社会团体也可以作为跨学科研究的合作伙伴，共同探索解决社会问题的新方法。

6.1.5　结语

AI技术正在推动社会科学研究组织形式的变革，通过学科交叉与领域融合，社会科学正在进入一个新的发展阶段。未来，随着AI技术的进一步发展，社会科学与其他学科之间的融合将更加紧密，研究者将能够更加全面、深入地理解社会现象，从而为社会进步和政策制定提供更有力的支持。

尽管跨学科研究在理论、方法和人才培养上面临诸多挑战，但其前景十分广阔。随着AI技术的不断进步，社会科学与计算机科学的融合将产生更多创新的研究方法和理论框架，为解决复杂的社会问题提供更有效的工具。未来，随着跨学科教育和研究的深化，复合型人才的培养将更加成熟，社会科学的研究组织形式也将更加多样和灵活。

在政府、大学、企业和社会团体的共同努力下，跨学科研究将不仅仅是理论和方法的融合，还将成为推动社会进步的重要力量。这种融合将使社会科学研究能够更好地适应时代的需求，为社会发展提供更强大的智力支持。

6.2 人才与培养机制

新一代AI已经成为推动科技跨越发展、提升科学高效公共治理、实现产业创新升级和生产力整体跃升的驱动力量。作为引领未来的战略性技术和推动产业变革的核心驱动力，人工智能已成为全球战略必争的科技制高点。AI的发展和应用，需要深度融合创新链、产业链、人才链，形成完整的、可持续发展的科学智能生态体系，构建“开放科学”的全新范式引领创新新纪元。

推动人文社会科学智能的发展离不开人才的培养。相比于科学智能（AI for Science），社会科学领域的学者和从业人员与数据科学、计算机等学科天然的距离更远，在人才选育和培养上也相应地面临更大的难度。要构建多层级、多维度的人才培养体系，加速汇聚多领域顶尖人才，创新大学教育课程体系，培育人才；建立和支持研究机构和高校的创新中心，加强与国际一流科研机构建立长期稳定的合作关系，聚智引才；构建全链条产业生态，推动原创技术和知识产权的生成，兴业引才。

6.2.1 加强有组织的AI教育、科技、人才一体化推进

协同创新机制，有组织地供给拔尖人才。高校是AI人才培养的第一阵地，要深刻把握AI课程建设的战略性、紧迫性，发动高校推动学科重构和大类培养方式，构建AI+课程体系，优化AI+专业交叉培养体系，培养跨领域、懂AI、用AI的人才；要厘清各领域拔尖创新人才应该具备什么样的能力，执果索因地推进教育教学改革。

复旦大学已经在相关领域做出了突破，构建AI课程体系和教育模式。学校重点打造AI大课（AI-BEST）课程体系，包括通识基础课程（AI-Basics）、专业核心课程(AI-Essentials)、学科进阶课程(AI-Subjects)和垂域应用课程（AI-Thematics）四个层级，打通本科和研究生一体化建设，力争2024年秋季学期打造100多门AI和AI4S课程。在培养模式改革方面，探

索构建“+AI”双学位项目，创新打造跨学科人才培养体系，同时建设一批AI和AI+微专业课程，鼓励本科生或研究生自主构建自己的知识结构。学校重点打造拔尖创新人才培养试验区，依托计算与智能、智能机器人与先进制造创新学院，启动“香农计划”，吸引最优质生源进行人工智能拔尖创新人才的培养。学校还通过国家人工智能产教融合创新平台与创新学院的一体化建设，链接头部企业和新锐创投企业，深化产教融合育人。

案例

复旦大学“AI大课”体系架构

基于人工智能发展特点及各学科AI融合的不同阶段特征，明确AI+的人才培养需求“画像”，复旦大学构建了一个本研一体化设计，通识、核心、学科、垂域有机结合的进阶式人工智能课程体系，我们把它称为AI-BEST课程体系。包括：

——AI通识基础课程（AI-Basic Courses）专注于AI数理基础和编程训练、应用工具训练和场景开发、AI伦理教育的通识核心课程和通识专项课程。课程面向全校本研学生，开设平行班，提高受众面，建设“翻转课堂”，并将针对专业差异，分AB两档设计难度。

——AI专业核心课程（AI-Essential Courses）聚焦人工智能本学科的核心领域，从底层逻辑出发，系统呈现AI相关学科的基本性、共通性知识体系及核心技术的专业类课程。其中，AI-E1课程面向AI领域拔尖创新人才培养，集合全校相关院系学科力量，精心打造高质量示范课程；AI-E2满足跨学科人才培养项目的专业课程需要。

——AI学科进阶课程（AI-Subject Courses）立足文社理工医及交叉学科生长出来的AI+X课程。鼓励各学科把AI素养能力教育列为必要内容，将AI技术与本学科核心知识相结合，开设有学科特色的AI类课程；同时以课程建设牵引AI+学科交叉融合，构建跨一级学科的进阶课程，帮助学生主动适应学科交叉和交叉学科建设需求。这类课程体现复旦大学AI赋能

科研创新范式变革的特点，是AI与各学科交叉融合的建设成果和可持续发展动力。

——AI垂域应用课程（AI-Thematic Courses）主要基于各专业领域，围绕社会经济发展和产业的具体AI应用场景，把课程建设与产教融合、科教融汇充分结合。AI-T1（产教融合课）瞄准市场，注重实训实战实践，围绕科学智能融合创新项目和产业问题开发课程、组织教学。AI-T2（科教融汇课）鼓励有垂域研究和应用需求的院系和教师，围绕AI赋能科学研究与技术研发的各类应用场景和具体问题开发课程。

各序列课程分梯度建设，以学生基础素养和应用能力为依据，结合具体教学和应用场景，区分和衔接课程内容。变革课程教学范式，汇聚AI科学家、学科领域科学家、产业领军人才共同协作，坚持以学习为中心，鼓励师生共同解决问题、共创课程内容，构建知识讲授、能力习得和实践应用深度融合互动的AI课堂。

6.2.2　产教融合促进AI人才发展，培育新质生产力

在中共中央政治局第十一次集体学习上，习近平总书记提出：要按照发展新质生产力要求，畅通教育、科技、人才的良性循环。“教育”“科技”“人才”三位一体统筹推进、协调发展，是党的二十大报告中的新提法：“教育、科技、人才是全面建设社会主义现代化国家的基础性、战略性支撑。必须坚持科技是第一生产力、人才是第一资源、创新是第一动力，深入实施科教兴国战略、人才强国战略、创新驱动发展战略，开辟发展新领域新赛道，不断塑造发展新动能新优势。”在孵化新质生产力、推进科技创新引领产业革新的道路上，三位一体理念，提供了非常好的操作模型。

畅通教育、科技、人才的良性循环，有“内”“外”两个层面：对内，要完成紧跟科技发展新趋势，优化高等学校学科设置、人才培养模式，产出科技创新成果和培养急需人才的小循环；对外，要激发出知识、技术、人才作为生产要素的活力，做好这三者与产业体系、与市场之间的大循环。

高校是完成对内小循环的关键节点，又是促进对外大循环的重要推动力。但同时我们在实践中也感受到，要打通科技和产业的两套系统，形成良性互动，单纯的教育政策或者产业政策，效果都不尽如人意，我们迫切需要以科技创新为第一目标，以人才为核心，和产业界搭建起立体、动态的融合框架。这就要求我们不能封闭起来搞教育，要通过产教融合道路，将教育、科技、人才“三位一体”协同融合发展落到实处。

人才、数据和系统架构是人工智能产业的高质量发展不可或缺的三大资产要素，其中，人工智能人才的数量和质量水平将直接影响全球数据收集与处理的能力、底层架构的可应用性和延展性。因此，对于全球人工智能产业而言，其核心资产是高素质人才，各国人工智能人才培养的规模、结构和质量将决定人工智能领域的未来竞争态势。

2017年，国务院印发的《新一代人工智能发展规划》中提出，到2030年中国要成为世界主要人工智能创新中心。目前，中国的优秀人工智能人才密集分布在高校和科研机构，而产业界人才缺口较大。各国普遍重视发挥高校的人才培养作用，为了巩固在人工智能领域中的先发优势，英国提出“高等教育与人工智能技术结合”的发展策略，鼓励大学积极参与人工智能领域的知识更新、产权转化与人才培养。一方面，英国打造了国家级艾伦•图灵研究所、EPSRC人工智能研究所，这些国家战略实验室将协同牛津大学、剑桥大学、帝国理工学院和伦敦大学学院等知名高校共同聚焦AI发展及人才培养；另一方面，鼓励大学研究者成立附属公司，促进知识产权转让标准化，同时英国政府、产业界及大学承诺共同出资在全国设立16个AI教育中心，并首次设置由产业资金资助的AI硕士专业学位课程，开创了三方共同投资教育的先河。

2017年起，上海在全国率先布局发展人工智能产业，提前谋划、长期布局，出台了一系列政策，推动产业规模持续扩大，从2018年1 340亿元到2022年突破3 800亿元，年均增长超29%。2023年10月，上海市发布《上海市推动人工智能大模型创新发展若干措施（2023—2025年）》提出，要组织企业、高校、科研机构联合培养跨学科大模型人才。

为了更好地服务上海人工智能产业发展，复旦大学近年来在人工智能领域不断发力，推动更加深入的产教融合、校企合作。2023年6月，复旦大学和阿里云、中国电信共同打造的CFFF（Computing for the Future at Fudan）智能计算平台正式上线，它是国内高校最大的云上科研智算平台，它通过将复旦校内的专用高性能计算集群与阿里云全球领先的大规模异构算力融合调度技术相结合，实现了超千卡并行智能计算，支持千亿参数的大模型训练。CFFF平台推动了科研范式从数据范式向智能范式转变，为发现和解决复杂科学问题提供了强有力的支撑。例如，复旦大学人工智能创新与产业研究院李昊团队利用CFFF平台训练了45亿参数量的中短期天气预报大模型，预测效果在公开数据集上首次达到业界公认的欧洲中期天气预报中心集合平均水平，并将预测速度从原来的小时级缩短到了3秒内。这样一个规模的大模型只用一天就完成了训练。传统的计算平台是很难做到的。

2023年底，复旦大学还获批了国家人工智能产教融合创新平台。与之前的集成电路、医学攻关两个平台相比，这个平台的科研攻关任务更重，包括了智算技术中心、自主芯片技术中心、共性智能技术中心、人工智能应用中心、AI安全与评测中心5个中心各自的攻关任务，以及一个通用计算平台的建设。学校依托国家人工智能产教融合创新平台，积极深化与阿里云、华为云、中国电信、中兴通讯等数十家顶尖企业在人工智能领域的协同合作。通过联合构建高端创新平台，集结了一批跨学科、跨领域的创新团队与研究群体，致力于攻克发展难题，确保重大战略任务得以有效实施。国家人工智能产教融合创新平台的战略布局，将进一步推动复旦大学在人工智能领域实现技术突破，包括大规模智算技术的领先、数据资源的丰富、人工智能大模型技术的成熟，以及针对科学和产业核心问题的垂直领域大模型体系的构建，推动学校成为人工智能赋能生命科学、材料科学、集成电路等领域产业技术变革的重要策源地。相信这些研究领域的突破，在产教融合的框架下，将为上海的人工智能产业带来全新动能。

AI4SSH研究与应用的关键领域

第 7 章
AI4SSH研究前沿趋势*

人工智能加速科学研究与创新发现，在哲学与社会科学领域带来范式变革。Kuhn早在1962年即指出，科学变革往往不是来自积累的事实和发现，而是来自“范式转变”的新工具和方法论的发明[1]。尤其是大语言模型的出现，从数据、知识和推理层面，改变了社会科学的研究格局[2]。这种变革是以增强而非完全取代传统的社会科学研究流程展开。例如，大语言模型等根据训练的数据模式产生流畅的输出，如文本、图像和代码[3]。而人工智能带来的前沿趋势，如何展开，又从何处展开，以及向何处发展，当前仍处于讨论之中。本章围绕人文社会科学智能近两年的科学文献展开，通过提炼人工智能框架的知识图谱，探索其知识转移的过程与方向。

随着AI技术的迅速迭代，全球学术界和产业界正在密切合作，

---

* 本章由赵星教授、乔利利博士后合作撰写。

赵星，复旦大学数据研究院教授，复旦大学国家智能评价与治理实验基地副主任，上海市“曙光学者”、教育部教指委委员、国际信息计量学和科技评价领域权威期刊 *Journal of Informetrics* 编委，五种中文重要期刊编委。

乔利利，复旦大学发展研究院博士后。

逐渐形成广泛的研究网络，共同推动社会科学的智能化转型。当前，人工智能正被广泛应用于社会行为预测、社会问题分析和公共政策制定等领域，揭示了其在解决复杂社会问题方面的潜力[4]。本章将聚焦人工智能在社会科学领域的全球研究前沿，探讨其在社会科学研究中的创新应用与发展趋势。本章不仅概述了全球的研究动向与合作格局，还深入分析了各类前沿主题及其发展态势，为读者提供AI在社会科学领域最新研究进展的全面视角。

本章提要

- 人文社会科学智能研究经历了三个阶段，正进入繁荣期，尤其在2023至2024年，AI在社会现象分析和政策评估中的应用持续升温。
- 当前的前沿主题聚焦于技术应用、场景应用以及社会治理等方向，其中AI的社会治理、伦理和公共健康议题在2023年后逐渐成为研究重点。
- AI的社会治理功能逐步成为重点研究方向，包括情感分析、社交媒体分析等主题在内的早期研究已拓展至AI信任、偏见治理和AI伦理问题的探索。在政策、公共健康和数字健康等领域，AI应用研究开始更关注社会治理、公共健康管理及其政策影响。

7.1 全球研究趋势

人工智能，尤其是大型语言模型的进步，正在对社会科学研究产生重大影响。这种影响不仅体现在数据训练层，也突出表现在其越来越有能力模仿人类的反应和行为，为大规模检验有关人类行为的理论和假设提供机会[2]。从方法层面，社会科学依赖的一系列方法，例如问卷调查、行为测试、半结构化问答、基于代理的建模、观察研究和实验等，其本质目标是获取个人、群体、文化及其动态特征的通用表征。新的工具模型的出现，使得深入的人类语义和行为中隐含的信息，也可以通过人工智能模拟和反馈。

如图7-1所示，从全球趋势来看，人文社会科学智能的研究经历了"萌芽期"（1994—2000）、"发育期"（2000—2015）和"爆发期"（2016至今），当前已经进入繁荣阶段。特别是在过去的三到五年内，随着AI技术在社会科学中的应用不断拓展，发文量出现了指数级增长。2023年和2024年初的数据趋势表明，这一领域的研究热点持续升温，尤其是在应用AI技术进行社会现象分析和政策评估方面。

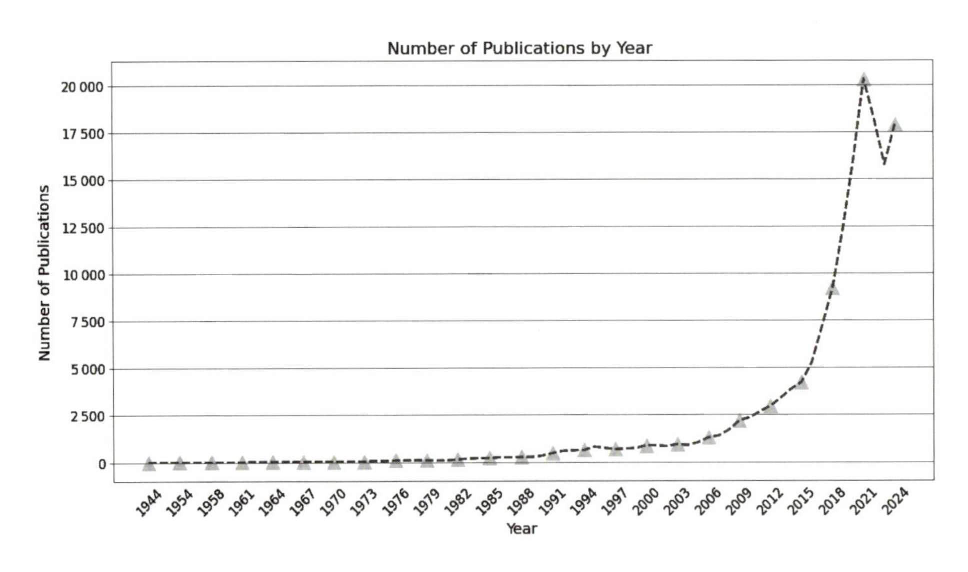

图7-1　AI4SSH整体发文趋势(1944—2024)

2022—2024年间，出现了“范式转变周期”。整体发文量于2021年达到高峰，2022—2023年出现小幅下滑，并于2024年重新出现增长趋势。其中，除了受到全球紧急卫生事件的影响之外，2022年底ChatGPT3.5的问世，迎来了开启新一轮对于AI驱动的社会科学研究的进展。本章的后半部分将重点聚焦2022—2024年间的学术论文进行知识结构的整理。

7.1.1　主要国家进展

人工智能作为科学研究的改善工具，其吸引力始终来自通过克服人类的缺点来提高生产力和客观性，从而也引发全球范围内负责任的知识生产的讨论。基于大数据算法的粗放型的人工智能应用开始逐渐减少，更为细致的涉及认知和推理的人工智能应用工具开始出现。如图7-2所示，自1900年以来，全球主要产出国家是美国，占比超过30%，其次是中国，占比超过15%，英国位居第三位，占比接近10%。前三位国家发文占比超过

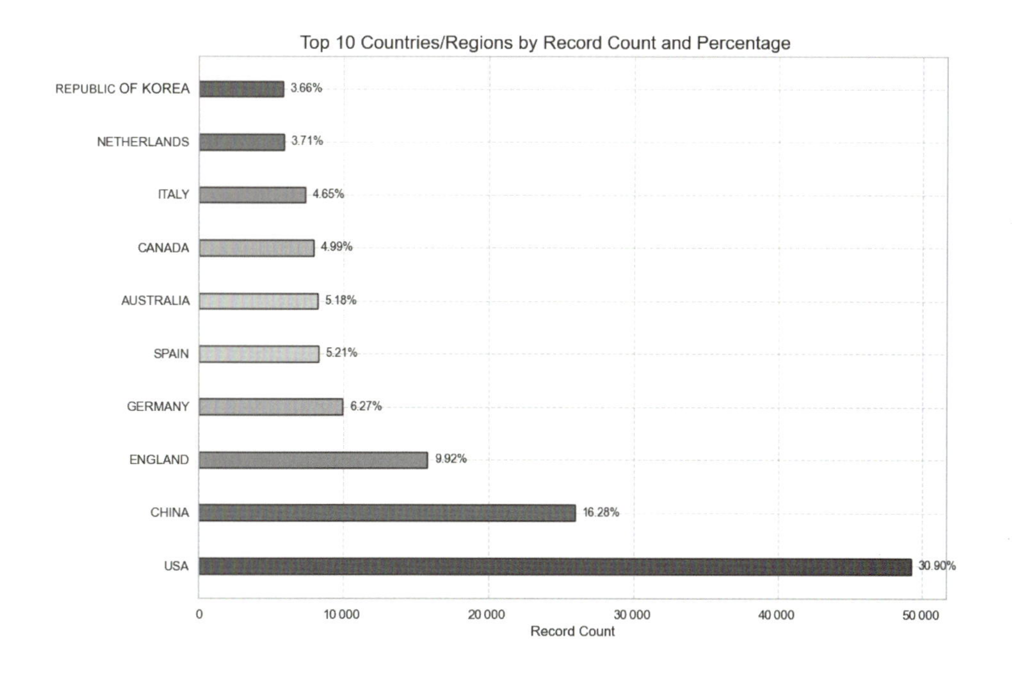

图7-2　国家/地区产出分布图

全球总量的一半，表明人工智能研究具有较强的马太效应。如图7-3可见，2022年以来，主要国家之间的研究格局，开始发生新的变化。尤其是中国在国际合作中，开始发挥重要作用。

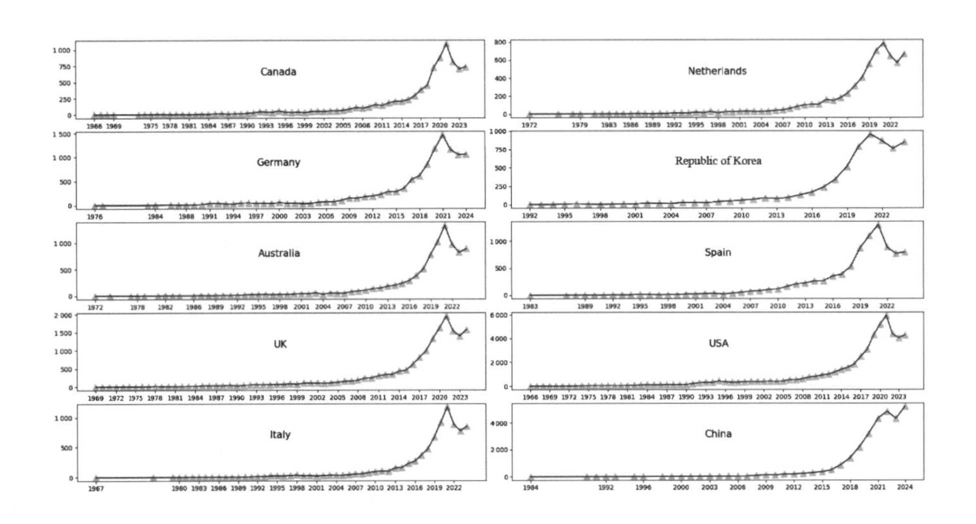

图7-3　全球主要国家年度产出变化

全球主要国家在2022年以来均经历了波动变化。其中中国最为典型，2024年的相关研究产出超过了2021年，出现了“二次增长曲线”。表明生成式人工智能等的应用，在解除部分科学研究的“语言”和“理解”障碍后，推动了非英语国家的人文社会科学国际化研究进展。

因而，聚焦2022—2024年之间，研究发现了不同于美国在全球人工智能知识生产中的核心地位，在排除国内合作之后，在国际合作层面，中国开始处于重要的核心地位。其中，美国在人工智能领域侧重国内合作，科技脱钩或成重要因素。整体上，2022—2024年，全球主要形成四大国际合作群体[5]。其中形成了四个主要的集群，即以美国、中国、新加坡、英国、加拿大、德国、韩国和泰国等为主的合作集群，由比利时、瑞士、西班牙、澳大利亚、瑞典等国家形成的合作子群，由法国、意大利、捷克等形成的合作子群，和由荷兰、希腊、苏格兰和以色列等形成的合作子群。从整体上看（图7-4），国际合作在全球南方的分布尚且不足。

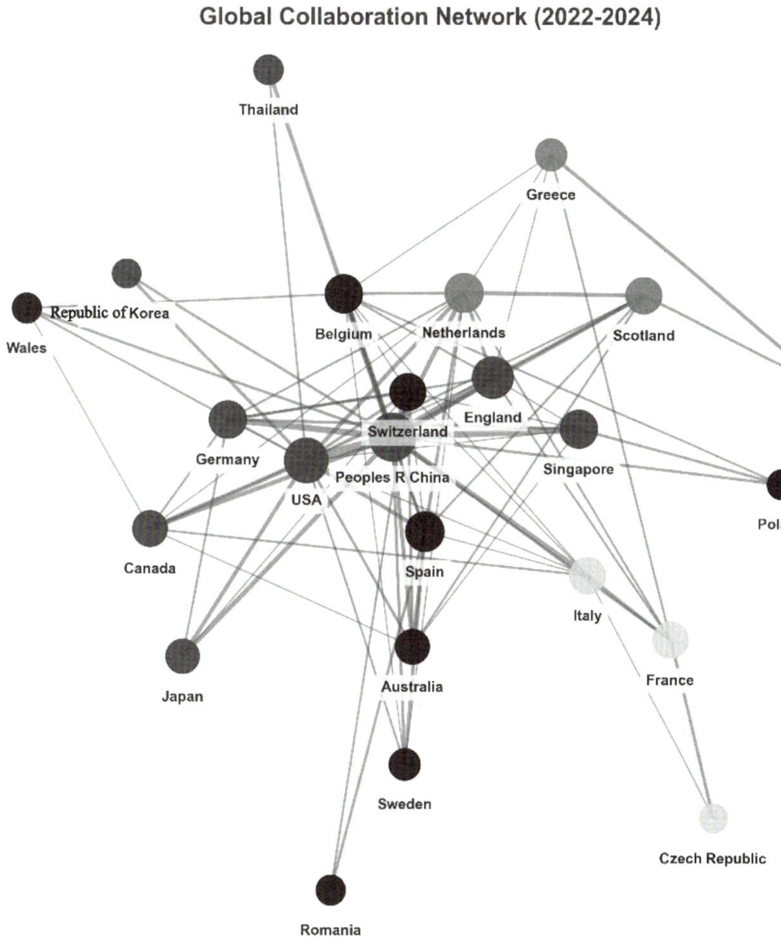

Global Collaboration Network (2022-2024)

Thailand
Greece
Republic of Korea
Wales
Belgium
Netherlands
Scotland
England
Israel
Switzerland
Germany
Singapore
Peoples R China
USA
Poland
Canada
Spain
Italy
France
Japan
Australia
Sweden
Czech Republic
Romania

图7-4　全球主要国家/地区合作网络（2022—2024）

7.1.2　全球AI4SSH宏观主题趋势

（1）宏观期刊主题

人文社会科学智能研究主要引用期刊来源可以分为六大类别，如下（见图7-5）：

journal of research in interactive marketing
journal of service management
psychology & marketing
fashion and textiles
journal of retailing and consumer services
journal of consumer psychology
international journal of contemporary hospitality
journal of business research
public relations review
industrial marketing management
schizophrenia bulletin
computers in human behavior
information & management
frontiers in psychiatry
european journal of innovation management
synthese
poetics
technological forecasting and social change
nursing open
frontiers in psychology
ieee transactions on engineering management
clinical simulation in nursing
natural language engineering
finance research letters
international journal of environmental research an
computational economics
thinking skills and creativity
library hi tech
international journal of educational research
applied ergonomics
sustainability
energy
education and information technologies
automation in construction
etr&d-educational technology research and developm
engineering construction and architectural managem
computer assisted language learning
acm journal on computing and cultural heritage
sociologia ruralis
cities
heritage science
land transport policy
transportation research part d-transport and envir
accident analysis and prevention
transportmetrica b-transport dynamics
journal of transportation safety & security
analytic methods in accident research

图7-5　主要引用期刊来源

① 可持续发展类，典型期刊以*Sustainability*为主，类别期刊交叉特征明显，相关期刊也包括*Automation in Construction*、*Energy*等；

② 心理学类，典型代表为*Frontiers in Psychology*、*Frontiers in Psychiatry*等期刊，其中也包含与临床护理等相关的期刊；

③ 教育研究类，典型期刊为*Education and Information Technologies*等。相关期刊主题也包括计算机辅助学习等。

④ 交通与安全管理类。典型期刊如*Accident Analysis and Prevention*等，人工智能推动了新的事故研究与分析范式。

⑤ 金融与企业管理类。经济与管理学科也是受到人工智能影响较大的学科，其中也出现了如*Technological Forecasting and Social Change*等研究技术预测和社会变更的高被引期刊。

⑥ 计算机与人类行为学。其中，人机工程等学科期刊受到较大的关注，近年来，人机行为学重新成为热门的方向，相关期刊也引发较大的关注。

除了主要期刊引用聚类以外，人文学科中的文化遗产、诗学等也产生了较多的引用，但整体上人文社科的AI研究需要提升跨学科的影响力。

（2）全球前沿主题进展

根据前沿主题词挖掘，本章选取了2022—2024年发表的论文进行共词分析，主要图示结果如图7-6所示。在相关研究中，主要有机器学习（ML）、虚拟现实（VR）、AI三大支柱。图中颜色的深浅代表了研究前沿性，形状大小代表其在研究中的权重和重要性，节点距离则代表了主要主题词之间的距离。因而可以看到，三大方向的主题可以概括如下：

① 技术作为科学发现的工具。其中一类研究是重点应用相关的技术，研究对象为人文社科对象，主要研究目标是技术应用解决方案的改进。例如深度学习、特征提取、数据模型、预测模型等[6]。这一部分研究揭示了

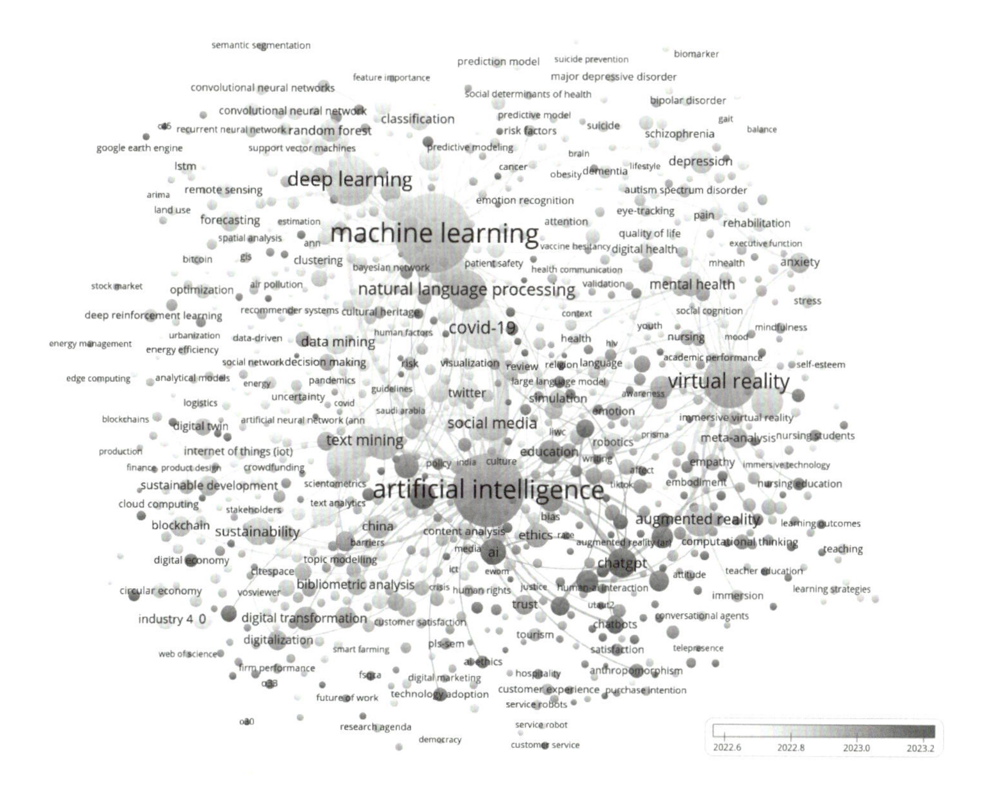

图7-6　2022—2024年研究主题趋势

人工智能作为科学发现工具的功能的延续，作为科学辅助的工作推动科学探索的深度发展。也即人工智能在计算社会科学等领域的深入变革和延伸。

② 人工智能场景作为研究对象。以VR作为典型案例，多数研究聚焦于情绪、精神健康、锻炼、儿童和治疗等领域。因而相关研究聚焦于将虚拟现实等应用于医疗治疗等领域。

③ 人工智能本身作为治理对象。相关研究多以AI为核心，包含了chatgpt、mateverse等关键词。前期较多与情感分析（sentiment analysis）、社交媒体（social media）等相关，当前重点开始与AI的可信度（trust）、偏见（bias）、治理（governance）等关联。也即人工智能的社会治理成为一个重要的方向，成为Social Science of AI的一大方向[7]。

比较2022—2024年的主题演化趋势可见，大数据相关主题的权重降低，增强现实（Augmented Reality）、元宇宙（Metaverse）、LLM、ChatGPT、使用体验、聊天机器人（Chatbots）等研究开始成为新的方向（请见局部

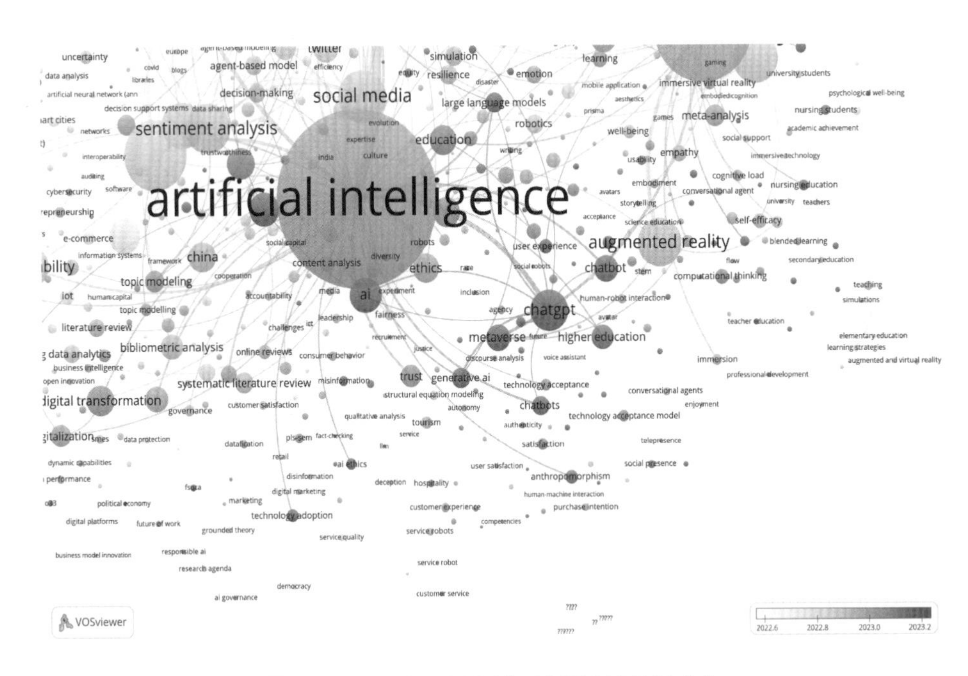

图7-7 2022—2024年AI4SSH前沿方向

放大图7-7）。表明基于LLM的科学研究、融入先验的AI模型开始成为主流。除了AI for Social Science的发展以外，将人工智能作为社会现象，对其中的人机信任、人机互动、教育等垂直场景的研究也成为一大特点。其中，人工智能的关联研究中，伦理、政策、公共健康是重要方向。

人工智能与可持续发展的关联，也成为近年来一个具有特色的方向[8]。在图7-8中，可以发现人工智能与可持续发展的关联形成了一个局部的特色方向。其与区块链、决策支持系统、供应链管理等新型管理工具与管理模式，数字经济、循环经济、工业4.0、数字平台等新经济形态等密切关联，同时也涉及了安全、隐私等社会议题，推动负责任的研究成为未来一个新兴的方向。

人工智能对哲学社会科学研究范式的变革，其创新的方向应为：提升人类福祉。通过对各个领域前沿进行聚类，可得到如表7-1中列示的前沿类别，其中，教育、医疗、行为研究是三大核心主题。

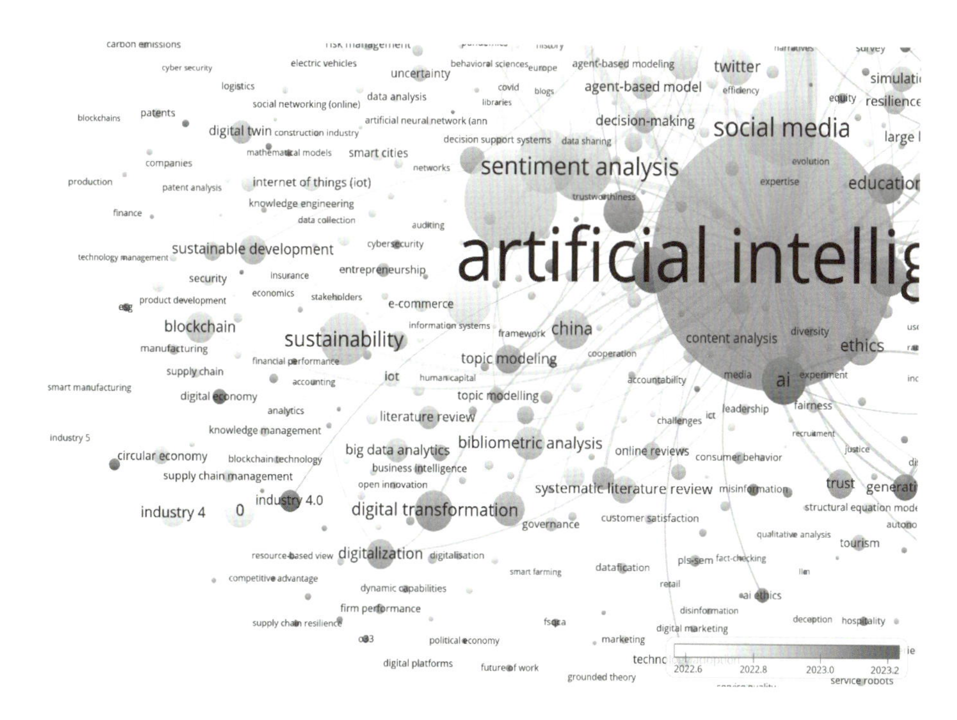

图7-8 人工智能与可持续发展

表7-1　人文社会科学智能前沿主题2022—2024年

排序	研究数	关键词	主题概括
0	20 938	[intelligence, ai, artificial, ly, machine, ve...	人工智能与机器学习
1	5 089	[artificial, ai, intelligence, human, health...	人工智能与人类健康
2	4 998	[reality, virtual, tourism, vr, education, aug...	虚拟现实与旅游
3	2 390	[online, language, news, sentiment, political...	在线语言与新闻情感分析
4	2 264	[covid, 19, pandemic, health, suicide, disorde...	COVID-19与公共卫生
5	1 487	[urban, water, smart, soil, land, city, air, c...	城市智慧水与土壤管理
6	1 428	[digital, supply, business, chain, circular, e...	数字化供应链与商业
7	1 376	[stock, financial, market, volatility, risk, m...	股票市场与金融波动性
8	1 333	[emotional, emotion, intelligence, personality...	情绪智力与个性研究
9	783	[traffic, crash, driving, road, travel, vehicl...	交通事故与道路安全
10	781	[neural, graph, networks, deep, machine, reinf...	神经网络与深度学习
11	666	[energy, climate, carbon, electric, wind, powe...	能源、气候与电力
12	637	[supply, resilience, chain, landslide, disaste...	供应链韧性与灾害管理
13	453	[robots, robot, robotics, service, robotic, hu...	机器人与服务行业中的机器人技术
14	421	[music, speech, recognition, hearing, noise, c...	语音与音乐识别在听力中的应用
15	405	[gender, hiv, women, pregnancy, health, sexual...	性别、HIV与女性健康
16	308	[cancer, breast, pain, patients, diagnosis, tu...	癌症与乳腺痛症诊断
17	246	[alcohol, opioid, drug, disorder, overdose, sm...	成瘾与物质滥用障碍
18	200	[food, eating, obesity, disorders, nervosa, bi...	饮食、肥胖与饮食失调
19	195	[maritime, port, container, ship, shipping, lo...	海运、港口与物流
20	194	[china, chinese, public, government, artificia...	中国的公共治理与人工智能
21	172	[waste, fraud, tax, management, municipal, fin...	废物管理、欺诈与税务管理
22	127	[stroke, diabetes, kidney, diabetic, patients...	中风与糖尿病患者护理

续表

排序	研究数	关键词	主题概括
23	61	[violence, domestic, intimate, partner, pv, vi...	家庭暴力与亲密伴侣暴力
24	53	[dental, dentistry, tooth, teeth, oral, canal...	牙科护理与口腔健康
25	36	[quantum, computers, mechanics, qc, computing...	量子计算与力学
26	35	[dengue, pneumonia, malaria, disease, tubercul...	传染病与疟疾
27	34	[fashion, printing, 3d, clothing, textile, sus...	时尚与3D打印技术
28	27	[palliative, care, readmission, hospice, patie...	姑息治疗与临终关怀
29	23	[data, big, science, theory, from, multidimens...	大数据在科学中的应用与理论

7.1.3　未来发展方向

结合上述前沿进展与主题分布，未来人文社会科学智能的发展方向与趋势如下。

（1）跨学科融合与多领域应用

AI在社会科学和人文学科中的应用日益增多，尤其是通过跨学科的融合，人工智能不仅被应用于计算机科学和工程领域，也开始渗透到健康、法律、政治学、社会学等领域。未来，AI技术将会更广泛地与社会科学和人文学科交叉结合。例如，AI用于解析社会网络、分析文化现象、分析政治舆情等，从而为政策制定和社会管理提供数据支持和预测能力。

（2）伦理与透明性问题

随着AI技术在社会科学和人文学科中的广泛应用，伦理问题变得更加突出。AI如何影响隐私权、信息公平性和社会公正将成为核心议题。未来，AI系统需要更加透明和公平，特别是在处理敏感数据（如健康、教育、法律领域）时。加强AI伦理框架，确保其公平性、无偏见性、透明性和可解释性，将是关键的研究方向。

（3）智能化社会治理与公共管理

AI将在社会治理中发挥重要作用，特别是在公共服务、政策制定、资源分配、灾害管理等领域。例如，AI可以帮助政府实时分析社会舆情，预测公共卫生风险，提升应急响应能力。未来，AI在社会治理中的应用将会更精准和高效。基于数据的决策支持系统将成为政府决策的核心工具，AI技术将促进智能化的政策建议、公共服务个性化以及自动化的政府流程管理。

（4）智能医疗与健康管理

AI在医疗健康领域的应用日益成熟，特别是在个性化治疗、疾病预测、心理健康干预等方面。AI正在成为医学研究、患者诊断和公共卫生监测的重要工具。未来，AI将通过大数据和深度学习，提供更精确的健康管理服务，推动精准医疗的发展。对于老龄化社会和慢性病管理，AI将发挥重要作用，通过智能化的诊断和实时监测提高生活质量。

（5）AI驱动的教育与技能发展

AI技术在教育领域的应用逐渐增多，智能教育工具的普及将助力个性化学习与教育公平的实现。AI能够提供定制化学习路径和实时反馈，有助于弥合教育差距。未来，AI将在教育领域深度融入，不仅会帮助教师提高教学效果，还能够在课程设计、学术研究以及学生评估等方面提供支持。教育AI将针对每个学生的学习特点，提供个性化的学习计划和动态调整。

（6）情感计算与社会心理学

情感计算作为AI4SSH中的一个重要领域，正在变得越来越重要。AI技术能够通过分析情感数据（如语音、面部表情、文本等）来理解个体和群体的情感和行为。未来，AI将在心理健康、社交互动、情感分析等方面发挥重要作用。尤其是在情感AI的帮助下，我们能够更好地理解人的情感

需求，设计更加人性化的社会服务，提供更精准的心理健康干预。

（7）智能化的文化与艺术创作

AI技术在文化与艺术创作中的应用逐渐增多，如生成艺术、音乐创作、文学作品等。AI不仅可以作为创作工具，还能够参与文化遗产的保护和再现。未来，AI将在艺术创作、文化传承和数字人文等领域发挥更大作用。AI技术不仅有助于提升创作效率，还能够让人类艺术家探索新的创作方式，突破传统艺术的局限。

（8）社会网络与舆情分析

AI在社交媒体和社会网络中的应用已成为社会科学研究的重要工具，能够分析大规模的文本数据、社交互动模式、情感波动等。未来，AI将使得社会网络分析更深入和精确。它可以帮助识别社会动态、预测社会趋势、分析舆论风向，甚至用于危机预测与管理。AI在公共舆情管理和社会行为预测中的作用将进一步加强。

（9）AI推动的可持续发展

AI正在成为推动可持续发展的关键技术，尤其是在应对气候变化、资源管理、环境保护等方面的应用。AI可以通过数据驱动的决策模型优化能源使用、减少废物产生、提升资源回收效率等。未来，AI将继续推动绿色科技发展，通过优化各类资源的使用、减少碳排放、提高可再生能源的利用效率等，支持全球可持续发展的目标。

（10）AI的全球影响与国际合作

随着AI技术的迅速发展，各国在应用AI解决社会问题时将面临合作与竞争的双重挑战。特别是如何在全球范围内推动AI技术的共享、确保技术的公平和普惠性。未来，AI将加速全球范围内的合作与创新，尤其是在跨国的社会挑战（如气候变化、公共卫生、教育等）中。国际合作将成为AI技术发展的重要组成部分，尤其是推动各国在AI伦理、隐私保护和技术监管等方面的协调。

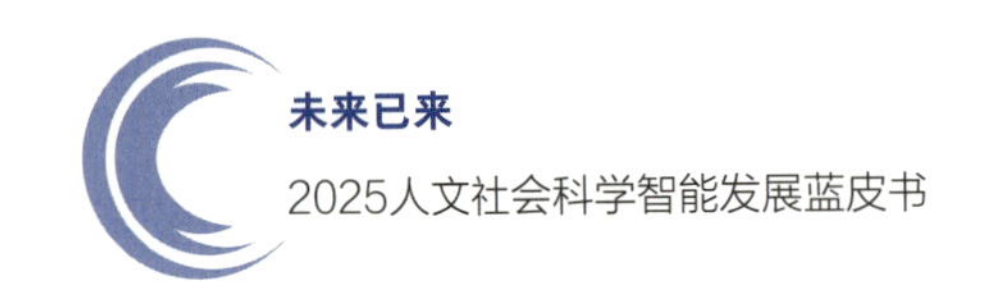

7.1.4 结语

随着人工智能技术的突破，AI正通过“预测工具”“全流程专家”和“智能代理”三大支柱重塑社科与人文研究范式。在预测领域，AI依托深度学习与自然语言处理技术，从社会行为、舆论动向等海量数据中精准预测公共政策影响、疾病传播趋势及文化现象演化，成为决策科学化的核心助力。作为全流程专家，AI贯穿数据采集、分析到决策执行的全链条，通过动态优化模型为教育、心理健康等领域提供个性化解决方案，同时推动跨学科知识整合。而智能代理则进一步替代传统专家角色，在法律文书生成、文化遗产数字化修复等场景中显著提升效率，成为跨领域协作的“虚拟专家”。

在应用层面，AI正从工具升级为协作伙伴。人机协作模式中，AI承担医学影像分析、艺术创意元素生成等重复性任务，人类则聚焦高阶决策与创新表达；垂直领域（如法律、金融、教育）通过专用模型（Domain-Specific AI）实现行业标准化渗透，推动风险评估、自适应学习等场景的精细化发展。技术驱动上，大型语言模型（LLM）凭借文本生成、跨文化研究等能力成为知识整合引擎，而多模态AI通过融合文本、图像与语音数据，催生“文化计算”等新兴方向，打破学科壁垒。

未来趋势将聚焦三大方向：其一，AI向自适应智能系统演进，通过环境感知与动态调整能力提供个性化解决方案（如区域文化差异分析）；其二，伦理与监管框架亟待完善，需通过可解释性AI工具（Explainable AI）解决算法偏见、数据隐私等问题；其三，跨学科融合加速，AI串联社会科学、人文学科与技术领域，推动计算社会学、数字人文2.0等新方法论。最终，AI将从辅助工具转型为“智能协作体”，在解决复杂社会问题的同时，实现人文关怀与技术理性的深度共生，开启人机协同的新纪元。

参考文献

[1] Prabhakaran T, Lathabai H H, George S, et al. Towards prediction of paradigm shifts from scientific literature[J]. *Scientometrics*, 2018, 117(3): 1611−1644.

[2] Grossmann I, Feinberg M, Parker D C, et al. AI and the transformation of social science research[J]. *Science*, 2023, 380(6650): 1108−1109.

[3] Van Noorden R, Perkel J M. AI and science: what 1,600 researchers think[J]. *Nature*, 2023, 621(7980): 672−675.

[4] Ziems C, Held W, Shaikh O, et al. Can Large Language Models Transform Computational Social Science?[J]. *Computational Linguistics*, 2024, 50(1): 237−291.

[5] Tang L. Halt the ongoing decoupling and reboot US-China scientific collaboration[J]. *Journal of Informetrics*, 2024, 18(2): 101521.

[6] Chowdhury G, Chowdhury S. AI- and LLM-driven search tools: A paradigm shift in information access for education and research[J]. *Journal of Information Science*, 2024: 01655515241284046. DOI:10.1177/01655515241284046.

[7] Xu R, Sun Y, Ren M, et al. AI for social science and social science of AI: A survey[J]. *Information Processing & Management*, 2024, 61(3): 103665. DOI:10.1016/j.ipm.2024.103665.

[8] Singh A, Kanaujia A, Singh V K, et al. Artificial intelligence for Sustainable Development Goals: Bibliometric patterns and concept evolution trajectories[J]. *Sustainable Development*, 2024, 32(1): 724−754.

第 8 章
计算社会科学与AI时代的舆论与教育研究*

计算社会科学在AI时代的科学决策、舆论研究和社会观点形成中扮演关键角色，具有诸多应用。计算社会科学为科学决策提供了技术支持，特别是在推进具有中国特色的决策体系方面，展现了强大的发展潜力。生成式人工智能的兴起对舆论主体、过程及研究方法产生了深远影响，推动舆论研究向更智能化和多样化的方向发展。同时，基于计算的社会观点研究揭示了社会观点的传播和演化规律，可帮助识别和应对虚假信息的传播及观点极化等重要现象。

除了对研究的影响，生成式AI更在新闻、宣传和教育实践中，带来了新的模式。通过自动生成内容、个性化推荐，提高了教育和宣传的效率和普及性。这些新模式在强化传播和教育效果的同时，也引发了对内容真实性、道德与隐私的更高关注。

本章将全面分析这些领域的前沿进展及其面临的挑战，展示计算社会科学在应对新时代舆论研究复杂性方面的独特优势。

---

* 本章由周葆华教授牵头编写。

周葆华，复旦大学新闻学院教授，国家级高层次哲学社会科学领军人才，教育部首批青年“长江学者”（2015），国家社科基金重大项目首席专家。

本章提要

- 生成式AI成为舆论主体，推动社交机器人与个性化推荐相结合，对舆论传播产生深远影响，特别是带有社会和政治偏见的AIGC对舆论过程的塑造，引发信息茧房与虚假信息扩散等问题。
- 生成式AI为舆论研究提供新方法，在立场与情感分析、民意调查与预测、行为模拟等方面展现潜力，特别是在情感分析和意见预测上取得了接近传统方法的效果。
- 多模态数据分析通过融合文本、图像和视频等多种数据形式，有助于更准确地识别社会观点的形成与演化，为理解更复杂的社会互动，了解更全面的社会观点，提供了方法支持。
- LLM在情感分析、仇恨言论检测和假新闻识别等方面表现优异，能够有效支持社会观点的研究和虚假信息的识别工作。
- 算法推荐和社交媒体的"回声室"效应加剧了社会观点的极化，亟待加强算法的公平性和透明性，以减少观点分化的负面影响。
- AI技术引发教育深刻变革的同时，也带来了多重挑战和风险，包括个性化学习内容生成的瓶颈、数据偏差及隐私问题、缺乏情感互动等。需要通过注重伦理、安全性和情感分析等手段，优化AI在教育中的应用，确保技术为教育公平和全面发展带来积极影响。

8.1 生成式人工智能影响下的舆论研究*

生成式人工智能（Generative AI）的兴起正在深刻影响舆论的生成和传播过程，也变革舆论研究的方法。本节首先分析生成式AI作为新型舆论主体的崛起及其对舆论生成的影响，然后探讨生成式AI对舆论演变和传播过程的影响，最后阐述生成式AI在舆论研究方法上的革新。

8.1.1 生成式人工智能影响舆论主体

生成式AI影响舆论表达主体的重要表现是其驱动的新型行动者——社交机器人。社交机器人是（至少部分是）由软件控制的社交媒体账户，通过遵循预设指令，执行扩散信息、放大观点等特定任务，对舆论造成潜在影响[1,2,3]。它们既可以在舆论生态中发挥积极作用（如传播公益信息），也可能扮演消极角色（如传播虚假信息），为社会治理带来新挑战。利用生成式AI和大语言模型，社交机器人的能力显著提升，特别是生成令人信服的文本，增强与人类用户的相似性[4,5]。Yang和Menczer[6]根据文本中的格式化信息（如ChatGPT拒绝回答违反OpenAI使用政策问题的“as an AI language model …”），识别了推特上1 140个由生成式AI驱动的机器人账户，发现它们形成了密集的虚假账户集群，大量发布机器生成内容和盗用图片，并通过回复和转发彼此互动，由此促进可疑网站和内容的扩散。同时，该研究发现，检测传统机器人较为有效的工具Botometer几乎无法识别此类生成式AI驱动的新社交机器人。

生成式AI辅助社交机器人发展的另一应用是生成多模态信息。Yang等[7]分析了使用由GANs生成的人脸作为头像的推特账户，发现这些面孔的一大特点是眼睛位置的一致性。由此估计，推特中使用GANs生成头像的账户的流行率在0.021%—0.044%之间，即大约每天有一万个活跃账户。

---

* 本节由周葆华教授，博士生刘金卓、李泓合作撰写。

对生成式AI驱动舆论主体需要有效的检测，现有策略大致可以分为黑盒（black-box）和白盒（white-box）方法[8]。黑盒方法通常被构架为二元分类问题，分类器在人类和机器生成的文本上进行训练，目标是识别机器生成内容的特征，如统计异常[9,10]和语言模式[11,12]。例如，为检测推特中人工智能生成的内容，Kumarage等[13]使用GPT-2生成文本并与人类生成的内容进行比较。Sandler等[14]比较了ChatGPT-3.5生成对话和人类对话，发现前者在社交过程、分析风格、认知、积极聆听和积极情绪等类别中表现更突出。白盒方法则要求大语言模型所有者在生成内容中嵌入特定信号或水印（例如，改变词频），以便后续逆向识别[10,15]。然而，不断进化的生成式AI为检测的可行性打上问号。现有检测方法对非英文内容[16]和短文本的可靠性不足，并在评估随机账户时显示出高假阳性率[17]。

8.1.2　生成式人工智能影响舆论过程

随着生成式AI在推荐系统中的广泛应用，个性化推荐已经从简单的规则匹配和协同过滤进化为具备深度语义理解和推理能力的系统。这些系统通过精准分析用户意图，提供个性化内容推荐，提升用户的满意度和参与度[18]，同时也可能在舆论传播中加剧信息茧房效应。Zhou等[19]发现，基于生成式AI的推荐系统因其能够精准识别用户意图，在用户、数据和推荐系统的反馈闭环中会逐步放大源头偏见，进一步加深“回音室效应”。

生成式AI生成的内容特别是其中的虚假信息容易对舆论生态造成影响。Lloyd等[20]通过对Reddit社区的观察和访谈发现，用户普遍对AI生成内容的可信度存在误区，容易将其误认为真实信息，这种误解对在线社区的互动和讨论产生了影响。通过对100名参与者进行在线问卷调查，Labajová[21]收集他们对AI生成内容的体验和看法并发现，参与者在区分AI生成内容与人类创作内容方面存在显著困难，这种辨别能力的不足导致虚假信息更容易被接受和传播。Lankes[22]分析了生成式AI通过传播虚假信息削弱政治信任的机制，尤其在政治极化严重的国家，生成式内容显著加剧了选民之间的对立。

生成式AI还可能通过其隐含的政治和社会偏见影响舆论。研究表明，生成式AI在生成内容中广泛存在社会偏见。Fang等[23]通过对7种代表性生成式AI生成的新闻内容进行分析，发现模型中普遍存在性别和种族偏见。Cheong等[24]发现了DALL-E Mini生成的图像存在相似的性别和种族偏见。生成式AI还存在明显的政治偏见。不同的大模型在生成政治文本时表现出意识形态偏向，更倾向于自由主义或保守主义，这种偏差主要源于模型的架构设计和训练数据的影响[18,25]。Rozado[26]通过15种不同政治取向的测试评估ChatGPT的表现，发现其中14种测试显示其倾向于左翼立场。

8.1.3 生成式人工智能作为舆论研究的新方法

（1）舆论文本的智能分类

舆论研究会分析公众对特定事件、议题或政策的态度、情感和观点。文本分析解读舆论的构成要素，如立场检测、情感分析、仇恨言论识别等任务。传统文本分析方法通常依赖于大量已标注的数据集，并通过机器学习或深度学习模型进行训练。

生成式AI被认为在零样本（zero-shot）或少样本（few-shot）的情况下能够通过提供简短的任务描述（prompt），有效执行特定的文本分类任务。有研究显示，生成式AI在零样本环境下的虚假信息（Misinformation）、立场（Stance）和情绪分类（Emotion classification）任务中，准确率超过70%[27]。另一研究显示，生成式AI在零样本情感分析（Sentiment analysis）中的准确率在87%—96%之间[28]。GPT-3在少样本情况下对仇恨言论的检测准确率可达85%[29]。

生成式AI还可以通过生成合成数据来缓解数据稀缺，并结合传统模型训练提高性能。研究发现，在主题分类等客观性较强的任务中，基于合成数据训练的模型与基于真实数据训练的模型表现相当。在推文反讽检测任务中，使用少量合成数据训练的模型甚至优于基于真实数据训练的模型[30]。尽管在主观性较高的任务如情感分析中，合成数据效果不如预期，但

结合真实数据后，模型整体准确性和泛化能力显著提升[31]。

（2）反映民意调查的潜力

生成式AI具有模拟人类意见、获取民意的潜力。生成式人工智能能够模拟个人样本。Argyle等[32]提出了硅样本（Silicon sample）的方法，使用大语言模型生成模拟的个体样本，然后聚合这些样本来估算整体民意。生成式AI还可以模拟群体样本。Sun等[33]提出了随机硅采样（Random silicon sampling）的方法，利用大语言模型模拟群体级别的人口统计信息，以估算子群体的意见。研究表明，随机硅采样方法能够在模拟群体意见时取得高精度，与真实数据的KL散度较低（0.002）。基于此生成式AI可以生成合成数据，预测或插补特定民意。Kim和Lee[34]利用AI生成的数据改进对GSS（美国综合社会调查）中缺失数据的预测。

然而，生成式AI在预测民意中也存在偏差问题。大模型更容易代表教育/收入水平高、政治观念激进，以及西方国家群体的民意，而对政治、宗教、社会经济地位处于边缘的群体的观念呈现不足[35,36]。针对不同调查议题，Lee等[37]发现大模型对气候议题的预测不如政治议题，在设定人口统计变量的条件下能有效模拟特定群体的响应，但对部分边缘群体的意见模拟具有偏差。因此，不能简单认为“硅基样本”可以替代“碳基样本”，对其能力和局限要给予充分的实证研究和持续关注。

（3）个体层面的模拟实验

生成式AI可用于模拟个体行为、情感和道德判断等的实验研究。在个体行为的模拟方面，生成式AI能够再现个体在社交情境中的决策过程以及信息处理方式。Aher等[38]提出“图灵实验”概念，设计了涵盖社交互动和信息传播等任务的实验场景，引导大模型生成类似人类的反应。研究结果表明，模型能够较好地再现人类行为模式，其生成的反应与真实人类受试者的结果具有高度相似性。生成式AI还能够模拟群体行为。如Chuang等[39]利用生成式AI进行角色扮演（例如民主党或共和党的支持者），以模拟党派偏见和集体决策过程。

在情感和道德判断的模拟方面，Dillion等[40]设计了一系列经典的心理学任务，包括道德判断、情感反应等，来评估AI在这些任务中的表现。研究发现，在道德判断方面，AI能够表现出与人类参与者高度一致的反应模式，但在情感判断上还存在局限。

（4）舆论动态的仿真与建模

生成式AI可与基于代理的仿真模拟（ABM）整合，用于舆论过程的社会模拟。传统ABM方法依赖设定规则来定义代理行为，通过简单交互规则来模拟群体意见的演化，这种方法在处理复杂社会互动和动态变化时存在局限。生成式AI的引入可以弥补这些不足，AI代理（agents）能够通过自然语言对话更复杂地模拟社会互动。Gao等[41]通过构建包含数千代理的大规模社交网络，模拟了关于性别歧视和核能等社会敏感话题的讨论。Törnberg等[42]指出，通过在虚拟社交媒体环境中部署生成式AI代理，可以模拟新闻推送、用户反馈等机制，揭示信息传播路径及个性化推荐对舆论的影响。

生成式AI还能够通过仿真来模拟偏见和操纵性信息在舆论中的传播。例如，Chuang等[39]基于生成式AI构建代理网络模拟人类意见的动态并发现：在无偏见干预时，代理倾向于生成与主流共识一致的意见；而引入确认偏见（即代理更倾向于接受与自身观点一致的信息）后，代理间的意见分裂显著增强。Cisneros-Velarde[43]发现，基于生成式AI的代理在多次互动中可能表现意见趋同或分裂，这一趋势取决于偏见的类型和强度。这些研究表明，生成式AI与ABM的整合在模拟复杂社会互动和舆论动态方面具有显著潜力。

8.1.4 结语

生成式AI对舆论的影响，体现在从主体到传播过程再到研究方法的多个层面。生成式AI已经被用来驱动社交机器人，成为舆论运行中的新主体。生成式AI与个性化推荐的结合，AI生成内容（AIGC）的传播和扩

散，特别是其中蕴含的社会与政治偏见，都会对舆论过程产生影响。信息茧房、虚假信息扩散和偏见等问题，尤其值得舆论研究高度关注，也需要对生成式AI的发展在技术和伦理层面进行双重规范。

生成式AI作为舆论研究的新方法富有潜力：可以应用于舆论文本的智能分析，尤其在立场和情感分析中展现出优势；在民意调查与预测方面，生成式AI通过引入“随机硅采样”等方法，在部分领域可以接近传统民意调查结果，但也存在意见代表的偏向问题；在实验研究领域，生成式AI可以通过模拟人类行为，推动对于舆论过程的理解；在AI智能体的大规模仿真模拟中，生成式AI通过智能代理角色模拟宏观舆论动态，为理解和预测复杂舆论和社会现象提供了新的方法支持。

参考文献

[1] Ferrara E, Varol O, Davis C, et al. The rise of social bots[J]. *Communications of the ACM*, 2016, 59(7): 96–104.

[2] Yang K-C, Varol O, Hui P-M, et al. Scalable and Generalizable Social Bot Detection through Data Selection[C] *AAAI Conference on Artificial Intelligence*. Hilton New York Midtown, New York, USA, 2020-02-07/2020-02-12.

[3] Keller F B, Schoch D, Stier S, et al. Political astroturfing on Twitter: How to coordinate a disinformation campaign[J]. *Political Communication*, 2020, 37(2): 256–280.

[4] Grimme C, Pohl J, Cresci S, et al. New automation for social bots: From trivial behavior to AI-powered communication[C]*4th Multidisciplinary International Symposium on Disinformation in Open Online Media (MISDOOM 2022)*. hosted virtually by Boise State University, Idaho, USA, 2022-10-11/2022-10-12: 79–99.

[5] Ferrara E. Social bot detection in the age of ChatGPT: Challenges and opportunities[J]. *First Monday*, 2023, 28(6): 96–104.

[6] Yang K C, Singh D, Menczer F. Characteristics and prevalence of fake social media profiles with AI-generated faces[J/OL]. *arXiv preprint arxiv:2402.06345*, 2024.

[7] Yang K C, Menczer F. Anatomy of an AI-powered malicious social botnet[J]. *Journal of Quantitative Description: Digital Media*, 2024, 4: 1–36.

[8] Tang R, Chuang Y N, Hu X. The science of detecting LLM-generated text[C] *ACM Conference on Communications of the ACM*. 2024-04: 50–59.

[9] Gehrmann S, Strobelt H, Rush A M. GLTR: Statistical detection and visualization of generated text[J/OL]. *arXiv preprint arXiv:1909.08628*, 2019.

[10] Kirchenbauer J, Geiping J, Wen Y, et al. A watermark for large language models[C] *40th International Conference on Machine Learning (ICML)*. Honolulu, Hawaii, 2023-07-23/2023-07-29: 17061–17084.

[11] Fröhling L, Zubiaga A. Feature-based detection of automated language models: Tackling GPT-2, GPT-3, and Grover[J]. *PeerJ Computer Science*, 2021, 7: e443.

[12] Guo B, Zhang X, Wang Z, et al. How close is ChatGPT to human experts? Comparison corpus, evaluation, and detection[J/OL]. *arXiv preprint arxiv:2303.08843*, 2023.

[13] Kumarage T, Garland J, Bhattacharjee A, et al. Stylometric detection of AI-generated text in Twitter timelines[J/OL]. *arXiv preprint arxiv:2305.17696*, 2023.

[14] Sandler M, Choung H, Ross A, et al. A linguistic comparison between human and

ChatGPT-generated conversations[J/OL]. *arXiv preprint arxiv:2402.04366*, 2024.

[15] Zhao X, Wang Y X, Li L. Protecting language generation models via invisible watermarking[C] *40th International Conference on Machine Learning (ICML)*. Honolulu, Hawaii, 2023-07-23/2023-07-29: 42187−42199.

[16] Liang W, Yuksekgonul M, Mao Y, et al. GPT detectors are biased against non-native English writers[J]. *Patterns*, 2023, 4(7): 100744.

[17] Yang K C. Social media bots: Detection, characterization, and human perception[D]. *Indiana University*, 2023.

[18] Bang Y, Chen D, Lee N, et al. Measuring political bias in large language models: What is said and how it is said[J/OL]. *arXiv preprint arxiv:2402.06677*, 2024.

[19] Zhou Y, Dai S, Pang L, et al. Source echo chamber: Exploring the escalation of source bias in user, data, and recommender system feedback loop[J/OL]. *arXiv preprint arxiv:2402.06745*, 2024

[20] Lloyd T, Reagle J, Naaman M. 'There has to be a lot that we're missing': Moderating AI-generated content on Reddit[J/OL]. *arXiv preprint arxiv:2305.17727*, 2023.

[21] Labajová L. The state of AI: Exploring the perceptions, credibility, and trustworthiness of the users towards AI-Generated Content[D]. *Malmö University*, Faculty of Culture and Society (KS), School of Arts and Communication (K3), 2023.

[22] Lankes R. Corrosive AI: Emerging effects of the use of generative AI on political trust[D]. *University College Dublin*, 2023.

[23] Fang X, Che S, Mao M, et al. Bias of AI-generated content: An examination of news produced by large language models[J]. *Scientific Reports*, 2024, 14(1): 5224.

[24] Cheong M, Abedin E, Ferreira M, et al. Investigating gender and racial biases in DALL-E Mini images[J]. *ACM Journal on Responsible Computing*, 2024, 1(2): 13.

[25] Motoki F, Pinho Neto V, Rodrigues V. More human than human: Measuring ChatGPT political bias[J]. *Public Choice*, 2024, 198(1): 3−23.

[26] Rozado D. The political biases of ChatGPT[J]. *Social Sciences*, 2023, 12(3): 148.

[27] Ziems C, Held W, Shaikh O, et al. Can large language models transform computational social science?[J]. *Computational Linguistics*, 2024, 50(1): 237−291.

[28] Krugmann J O, Hartmann J. Sentiment analysis in the age of generative AI[J]. *Customer Needs and Solutions*, 2024, 11(1): 3.

[29] Chiu K L, Collins A, Alexander R. Detecting hate speech with GPT-3[J/OL]. *arXiv preprint arxiv:2109.08972*, 2021.

[30] Mitchell E, Lee Y, Khazatsky A, et al. DetectGPT: Zero-shot machine-generated text detection using probability curvature[C] *40th International Conference on Machine Learning (ICML)*. Honolulu, Hawaii, 2023-07-23/2023-07-29.

[31] Meng Y, Huang J, Zhang Y, et al. Generating training data with language models: Towards zero-shot language understanding[C] *Advances in Neural Information Processing Systems (NeurIPS)*. New Orleans, Louisiana, 2022-11-28/2022-12-09: 462–477.

[32] Argyle L P, Busby E C, Fulda N, et al. Out of one, many: Using language models to simulate human samples[J]. *Political Analysis*, 2023, 31(3): 337–351.

[33] Sun S, Lee E, Nan D, et al. Random silicon sampling: Simulating human sub-population opinion using a large language model based on group-level demographic information[J/OL]. *arXiv preprint arxiv:2402.06758*, 2024.

[34] Kim J, Lee B. AI-Augmented surveys: Leveraging large language models and surveys for opinion prediction[J/OL]. *arXiv preprint arxiv:2305.17736*, 2023.

[35] Durmus E, et al. Towards measuring the representation of subjective global opinions in language models[J/OL]. *arXiv preprint arxiv:2305.17745*, 2023.

[36] Santurkar S, et al. Whose opinions do language models reflect?[C] *40th International Conference on Machine Learning (ICML)*. Honolulu, Hawaii, 2023-07-23/2023-07-29.

[37] Lee S, et al. Can large language models capture public opinion about global warming? An empirical assessment of algorithmic fidelity and bias[C] *74th Annual Conference of the International Communication Association*. Gold Coast, Australia, 2024-06-20/2024-06-24.

[38] Aher G V, Arriaga R I, Kalai A T. Using large language models to simulate multiple humans and replicate human subject studies[C] *40th International Conference on Machine Learning (ICML)*. Honolulu, Hawaii, 2023-07-23/2023-07-29.

[39] Chuang Y S, Harlalka N, Suresh S, et al. The wisdom of partisan crowds: Comparing collective intelligence in humans and LLM-based agents[C] *46th Annual Conference of the Cognitive Science Society. Rotterdam*, the Netherlands, 2024-07-24/2024-07-27.

[40] Dillion D, Tandon N, Gu Y, et al. Can AI language models replace human participants?[J]. *Trends in Cognitive Sciences*, 2023, 27(7): 597–600.

[41] Gao C, Lan X, Lu Z, et al. S3: Social-network simulation system with large language model-empowered agents[J/OL]. *arXiv preprint* arxiv:2305.17754, 2023.

[42] Törnberg P, Valeeva D, Uitermark J, et al. Simulating social media using large language models to evaluate alternative news feed algorithms[J/OL]. *arXiv preprint arxiv:2305.17763*, 2023.

[43] Cisneros-Velarde P. On the principles behind opinion dynamics in multi-agent systems of large language models[J/OL]. *arXiv preprint arxiv:2402.06776*, 2024.

8.2 基于计算的社会观点形成与演化*

"社会观点"（Social opinion）指的是个人或群体对某一社会现象、事件或问题的看法、态度和解释方式。这些观点通常受到文化、教育、社会结构、个人经历等多种因素的影响，并在社会互动中形成和发展。随着大数据、人工智能和大语言模型等新兴技术的快速发展，基于计算的社会观点研究已成为理解复杂社会系统的重要工具，呈现出多学科交叉融合的特征。基于计算的社会观点形成与演化的研究涉及新闻传播学、社会计算、社会学、心理学等多个学科。大数据和人工智能技术的应用使得研究者能够从海量数据中挖掘社会观点形成和演化的规律，本节将从基于多模态数据的社会观点形成、传播、虚假信息检测、观点极化等角度对于当前基于计算的社会观点形成与演化的相关研究进行梳理和总结。

8.2.1 基于多模态数据的社会观点识别研究

社会观点融入文字、图片和视频等载体的传播内容，使得多模态数据分析成为社会观点研究的基础研究工具。多模态数据分析框架能够同时处理文本、图像和视频等类型的数据。这种方法能够更全面地捕捉传播内容的观点和情感，为准确理解社会观点的形成提供了计算基础。Liu等[1]在深度学习模型的基础上提出了基于关键词二次匹配过滤的涉事主体识别方法，在不同场景中的实验结果表明，可以将社会观点涉事主体的识别准确率提高至95%。结合主题信息和跨模态融合技术，Wang等[2]提出了一种多模态情感分析方法，对社交媒体评论中的情感进行有效分类。Fan等[3]提出了深度多模态融合模型，该模型通过整合社交媒体平台的图像来

---

*　本节由刘建国教授和李仁德副研究员撰写。

刘建国，上海财经大学数字经济系讲席教授，博士生导师，中国人工智能学会社会计算与智能社会专委会副主任，上海市东方学者。

李仁德，上海理工大学图书馆副研究馆员。

改进公共紧急事件期间的情感分析准确性。Ahaotu等利用多模态数据分析方法，通过对文本、字体、图像、颜色和框架增强整体主题的语言–视觉同步性进行建模分析，展示了如社会正义和全球激进主义等社会观点的演化特征[4]。此外，GPT-4V等大模型在多模态社会观点分析任务中表现出色。例如，在情感分析、仇恨言论检测、假新闻识别、人口推断和政治意识形态检测等方面表现优异[5]。

8.2.2　社会观点的传播与演化分析

在社会观点识别的基础上，社会观点的传播与演化成为当前社会观点研究的另一个重要内容。由于社会观点在传播过程中存在概念漂移、主题演化等问题，很难通过全自动化的方式从文本、图片和视频等多模态数据中自动挖掘社会观点的传播与演化。基于人机融合的思想，Li等[6]提出了社会观点传播与演化的分析框架。考虑到社会观点具有快速演化的特征，该框架提出了基于机器学习的媒体数据快速聚类，类别关系识别和融合分析的研究框架。首先，对媒体数据按照时间片段进行划分，提出了基于Single Pass算法的社会观点识别方法，实现了对于媒体数据的快速聚类。考虑到目前的机器学习和大语言模型等自然语言处理分析方法很难准确识别每个类内的社会观点，因此无法实现社会观点标签的自动生成。因此，引入专家的专业知识，通过对规模最大的若干类别的内容进行贴标，实现社会观点的半自动生成分析。其次，根据不同类别的语义相似性构建类别演化关系网络，通过标签传播方法对于不同时间片段内的社会观点进行识别，并且计算不同社会观点之间的转移概率。最后，通过不同时间片段社会观点的耦合分析，构建基于人机融合方法的社会观点传播与演化图景。社会观点的传播与演化分析框架之外，不同媒介对于社会观点的传播与演化具有重要影响。例如，Pansanella等[7]分析了大众媒体等传播媒介在带有偏见的环境中对于社会观点演化的影响，通过实证分析发现开放性较强的人群更容易受到传播媒介的影响，进而影响社会观点的传播与演化。除了传播媒介，社会观点传播与演化过程中的观点传播者(influencers)的作用同样十分重要，Helfmann等[8]实证分析了传

播者与传播媒介的互动关系对于社会观点传播与演化的影响，发现观点传播者与传播媒介的互动会显著影响社会观点的传播与演化，进而导致社会观点的分裂或整合，而传统媒体则通过其稳定的立场来对抗这些影响。Zhou等[9]研究了传播者之间的社会网络结构对于社会观点传播的影响，提出传播者被别人影响以及对别人的有影响共同影响了社会观点的形成与演化，进而提出了基于影响力和被影响力的网络模型，通过实证数据对不同传播者在社会观点形成与演化过程中的作用进行定量分析，发现结合影响力和被影响力的指标可以准确预测Twitter和微博上社会观点的传播与演化过程。进而，Ou等[10]总结了基于社会网络的社会观点传播与演化方面的研究进展，并且对不同方法的优缺点进行了梳理和总结。

大规模语言模型在社会观点的传播与演化分析领域展现出巨大潜力，已经被广泛应用于社会观点分析。它们不仅能够更准确地理解和分析社会观点的内容，还能生成高质量的文本，为社会观点研究提供了新的工具和方法。Zhang等[11]发现大规模语言模型在社会观点的识别与演化分析方法上的表现超越了经典的深度学习模型。Xu等[12]发现大规模语言模型（LLMs）能够模拟大量人类行为，尤其能够准确预测社会观点的形成和演化。Ding等[13]通过大规模语言模型（LLMs）分析了社交媒体中的社会观点形成与演化模式。Jakesch等[14]发现使用带有观点的大规模语言模型（LLMs）能够影响用户的社会观点。Liu等[15]通过大规模语言模型模拟了公众对于虚假新闻的态度变化，揭示了虚假新闻传播对于社会观点形成和演化的复杂影响。Breum等[16]研究了大规模语言模型在构建说服性论据中的作用，发现模型生成的包括事实知识、信任标记和支持性表达的论据在改变意见，影响社会观点传播与演化方面具有显著的影响。

8.2.3　虚假信息在社会观点传播中的检测

虚假信息的快速传播给社会观点的形成与演化带来了巨大挑战，研究者开发机器学习、深度学习、图神经网络等虚假新闻检测方法能够识别社交观点演化中的虚假信息。这些方法不仅考虑了内容特征，还融合了用户

交互和传播模式，显著提高了检测的准确性[17]。Hamed等[17]提出了基于情感分析新闻内容和用户评论情感分析的双向长短期记忆模型，检测在社交媒体社会观点传播中的虚假新闻，达到了96.77%的准确率。通过分析虚假账号对人类账号的影响，Fahmy等[18]基于社交影响理论研究了不同类型账号在社会观点传播与演化过程中的作用，发现假账号通过在短时间内影响人类账号，加速了谣言等社会观点的传播。Dhiman等[19]通过科学计量学分析了2016年以来深度学习方法在假新闻检测领域的趋势，发现与社交媒体监控和公众态度监测相关的研究主题尚未得到充分研究。

深度学习和多模态方法在提升社交媒体中假新闻和谣言检测的准确性、应对复杂挑战等方面具有显著优势。Shu等[20]回顾了多模态假新闻检测方法，强调通过整合文本、视觉和网络数据，可以显著提升假新闻识别的准确性。Hayawi等[21]探讨了深度学习方法在检测复杂社交媒体机器人方面的优异表现，特别是在应对模仿人类行为的高级机器人时效果显著。Gorrell等[22]分析了立场检测在谣言验证中的应用，认为立场检测有助于识别用户对信息的态度，从而提高谣言检测的准确性。Zhou等[23]评估了机器学习，尤其是深度学习模型，在处理复杂和多样化假新闻数据方面的潜力。Alkhodair等[24]研究了深度学习在谣言检测和预防中的应用，指出数据不平衡问题和多语言环境的挑战。Li等[25]总结了当前深度学习方法在谣言检测中的进展，强调在应对实时性和跨平台传播等问题上仍面临挑战。

8.2.4 社会观点的极化现象

已有的研究结果表明，社交媒体上的交流加剧而非缓解观点极化，暴露于对立政治观点可能导致人们更加坚持自己的立场，而不是促进理解和妥协，这种现象不仅影响个人观点的形成，还可能对社会观点的形成与演化产生深远影响。Jiang等[26]发现社交媒体上的观点极化主要由三个因素引发：讨论中的同质性、社交媒体讨论中的冲突以及假信息的传播。Krylov发现[27]社交媒体的固有算法会导致公众意见的两极分化。Rum等[28]发现社交媒体平台通过“回声室”和“过滤泡泡”促进了政治极化，

加剧了公共意见的分裂。Kothur等[29]研究了社交媒体软件对于观点极化的影响机制，发现社交媒体新闻消费通过共鸣机制最显著地培养了意见极化，WhatsApp特别加强了这一效果，而YouTube则削弱了这一效果。Franceschi等[30]发现社交媒体上意见的两极分化是由虚假信息的传播以及不同社区的互动模式所驱动的，这导致了双峰意见分布的形成。Interian等[31]对用于处理网络极化的网络极化度量和模型进行了注释性综述，并识别了多种图和网络中测量极化的方法，包括基于同质性、模块性、随机游走和平衡理论的方法。同时，探讨了减少极化的策略，如提议对边或节点进行编辑（包括插入或删除以及边权重的修改）、改变社交网络设计或改变嵌入在这些网络中的推荐系统。

8.2.5　当前研究的问题与挑战

基于计算的社会观点形成及演化研究已经取得了丰富的研究成果。同时，现代信息技术的广泛应用也为社会观点的形成与传播带来了挑战。例如，算法可能强化用户的既有立场，加剧社会观点的分化。如何设计公平、透明的算法，减少偏见的影响，成为亟须解决的问题。为了解决基于计算的社会观点研究中遇到的问题，建议从算法公平性，人机融合的分析模型与方法，跨平台数据的共享机制等方面促进这方面的研究工作。首先，制定算法公平性评估标准，要求重要的观点分析系统接受第三方审核。鼓励企业公开算法原理，接受社会监督。建议设立算法问责制度，要求社交媒体平台定期公布其推荐算法对用户观点形成的影响评估报告。其次，构建人机融合分析模型和方法，发展跨平台数据共享机制。建立跨平台数据共享机制，为学术研究和公共政策制定提供全面数据支持。同时制定严格的数据使用规范，防止滥用。可以考虑建立国家级的社交媒体数据库，在保护隐私的前提下，为研究者提供丰富的数据资源。最后，鼓励传播学、计算科学、社会学、心理学等学科的交叉融合，培养能够综合运用多学科知识的复合型人才，提升对复杂社会系统的建模能力。建议设立“计算传播学”研究方向，培养既懂“计算”又懂“传播”的复合型人才。

参考文献

[1] Li R D, Ma H T, Wang Z Y, et al. Entity Perception of Two-Step-Matching Framework for Public Opinions[J]. *Journal of Safety Science and Resilience*, 2020, 1: 36–43.

[2] Wang K, Jin T. Multimodal Social Media Sentiment Analysis Based on Cross-Modal Hierarchical Attention Fusion[J]. *Lecture Notes in Computer Science*, 2021, 13041: 43–53.

[3] Fan T, Wang H, Wu P, et al. Multimodal Sentiment Analysis for Social Media Contents During Public Emergencies[J]. *Journal of Data and Information Science*, 2023, 8(2): 100–115.

[4] Ahaotu J O, Oshamo O A. A Multimodal Discourse Analysis of Selected Social Media Posts on the #BlackLivesMatter Protest[J]. *Journal of Pragmatics and Discourse Analysis*, 2023, 2(1): 32–44.

[5] Lyu H, Huang J, Zhang D, et al. GPT-4V(ision) as A Social Media Analysis Engine[J/OL]. *ArXiv Preprint arxiv. 2305.17785*, 2023.

[6] Li R D, Guo Q, Zhang X K, et al. Reconstruction of Unfolding Sub-Events From Social Media Posts[J]. *Frontiers in Physics*, 2022, 10: 918663.

[7] Pansanella V, Sîrbu A, Kertesz J, et al. Mass Media Impact on Opinion Evolution in Biased Digital Environments: A Bounded Confidence Model[J]. *Scientific Reports*, 2023, 13(1): 14600.

[8] Helfmann L, Djurdjevac Conrad N, Lorenz-Spreen P, et al. Modelling Opinion Dynamics under the Impact of Influencer and Media Strategies[J]. *Scientific Reports*, 2023, 13(1): 19375.

[9] Zhou F, Lu L, Liu J, et al. Beyond Network Centrality: Individual-level Behavioral Traits for Predicting Information Superspreaders in Social Media[J]. *National Science Review*, 2024, 11(7): nwae073.

[10] Ou Y, Guo Q, Liu J. Identifying Spreading Influence Nodes for Social Networks[J]. *Frontiers of Engineering Management*, 2022, 9(4): 520–549.

[11] Zhang Z, Peng L, Pang T, et al. Refashioning Emotion Recognition Modelling: The Advent of Generalised Large Models[J/OL]. *ArXiv Preprint arxiv. 2305.17795*, 2023.

[12] Xu Y, Nandi A, Markopoulos E. Application of Large Language Models in Stochastic Sampling Algorithms for Predictive Modeling of Population Behavior[C] *AHFE International Conference on Human Factors and Systems Interaction*. 2023.

[13] Ding X, Çarik B, Gunturi U, et al. Leveraging Prompt-Based Large Language Models: Predicting Pandemic Health Decisions and Outcomes Through Social Media Language[C] *Proceedings of the 2024 CHI Conference on Human Factors in Computing Systems*. 2024.

[14] Jakesch M, Bhat A, Buschek D, et al. Co-Writing with Opinionated Language Models Affects Users' Views[C] *Proceedings of the 2023 CHI Conference on Human Factors in Computing Systems*. 2023.

[15] Liu Y, Chen X, Zhang X, et al. From Skepticism to Acceptance: Simulating the Attitude Dynamics Toward Fake News[J/OL]. *ArXiv Preprint arxiv.2402.06805*, 2024.

[16] Breum S M, Egdal D V, Mortensen V G, et al. The Persuasive Power of Large Language Models[C] *Proceedings of the International AAAI Conference on Web and Social Media*. 2024, 18: 152–163.

[17] Hamed S K, Ab Aziz M J, Yaakub M R. Fake News Detection Model on Social Media by Leveraging Sentiment Analysis of News Content and Emotion Analysis of Users' Comments[J]. *Sensors*, 2023, 23(4): 1748.

[18] Fahmy S G, AbdelGaber S, Karam O H, et al. Modeling the Influence of Fake Accounts on User Behavior and Information Diffusion in Online Social Networks[J]. *Informatics*, 2023, 10(1): 27.

[19] Dhiman P, Kaur A, Iwendi C, et al. A Scientometric Analysis of Deep Learning Approaches for Detecting Fake News[J]. *Electronics*, 2023, 12(4): 948.

[20] Shu K, Wang S, Liu H. Multimodal Fake News Detection on Social Media: A Survey of Deep Learning Techniques[J]. *ACM Transactions on Information Systems (TOIS)*, 2019, 37(4).

[21] Hayawi K, Saha S, Masud M M, et al. Social Media Bot Detection with Deep Learning Methods: A Systematic Review[J]. *Neural Computing and Applications*, 2023, 35(12): 8903–8918.

[22] Gorrell G, Bontcheva K. Review of Stance Detection for Rumor Verification in Social Media[J]. *Journal of Artificial Intelligence Research*, 2019, 66: 409–446.

[23] Zhou X, Zafarani R. A Comprehensive Survey on Machine Learning Approaches for Fake News Detection[J]. *ACM Transactions on Intelligent Systems and Technology* (TIST), 2020, 11(3): 1–43.

[24] Alkhodair S A, Ding S H, Fung B C M, et al. A Survey on Rumor Detection and Prevention in Social Media Using Deep Learning[C] *Proceedings of the 2020 IEEE International Conference on Big Data (Big Data)*. 2020: 4553–4561.

[25] Li R, Yang Z. Research Status of Deep Learning Methods for Rumor Detection[J]. *Journal of Information Science*, 2021, 47(6): 769−783.

[26] Jiang T. Studying Opinion Polarization on Social Media[J]. *SyncSci Journals*, 2022, 2(2): 103−115.

[27] Krylov A. Bifurcation of Public Opinion Created by Social Media Algorithms[J]. *Andrology*, 2022, 30(3): 261−267.

[28] Rum S N M, Mohamed R, Asfarian A. Identifying Political Polarization in Social Media: A Literature Review[J]. *Applied Sciences and Engineering Technology*, 2023, 34(1): 80−89.

[29] Kothur L, Pandey V. Role of Social Media News Consumption in Cultivating Opinion Polarization[J]. *Information Technology & People*, 2023, 37(6): 1015−1034.

[30] Franceschi J, Pareschi L, Bellodi E, et al. Modeling Opinion Polarization on Social Media: Application to Covid-19 Vaccination Hesitancy in Italy[J]. *Plos One*, 2023, 18(10): e0291993.

[31] Interian R, Marzo R G, Mendoza I, et al. Network Polarization, Filter Bubbles, and Echo Chambers: An Annotated Review of Measures and Reduction Methods[J]. *International Transactions in Operational Research*, 2023, 30(6): 3122−3158.

8.3 挑战与应对：AI+教育的多重审视*

AI技术在教育界掀起的是一场“革命”，不仅改变了教与学的方式，更重塑了教师和学生的角色，进而带来教育范式的深层次变革。教师从传统的知识传递者转变为注重评估、指导和监督学生学习的“教练”[1]，AI技术则逐渐演化为学生学习的促进者，智能适应个体的学习需求[2]，两者的协同合作弥合了教与学之间的沟壑，让教师得以专注于个性化教学和创造性教学，发挥人类特有的情感交流与道德引导作用，促进学生的全面发展和终身学习能力培养[3]。尤其对那些有特殊需求的学生而言，AI技术扩大了他们获取优质教育资源的机会，提供了更丰富的学习体验。例如，专为残疾学生设计的AI教育工具可以给学生提供更经济、更高质量的学习环境和材料[4]。

然而，随着AI技术的深入应用，人们也越来越意识到变革带来的不仅是机遇和发展，也有挑战和风险，需审慎应对，平衡好技术优势与教育本质的关系，确保AI技术能为学生和社会带来真正的长远利益。

8.3.1 技术应用于教育领域的风险与挑战

和所有技术革新一样，AI技术应用于教育带来的影响有利有弊。以下从技术和社会的双重视角，探讨AI技术给教育发展带来的挑战和潜在风险。

第一，AI技术对教育过程数据的洞察力有限。尽管借助AI技术可以提取和分析教育过程中产生的大量数据，但却很难用模型深入理解学习者的学习过程及其背后的复杂因素[5]，因为学习成效不仅受学生个人因

---

① 本节由刘虹副研究员、博士生秦煜萱共同撰写。

刘虹，复旦大学发展研究院副研究员，主要从事教育政策、教育管理研究。

秦煜萱，复旦大学高等教育研究所博士研究生，主要从事国际与比较教育和STEM教育研究。

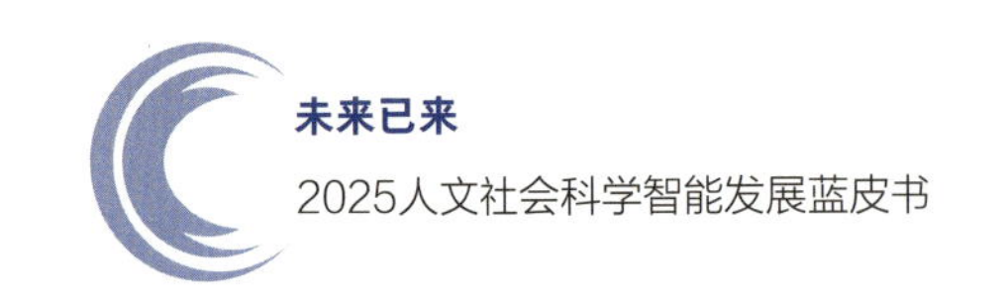

素（如学习动机和背景知识）影响，还受环境和教师影响，AI数据分析很难全面把握其中的动态交互。虽然也有研究表明结合人机交互（Human-Computer Interaction，HCI）和AI技术，尤其是在模型解释阶段引入相关方法可以显著提升AI在教育中的应用效果[6]。例如，教师利用交互式反馈机制能及时获取学生学习进展的详细信息，以此调整教学策略，以及为学生提供更具个性化的学习体验，进而提升学习效率，但总体来看，AI技术对学生学习过程的理解还有待进一步深入。

第二，高质量个性化学习内容的生成存在瓶颈。尽管AI技术能够基于学生的学习反馈和需求定向推送学习材料，但这本质上是技术对知识库的总结和重组，看起来是“再生产”与“再加工”的过程，但事实上改变的是材料的呈现顺序，对学习成效的提升作用相对有限。真正有效的学习更依赖学生的深度参与和反馈。因此，AI技术如何即时有效生成满足不同学生需求的全新个性化内容面临挑战[7]。首先，生成高质量学习内容需要深入理解学科知识结构及其内在联系，这一过程不仅涉及内容准确性，还需兼顾教育目标与学习者的认知发展。其次，生成的内容要有足够的深度与广度，使学生能够在掌握基础知识的同时，培养批判性思维和创新能力。尽管AI技术在教育领域展现出巨大潜力，但在内容生成方面仍需跨越重重难关。

第三，“AI教师”设计的教学过程适切性有待提升。“真人教师”在激励学生学习和帮助学生取得高学业成绩方面有不可替代的作用，这主要源于教师与学生之间的情感链接与人际互动。研究表明，教师的情感支持与反馈不仅影响学生的学习动机，还能促进学生的社会性和情感发展。相较之下，“AI教师”缺乏深层次的人际互动能力，难以有效识别和回应学生的情感需求，可能导致学生在学习过程中感到孤立和缺乏动力。“AI教师”在面对复杂课堂动态时，也很难灵活调整教学策略以满足不同学生的即时需求，因此可能导致教学有效性和适切性的降低[8]。

第四，训练数据匮乏影响AI+教育应用效果。人工智能的性能和预测能力在很大程度上依赖于海量的训练数据[9]。但在教育这一敏感且高风险

的领域，收集足够数量的训练样本面临挑战。首先，教育数据中的学生个人信息和学习表现涉及隐私和伦理问题，很多国家出台数据保护法规对收集、存储和使用学生数据进行严格限制。其次，不同学校、地区和文化背景下，学生的学习方式、动机和需求存在显著差异，这意味着需要针对不同群体设计和收集特定数据，广泛样本收集困难进一步限制了AI模型的泛化能力和准确性[10]。如何在确保数据安全与隐私的同时，构建丰富且高质量的训练数据集，成为AI+教育领域亟待解决的重要问题[11]。

第五，数据偏差引发的风险在教育领域尤为突出。AI系统的性能高度依赖于算法和数据。若数据存在偏差，不仅模型预测不准，还可能引发系列后果。例如，某些学习者群体可能因数据偏差而陷于劣势地位，从而导致或加剧教育不平等。导致数据出现偏差的原因很复杂，有可能是训练数据来自特定学校或区域，模型普适性不足，样本选择的不均衡导致算法在某些特定背景下的有效性高于其他背景，进而在评估学生表现时出现不公正的结果。也有可能是数据收集受到主观判断影响，部分群体的需求和表现未得到准确反映。无论何种原因，基于偏差数据做出的判断都可能会误导教育政策和实践，进而影响教育资源合理配置[12]。

第六，数据隐私安全保障不足引发多重教育风险。AI技术的广泛应用虽有助于提升教学质量和效率，但学生、教师以及学校的各类数据同时也面临信息泄露、滥用和未经授权的访问等风险[13]。教育数据往往涉及学生的个人信息、学习成绩、行为模式等敏感数据，这些信息如果得不到妥善保护，就可能被恶意使用或滥用。数据一旦泄露，不仅对学生成长造成直接影响，亦对学校声誉和公信力产生打击。有研究强调，数据的存储、共享和销毁等都应符合透明性和合规性，并应告知教师、学生及家长如何保护教育过程中的个人信息[14]。

第七，AI+教育可能引发技术之外的社会问题。首先，AI技术在教育教学场景的广泛应用可能导致学生对技术过度依赖，在虚拟空间中寻求归属感，减少与真实世界的互动[15]，削弱学生、同伴及教师之间的互动，增加学习者的孤独感[16]，影响身心健康和个性发展。其次，AI技术可能加剧教育资源的不平等，经济条件有限的家庭、学校会面临更大压力，不仅可能导致部分学校教育质量下降，也可能会加大经济困难学生获取优质教育的难度，影响教育公平[17]。

8.3.2 AI+教育的未来探索和发展方向

一是注重伦理与隐私问题辨识。开发符合伦理的AI教育算法是一项复杂任务，因为伦理实践的标准在不同的文化环境与教育环境中存在差异。在分析和识别学生数据模式时，必须减轻偏见并妥善处理隐私问题。例如，获取学生的在线搜索行为可能影响学生长期发展。因此，AI+教育的研究者需要探索如何有效驯服算法，确保其符合伦理道德。有研究指出，在教育中应用AI工具时，需特别考虑公平性、问责性和透明度等问题[18,19]。有学者讨论了K-12教育环境中的伦理挑战，指出自动文本生成工具（如ChatGPT）的出现给教育带来了新的伦理问题[20,21]。尽管已有部分进展，但如何在AI+教育时代确保教育过程的伦理与责任归属，仍是亟待进一步探索的话题[22]。

二是关注学生评估与成绩预测。最小化偏见评估是教育工作者面临的重要任务，需要在评分和评估中尽量减少个人偏见的影响。AI技术可以通过数据筛查和分析来帮助减少主观性偏差，但在设计过程中必须充分考虑教师的态度和参与感。当前，多数研究依赖于不可解释的“黑箱”模型，这种模型虽然在其他领域取得了一定成效，但在教育领域则显得不够理想[23]。因为教育评估不仅关乎结果的准确性，还需要模型具备透明性和解释性，以便教育工作者理解并信任其运作机制。因此，未来的AI评估工具应朝着可解释性和透明性方向发展，使其在减少偏见的同时，真正适用于教育场景。

三是关注AI深化学生个性化学习。个性化学习的实现包括定制化教学法和即时生成课程内容等多个方面。基于AI的解决方案在开发有效的教学模型、策略和方法方面表现出色[24]，但仍需在寻找最适合每个学习者的教学方法方面展开探索。虽然AI技术在推荐学习内容方面效果显著，但如何

将其应用于课程内容的即时生成仍需深入探究，这将极大改变教育的组织方式与规则[25]。优化学习日程与活动安排也可成为未来AI+教育的一个发展方向[26]，AI模型的开发将为实现高效学习计划制定提供更优思路[27]。

四是发展AI在教育中的情感分析功能。情感分析在教育中的应用可帮助教师和家长更好地理解学生的反馈和学习体验。在AI+教育时代，情感分析能够有效预测潜在的学业风险，帮助提高学生的学业表现。同时，对学生反馈的情感分析也有助于促进个性化学习工具的开发[28]，其中的视觉情感分析则能够从视觉内容中提取学习者的意见与情感，自动过滤和总结视觉教育内容，从中挖掘学生的兴趣所在，进而激发学生学习动力[29,30]。

五是优化和完善AI+教育应用规范。AI技术应用于教育领域时应当坚持审慎原则，不准确或不当的AI技术应用可能对教育发展产生深远影响，因此应将这些应用纳入全面的风险评估框架，识别和分析潜在风险及可能的后果，并采取相应措施。同时，也应开展深入研究，确定在何种情境下AI技术优于传统统计方法，从而使其能够在教育中得到合理和有效的应用。此外，AI系统对数据的高度依赖要求在算法设计时必须将安全性放在首位，明确区分敏感数据与非敏感数据，定期分析并评估教育教学过程中产生的各类信息及其使用情况，及时发现并处理潜在威胁。

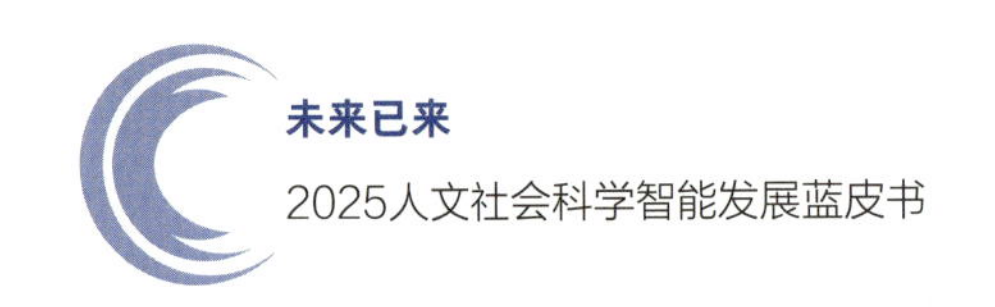

参考文献

[1] DZone. Will AI replace teachers[EB/OL]. 2023-07-19. https://tinyurl.com/yxyl6lft.

[2] Lameras P, Arnab S. Power to the teachers: An exploratory review on artificial intelligence in education[J]. *Information*, 2021, 13(1): 14.

[3] Wang Y, Han P, Shi L. The practical study of the collaborative teaching mode of "AI-teacher" in the 5G era[C] *Proceedings of the 7th International Conference on Humanities and Social Science Research*. 2021: 772−775.

[4] Drigas A S, Ioannidou R-E. Artificial intelligence in special education: A decade review[J]. *International Journal of Engineering Education*, 2012, 28(6): 1366.

[5] Rosé C P, McLaughlin E A, Liu R, et al. Explanatory learner models: Why machine learning (alone) is not the answer[J]. *British Journal of Educational Technology*, 2019, 50(6): 2943-2958. DOI:10.1111/bjet.12806.

[6] Fiacco J, Cotos E, Rosé C. Towards enabling feedback on rhetorical structure with neural sequence models[C] *Proceedings of the 9th International Conference on Learning Analytics and Knowledge*. 2019: 310−319.

[7] Steam Universe. Emerging technology driving education IT[EB/OL]. 2020-04-13. https://tinyurl.com/w8cfole.

[8] Alam A. Should robots replace teachers? Mobilization of AI and learning analytics in education[C] *Proceedings of the International Conference on Advanced Computing, Communication, Control*. 2021: 1−12.

[9] Ahmad K, Maabreh M, Ghaly M, et al. Developing future human-centered smart cities: Critical analysis of smart city security, data management, and ethical challenges[J]. *Computer Science Review*, 2022, 43.

[10] Steam Universe. Emerging technology driving education IT[EB/OL]. 2020-04-13. https://tinyurl.com/w8cfole.

[11] Avella J T, Kebritchi M, Nunn S G, et al. Learning analytics methods, benefits, and challenges in higher education: A systematic literature review[J]. *Online Learning*, 2016, 20(2): 13−29.

[12] Holmes W, et al. Ethics of AI in education: Towards a community-wide framework[J]. *International Journal of Artificial Intelligence in Education*, 2021, 32: 504−526.

[13] Daries J P, et al. Privacy, anonymity, and big data in the social sciences[J]. *Communications of the ACM*, 2014, 57(9): 56−63.

[14] Steam Universe. Emerging technology driving education IT[EB/OL]. (2020-04-13)

[2020-04-13]. https://tinyurl.com/w8cfole.

[15] Soh P C-H, Chew K W, Koay K Y, et al. Parents vs. peers' influence on teenagers' internet addiction and risky online activities[J]. *Telematics and Informatics*, 2018, 35(1): 225−236.

[16] Holstein K. Towards teacher-AI hybrid systems[C]//*Companion Proceedings of the 8th International Conference on Learning Analytics and Knowledge*. Association for Computing Machinery, 2018.

[17] Ahmad S, Umirzakova S, Mujtaba G, et al. Education 5.0: Requirements, enabling technologies, and future directions[J/OL]. *arXiv Preprint arXiv.2307.15846*, 2023.

[18] Daniel B K. Big data and data science: A critical review of issues for educational research[J]. *British Journal of Educational Technology*, 2019, 50(1): 101−113.

[19] Holmes W, Anastopoulou S. What do students at distance universities think about AI[C] *Proceedings of the 6th ACM Conference on Learning*. ACM, 2019: 1−4.

[20] Akgun S, Greenhow C. Artificial intelligence in education: Addressing ethical challenges in K-12 settings[J]. *AI Ethics*, 2021, 2: 431−440.

[21] Mhlanga D. Open AI in Education, the Responsible and Ethical Use of ChatGPT Towards Lifelong Learning[M]//*FinTech and Artificial Intelligence for Sustainable Development. Sustainable Development Goals Series*. Palgrave Macmillan, Cham, 2023.

[22] Córdova P R, Vicari R M. Practical ethical issues for artificial intelligence in education[C] *Proceedings of the Technology Innovation in Learning, Teaching, and Education: Third International Conference*. 2023: 437−445.

[23] Arrieta A B, Diaz-Rodriguez N, Sanz F, et al. Explainable artificial intelligence (XAI): Concepts, taxonomies, opportunities, and challenges toward responsible AI[J]. *Information Fusion*, 2020, 58: 82−115.

[24] Xiao Y, Hu J. Assessment of optimal pedagogical factors for Canadian ESL learners' reading literacy through artificial intelligence algorithms[J]. *International Journal of English Linguistics*, 2019, 9(4): 1−14.

[25] Steam universe: Emerging technology driving education IT[EB/OL]. 2020-04-13. https://tinyurl.com/w8cfole.

[26] Scheduling for learning, not convenience[EB/OL]. 2023-07-19. https://tinyurl.com/3xxz3nyu.

[27] Bao Y, Peng Y, Wu C, et al. Online job scheduling in distributed machine learning clusters[C] *Proceedings of the IEEE Conference on Computers and Communications*. 2018: 495−503.

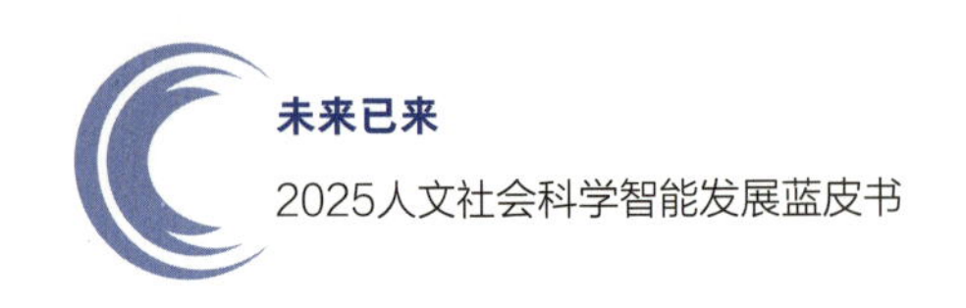

[28] Yu L-C, et al. Improving early prediction of academic failure using sentiment analysis on self-evaluated comments[J]. *Journal*, 2018.

[29] Georgescu M R, Bogoslov I A. Importance and opportunities of sentiment analysis in developing e-learning systems through social media[C] *Proceedings of the Dubrovnik International Economic Meeting*. 2019: 83−93.

[30] Ahmad K, Zohaib S, Conci N, et al. Deriving emotions and sentiments from visual content: A disaster analysis use case[J/OL]. *arXiv Preprint arxiv.2002.03773*, 2020.

第 9 章
AI赋能的群体行为仿真与预测*

AI算法可以深入挖掘社会媒体上的公众情绪、政策文本和投票行为数据，为政策制定和效果评估提供实时而精准的信息支持。依托ABM建模思想，结合LLM赋能的仿真模型可以在应对不确定性和复杂性方面发挥重要作用，通过预测可能的政策结果、社会反应和政治行为，为公共管理和决策者提供科学的决策依据。这不仅有助于优化公共政策的制定和执行，还能提升公共管理的响应速度和治理效果，从而推动政府治理向数据驱动和智能化方向迈进。

AI技术在政治与公共政策研究中的应用，不仅丰富了理论研究的方法和工具，还在实际操作中为公共管理提供了更为科学和精细化的解决方案。

* 本章由卢暾教授和王宇研究员组织编写。

卢暾，复旦大学计算机科学技术学院教授、博士生导师，副院长。

王宇，复旦大学社会科学高等研究院青年研究员、博士生导师。

本章提要

- AI赋能公共政策研究，突破传统的循证决策过程数据与方法局限，引入微观异质性和交互性，提升对复杂事务的预测能力。
- 借助LLM优化公共议题设置、基于机器学习强化政策效果、利用ABM实现机制仿真等，能够大幅优化公共政策事前决策。
- AI通过多维大数据分析和特征预测，弥补了公共政策循证决策的数据和方法局限，使政策制定、执行和评估的全流程决策更精准。
- ABM实现了政治预测从要素（factor）到主体（actor）的跨越，其异质性、非线性、交互复杂性等优势具有显著更强的预测能力。
- 基于AMB的政治预测面临参数化困难、模型设定复杂、缺乏统一框架、算力资源消耗大等问题，催生了智能计算与ABM的融合，通过挖掘海量数据，增强预测自动化、客观性和可解释性。
- 生成式大模型支持政策制定、提升行政效率、促进政民互动，但其通用化、概率化和类人化等特性在公共治理应用中也带来失灵、失信和失德的风险，影响政府的专业性和公信力。
- 建议在内部办公、决策支持和服务互动等场景中尝试，重点实现人机协同，并加强知识共享机制，确保技术为政府赋能而非替代。

9.1 模拟与计算：政治预测中的ABM与AI运用*

预测是人类的基本认知活动，根据预测研究指导治理实践是社会科学的重要任务。政治预测（Political Forecasting）通过系统化的方法和模型，预测未来的政治事件、趋势或结果，旨在提供对政治现象的前瞻性判断，帮助政策制定者、政治竞争者和公众在不确定的政治环境中做出明智决策。经典的政治预测场景包括选举预测、冲突预测、社会运动预测、国际政治预测、政治舆情预测、政策结果预测等。政治是一个高度复杂的社会系统，与传统的解释性研究侧重因果关系中的输入(X)不同，预测性研究则关注输出(Y)。要准确预测Y，就需要对复杂政治环境中各种因素进行系统分析，而非如因果推断研究那样识别单个因素的显著性及其影响机制[1]。长久以来，政治预测受数据的可及性、预测模型的适应性、算法算力的局限性、外部环境的复杂性等因素影响，在准确性、可靠性方面面临诸多挑战。近年来，政治预测取得了长足发展，从传统的专家判断和简单的统计模型，发展到今天的数据驱动、算法支持、AI赋能的复杂预测体系，其中ABM仿真模拟预测与新兴的AI预测技术呈现出显著优势。

9.1.1 ABMS与政治预测

政治系统涉及众多异质行为体的动态交互和多重政治过程的非线性演化，传统方法较难捕捉该复杂演化并基于此做出预测判断。基于行为体的仿真模拟（Agent-Based Modeling and Simulation, ABMS）强调对个体行为的异质性建模及整体行为的涌现性演化，为政治预测研究提供了新的解

* 本节由王中原副教授撰写。

王中原，复旦大学社会科学高等研究院副教授，复旦大学当代中国研究中心副主任，复旦大学复杂决策分析中心研究员，英文SSCI期刊*Journal of Chinese Political Science*编辑。承担国家社科青年项目、上海市社科规划项目、上海市决策咨询委员会项目、国家发改委委托项目等。兼任上海市人大研究室咨询专家。

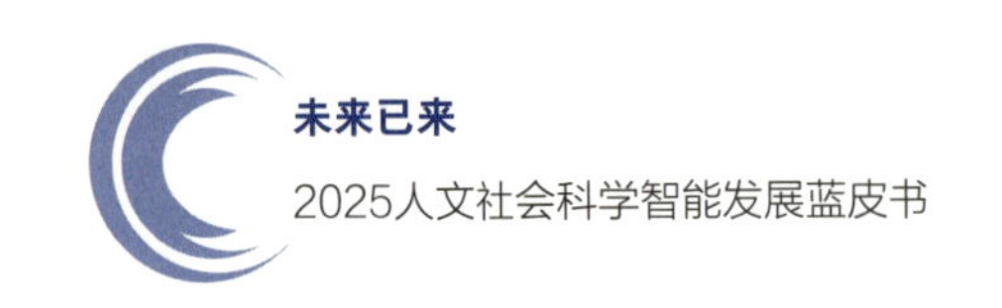

决路径，实现了预测研究从“factor”（要素）到“actor”（行为者）的跨越[2]。ABMS的核心组件包括行为体（agent）、环境（environment）、规则（rules）、交互（interactions）。研究者可以借助ABMS在计算机上构建仿真的政治情境，赋予每个agent异质属性、行为规则和决策机制，然后让agent按照设定的行为规则和交互规则运行。基于大量agents的本地行为（受自身状态和属性的影响）和环境响应（受到环境因素和其他agents行为的影响），以及其在多个时间步长中的演化，系统层面会自下而上自发涌现出宏观模式[3]。

ABMS的关键步骤包括：明确研究问题、目标和假设；定义agent属性（如年龄、性别等）和行为规则（如移动、决策、交互等）；构建空间、网络、环境及其约束条件，建立agents之间以及agents与环境之间的交互机制；选择合适的工具平台，例如NetLogo、Repast、AnyLogic、MASON、Python工具包（如Mesa）；在工具平台中编码模型，并验证和校准模型；设计不同的实验场景，通过改变模型参数或初始条件，观察系统的变化；运行模拟实验并收集模拟数据，分析仿真结果并进行可视化呈现。

ABMS能够精确模拟不同行为体的异质性及其在宏观层面的涌现效应，为研究和预测政治选举、政治冲突、政治极化、政治传播等复杂政治现象提供了有力工具[4]。以选举研究为例，竞争性选举涉及多个政治主体在不断演变的政治环境中的复杂互动。Laver和Sergenti通过构建ABM模型模拟多党政体中政党在政策空间中的策略选择和竞选行为，发现相对于那些追求更高得票率的竞争对手，满足于适度得票率的候选人在选举中表现更好。在制定竞选政策时，关注自身价值观和偏好的候选人比只回应选民偏好的对手往往呈现更强的胜选能力（electability）[5]。Fieldhouse等学者运用ABM模型测试了不同水平的竞选动员对不同类型选民投票行为的长期影响，虽然动员活动对当届选举的影响未如预期，但动员可通过投票习惯、政治兴趣、党派归属感的增加产生二次效应，并伴随时间推移形成长期的溢出涟漪效应[6]。

复旦大学唐世平、王中原、高鸣等学者开发了专门用于选举预测的

ABM仿真模拟系统（见图9-1），该系统从自建数据库读取相关人口学数据生成计算机中的模拟选民，在保证总体占比符合该地区真实人口学分布（如年龄、性别、教育、族群等）的前提下，计算初始的投票倾向。在该过程中，可以通过修正参数、加入变量等手段定义基准投票规则及宏观规则（如经济状况、选区状况、候选人状况、突发事件等），不断校准投票倾向。模拟投票过程，让这些模拟选民根据自身属性、人际层面因素（如候选人特征等）、宏观层面因素（如经济增长、失业率、贫富差距、执政周期）、突发事件等在基准规则下决定是否投票以及投给谁，从而获得初步预测结果。重复模拟上述过程直到模拟结果达到稳定水平，测算不同模型的平均结果得到最终选举预测结果。该预测方法连续多次成功预测了美国总统大选和中国台湾地区选举[7]。基于计算机仿真模拟的选举预测系统之特色和优势在于：①运用客观数据和规范程序，摆脱民意调查和专家主观判断的局限性；②以选民为基础，模拟选民的投票决策行为，更加接近真实世界的投票情境和过程；③变量关系清晰，模型可解释且可复盘，有

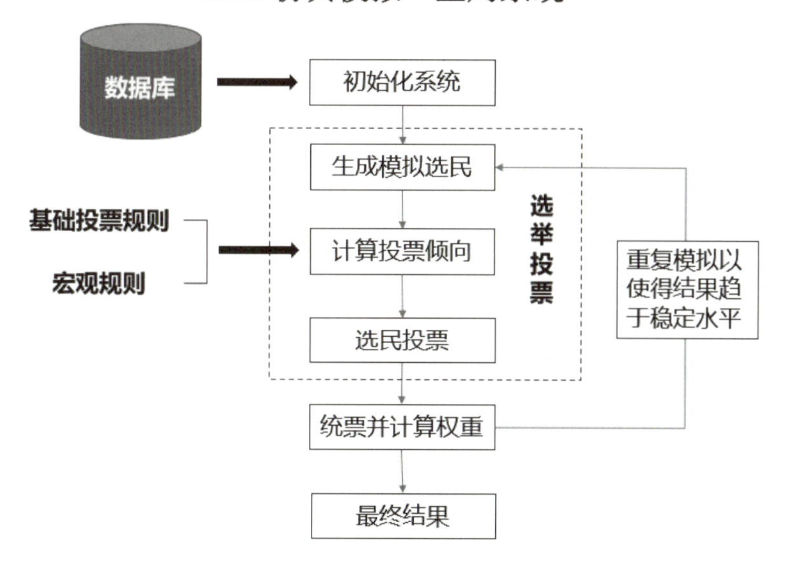

图9-1　复旦大学团队开发的ABM仿真模拟预测系统图示

助于模型优化改进或实施政策靶向应对；④提前数月甚至更早获得基准预测结果，可为国家相关领域的战略决策部署提供宝贵的前置时间。

ABM同样可运用于冲突预测，包括模拟和预测政治运动[8]、社会暴力、革命、叛乱、战争等政治事件的发生。Epstein基于ABM建模研究了政治暴力的发生学[9]，两组模型分别模拟了中央政权试图镇压叛乱（Rebellion）时的动态过程及中央政权试图遏制对立族群之间冲突时（Inter-Group Violence）的动态过程，呈现了不同情境下民众与警察的交互行为如何导向差异化的结果（见图9-2），从而揭示暴力事件的潜在深层规律。Lemos拓展了Epstein的ABM模型，将相对剥夺、风险感知阈值、内生性合法性反馈、网络影响效应等社会冲突理论揭示的重要行为机制纳入仿真模型设计，并将模拟结果与八个受到“阿拉伯之春”影响的非洲国家的统计分析（包括冲突估计规模、持续时间和复发情况）进行比较，评估模型参数和模拟结果的可信度[10]。此外，Cederman基于自组织临界性理论构建了ABM仿真模拟模型，揭示了战争规模（war size）与发生频率之间的幂律关系，为战争规模预测提供了理论基础，对外交政策制定具有重要意义[11]。

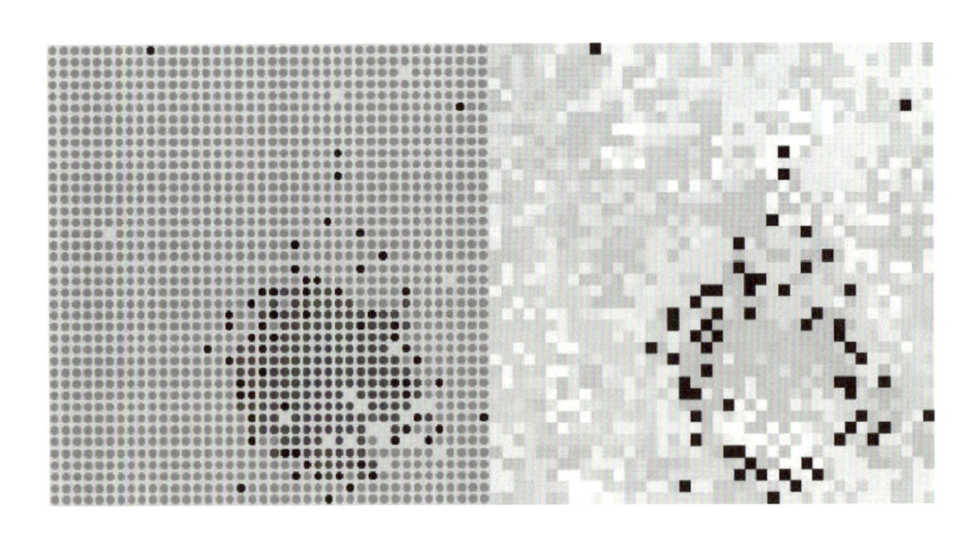

图9-2　ABM模拟预测维和活动如何构造安全区[9]

ABMS方法在复杂政治现象的研究和预测中优势显著，包括刻画异质性、非线性和涌现性，构建和对比不同试验环境，探索决策机制和演化过程，融合跨学科知识，可视化呈现等。然而，ABMS用于政治预测同样存在挑战，包括参数化困难、存在等效模型、缺乏统一框架、算力资源消耗大等。近年来，政治预测领域出现新的转向，即从ABMS方法转向智能计算方法[12]，或者寻求二者的融合。

9.1.2 AI与政治预测

数据驱动的政治预测正在成为研究前沿，人工智能（AI）技术依托大量结构化和非结构化数据（如人口统计数据、社交媒体数据、文本数据、时空数据等），为政治预测提供了新的范式。智能技术在数据获取、数据处理和预测建模等环节具有独特优势，伴随数据资源和数据质量的提升，展现出强大的预测能力[13]，为政策干预和影响消解提供更多可能[14]。

首先，在数据获取方面，智能技术可以通过网络爬虫和API接口高效获取海量非结构化数据。同时，计算机视觉、语音识别等技术也为获取图像、视频、音频等多源异构数据提供了便利。AI的多模态学习、跨模态推理等能力，能够深度融合各类数据信息并构造特征变量，提高预测数据的丰富性和质量。其次，在数据处理方面，智能技术擅长数据清洗、标注和结构化处理，高精确度提取有价值的信息。依托NLP技术，AI能够从文本中提取主题、情感、事件、趋势等关键信息，深度学习技术能够从原始数据中自动学习特征表示，实现特征工程自动化，替代了传统的人工标注。AI可以构造新的组合特征和交互特征，以更好地捕捉数据中的非线性关系[15]。再次，在预测建模方面，智能技术能够利用复杂算法（如随机森林、深度学习）进行建模，从数据中自动捕捉复杂的非线性关系和交互效应，通常比传统统计模型具有更强的拟合和预测能力[16]。同时，AI模型可随着新数据输入不断自我优化和迭代，通过对抗训练等提高模型的鲁棒性和泛化能力。此外，智能技术能够对预测结果的不确定性进行量化，拓展政治分析的深度和广度。基于上述特性，智能技术被广泛应用于选举预测、冲突预测、网络舆情预测、智能外交支持等。

以选举研究为例，数据资源和算法技术的发展推动了选举预测方法的范式演进[17]。学者们使用无监督或半监督的机器学习方法将社交网络大数据划分为训练集和测试集，自动识别文本语义和情感取向，以预测选举支持度。例如，Huberty尝试使用Twitter数据预测美国、德国和其他民主国家的选举，但发现由于社交媒体数据本身的属性局限，难以达到超越民调的预测准确性[18]。Bohannon的研究也发现，2016美国大选的预测实战显示网络数据尚难以准确捕捉民情的波动，但是不少社会科学家坚信未来随着数据质量的改进和智能算法的发展终将克服这些问题[19]。Ceron等学者使用改进的"情感分析"技术预测法国、美国和意大利的选举，讨论了情感分析如何克服网络数据的代表性失衡问题[20]。近年来，越来越多的跨学科学者探索前沿智能算法（诸如深度神经网络、大语言模型等），不断改进AI赋能的选举预测[21]。然而，现阶段我们需对AI大模型选举预测保持审慎的乐观，技术层面需要突破的方向包括训练数据时效性及偏差、硅基样本代表性及其校准、数据分布偏移（data shift）、单一模态局限性、思维链推理跳跃、特征工程不足、模型解释性不足，乃至语料投毒攻击和提示注入攻击等问题，同时需要深度理解选举场景自身的特性及其演化规律，包括政治结构重组、群体极化现象、投票率波动、选举制度影响以及策略投票行为等[22]。

智能算法同样可运用于冲突预测。受益于新的数据资源，冲突预测研究迎来新一轮的范式转换。Chadefaux系统收集了1902—2001年间英文世界各大媒体的冲突报道文本，获得约6 000万页的冲突事件大数据，并构建起"每周冲突风险指数"。通过运用媒体大数据对1900年以来的战争冲突进行回溯性预测，作者发现通过媒体报道数量可提前数月预测战争冲突的爆发，准确率高达85%[22]。Muller和Rauh对70万份冲突报道进行"主题"提取，并将所得15个主题作为输入变量用于预测内战和武装冲突，利用该方法可较为有效地预测冲突爆发的时间[23]。

尽管智能技术为政治预测带来诸多机遇，但当前尚存在一些局限性亟

待解决。首先，智能预测依赖高质量的训练数据，但政治领域通常数据质量差、标注难度高。其次，多数AI模型仍然是“黑匣子”，难以解释预测结果并施加有效干预，限制了其政策运用价值。再次，智能预测精于计算，拙于理论，缺乏对政治现象本质机理的深入理解，政治理论融合不足限制了模型的现实指导意义。最后，AI模型可能会继承和放大训练数据中存在的偏差和噪声，影响预测的可靠性。例如，运用AI模型来预测选举，其预测结果可能会偏向具有进步主义或自由主义意识形态的政党（例如美国民主党）。然而，伴随通用人工智能、智能agent技术的发展，AI技术有望克服部分问题，将为政治预测注入新活力。未来，AI大模型在选举预测领域要实现突破，可能不在于构建基于选民行为的硅基样本，而是构建专家知识网络和调用多源专家模型。该范式转向意味着：从传统的投票人调查（voter survey）转向专家调研（expert survey），通过并行计算和集成多个领域专家模型（如政治学、社会学、传播学、国别专家等），融合其对选情的深度理解。同时，引入推理框架捕捉专家经验中隐含的决策逻辑及其信息依据，实现从简单民意聚合向复杂选情分析的跃迁。

总之，政治现象是动态的、复杂的、多元的、非随机的，“政治结果中存在系统性模式，这些模式促使系统性预测成为可能，从而使政治‘科学’成为可能”[24]。AI和ABM为政治预测提供了有力的技术支撑，ABM擅长刻画微观主体行为，AI强于发掘海量数据价值。未来，AI和ABM两种方法可以融通，发挥政治预测的协同效应[27]，甚至构建混合预测系统（hybrid forecasting system）。一方面，AI可以帮助ABM从大量数据中识别出agent的行为规则，优化参数估计和校准，AI增强的ABM将提高政治预测的自动化、客观性和可解释性；另一方面，ABM发现的机制和原理也可为AI预测注入领域知识，并为AI模型的预测结果提供解释性支持。

参考文献

[1] 王中原，唐世平．政治科学预测方法研究——以选举预测为例[J]．政治学研究，2020(2).

[2] Macy M W, Willer R. From factors to actors: Computational sociology and agent-based modeling[J]. *Annual Review of Sociology*, 2002, 28(1): 143–166.

[3] Epstein J M, Axtell R. *Growing artificial societies: Social science from the bottom up*[M]. Brookings Institution Press, 1996.

[4] De Marchi S, Page S E. Agent-based models[J]. *Annual Review of Political Science*, 2014, 17(1): 1–20.

[5] Laver M, Sergenti E. *Party competition: An agent-based model*[M]. Princeton University Press, 2011.

[6] Fieldhouse E, Lessard-Phillips L, Edmonds B. Cascade or echo chamber? A complex agent-based simulation of voter turnout[J]. *Party Politics*, 2016, 22(2): 241–256.

[7] Gao M, Wang Z, Wang K, et al. Forecasting elections with agent-based modeling: Two live experiments[J]. *Plos One*, 2022, 17(6): e0270194.

[8] Frank A B, et al. An Exploratory Examination of Agent-based Modeling for the Study of Social Movements[R]. *RAND, National Security Research Division*, 2022.

[9] Epstein J M. Modeling civil violence: An agent-based computational approach[J]. *Proceedings of the National Academy of Sciences*, 2002, 99(suppl_3): 7243–7250.

[10] Lemos C M. *Agent-based modeling of social conflict: From mechanisms to complex behavior*[M]. Springer, 2017.

[11] Cederman L E. Modeling the size of wars: From billiard balls to sandpiles[J]. *American Political Science Review*, 2003, 97(1): 135–150.

[12] Cederman L E, Girardin L. Computational approaches to conflict research from modeling and data to computational diplomacy[J]. *Journal of Computational Science*, 2023, 72: 102112.

[13] Kennedy R, Wojcik S, Lazer D. Improving election prediction internationally[J]. *Science*, 2017, 355(6324): 515–520.

[14] Brundage M, et al. The malicious use of artificial intelligence: Forecasting, prevention, and mitigation[J/OL]. *arXiv preprint arXiv:1802.07228*, 2018.

[15] Colaresi M, Mahmood Z. Do the robot: Lessons from machine learning to improve conflict forecasting[J]. *Journal of Peace Research*, 2017, 54(2): 193–214.

[16] Subrahmanian V S, Kumar S. Predicting human behavior: The next frontiers[J].

Science, 2017, 355(6324): 489.

[17] Linzer D A. The future of election forecasting: More data, better technology[J]. *PS: Political Science & Politics*, 2014, 47(2): 326−328.

[18] Huberty M. Can we vote with our tweet? On the perennial difficulty of election forecasting with social media[J]. *International Journal of Forecasting*, 2015, 31(3): 992−1007.

[19] Bohannon J. The Pulse of The People: Can Internet Data Outdo Costly and Unreliable Polls in Predicting Election Outcomes?[J]. *Science*, 2017, 355(6324).

[20] Simmons G, Hare C. Large language models as subpopulation representative models: A review[J/OL]. *arXiv preprint arXiv:2310.17888*, 2023.

[21] Bisbee J, Clinton J D, Dorff C, et al. Synthetic replacements for human survey data? The perils of large language models[J]. *Political Analysis*, 2023: 1−16.

[22] Chadefaux T. Early warning signals for war in the news[J]. *Journal of Peace Research*, 2014, 51(1): 5−18.

[23] Mueller H, Rauh C. Reading between the lines: Prediction of political violence using newspaper text[J]. *American Political Science Review*, 2018, 112(2): 358−375.

[24] Laver M, Sergenti E. *Party competition: An agent-based model*[M]. Princeton University Press, 2011: 3.

[25] Zuloaga-Rotta L, Borja-Rosales R, Rodríguez Mallma M J, et al. Method to Forecast the Presidential Election Results Based on Simulation and Machine Learning[J]. *Computation*, 2024, 12(3): 38.

9.2 AI赋能公共政策研究和决策*

如何科学地进行循证决策是公共政策领域长久以来的热点话题。传统的循证决策往往受限于数据可得性与科学方法局限性，从而无法对公共政策进行精确评估，同时也因其对实际社会经济进行高度简化，忽略了不同主体之间的互动影响和广泛存在的异质性效应。随着大数据和人工智能技术的飞速发展，社会科学家已经成功挖掘了数据中所蕴含的决策价值，并且利用前沿AI技术对传统循证决策在公共政策过程中的不同环节进行了全面改善和提升，从而极大地提升了公共政策决策能力。[①]

AI凭借其对多维大尺度数据的有效信息提取能力，能够极大提升统计模型对复杂事务的预测能力，相比于公共政策分析中所使用的传统统计方法，精准的特征预测能够帮助决策者提升政策制定、政策执行以及政策评估等过程。

9.2.1 AI赋能公共政策事前决策

（1）议程设置

议程设置是公共政策过程中的首要环节，政府部门设定不同的议程决定了社会资源的配置模式，因此在决定设置议程之前，就必须经过审慎的选择，尽量选取能够使得社会福利最大化的议程，并将其置于最高的优先级。AI能够对大数据进行有效的信息提取和分析，极大增强了决策者

---

* 本节由钱浩祺副教授撰写，复旦大学全球公共政策研究院硕士研究生任国强为本节内容做出了直接贡献。

钱浩祺，复旦大学全球公共政策研究院副教授、院长助理，复旦大学国家发展与智能治理综合实验室主任助理。主要研究领域为能源与环境治理、政策评估与仿真、经济社会大数据分析。获国家优秀青年科学基金资助，主持国家自然重点项目子课题、国家社科重大项目子课题等。研究成果获第八届高等学校科学研究优秀成果奖（人文社会科学）一等奖，决策咨询成果被中央及上海市相关部门采纳。

及时获取社会大众想法的能力。郑石明等（2021）利用主题模型（Latent Dirichlet Allocation，LDA）对政府“领导留言板”的留言文本进行主题归类，有效识别了突发公共卫生事件中来自社会公众的重要议题[1]。一项针对欧盟250个政府部门运用AI技术的案例分析表明，政府除了运用AI技术对海量文本内容中所呈现的社会问题进行识别，也开始逐步运用AI技术从包括摄像头和各类传感器数据中识别社会问题，用于快速采取响应措施[8]。随着ChatGPT等大语言模型的快速发展，人工智能预期将在辅助决策者设置议程方面作出更大的贡献。

（2）公共项目的成本收益评估

为公共项目进行成本收益评估是政策制定环节中的重要事前决策步骤，它能够为公共资源如何在不同公共项目中进行合理配置提供科学依据。然而传统成本收益方法中，对收益大小的评估结果往往存在着极大的不确定性，而公共项目的收益除了常规经济学福利分析中涉及的消费者福利外，还会包括外部性收益、生命价值收益和社会公平收益等难以估算的复杂组成部分，因此公共项目净收益往往会被低估。

即使是公共项目收益的核心组成部分，用于估算消费者福利的需求曲线，也会因内生性问题的存在而难以用传统统计方法计算得到。此时，利用大数据与AI方法可以在一定程度上克服上述困难。以数字经济发展促进政策的评估为例，Cohen等（2016）利用美国Uber平台的订单大数据成功估算了消费者对Uber业务的市场需求曲线，从而准确估算了Uber这一新兴数字经济业务模式所能创造的消费者福利，为进一步制定和优化数字经济发展促进政策提供了有力证据[9]。如果是面对涉及非市场价值评估的公共项目，基于AI的评估方法正逐渐发挥出其巨大的潜力。在一项分析生态服务价值的研究中，Nyelele等（2023）利用随机森林方法将游客的照片地理位置信息与自然生态信息进行了匹配映射，从而成功识别了不同生态环境在游客群体中的受欢迎程度，为这一类公共项目评估提供了重要信息[10]。

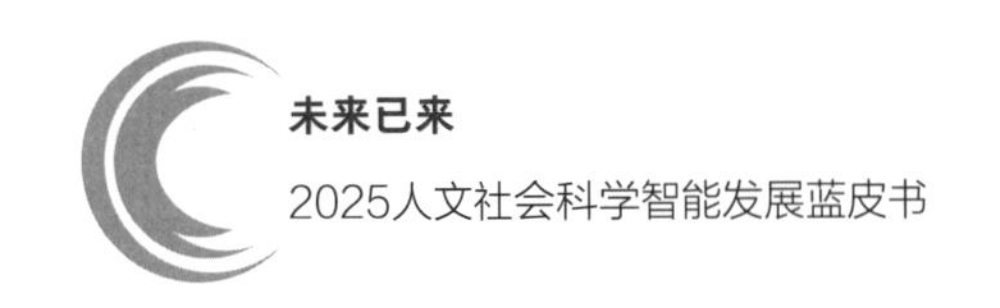

（3）基于ABM的政策仿真

利用复杂系统对社会经济进行仿真建模是另一种实现公共政策事前成本收益评估的路径，传统仿真建模主要基于系统动力学以及一般均衡分析开展政策评估工作，在能够评估的空间、时间和主体尺度层面具有较大的缺陷，ABM能够有效改进这种缺陷。引入大数据与AI技术，能够将原本基于理论驱动的ABM进行高效融合，用于设计和开发面向公共政策真实问题情境的仿真模型[2]，其具体的方法体系框架如图9-3所示。可以看到，人工智能技术的引入将以算法为核心对主体行为进行复杂化和性能优化，从而实现对公共政策在高分辨率尺度下的影响进行全面评估。

随着大语言模型的技术突破，Li等（2024）利用LLM对宏观经济ABM建模进行了系统性优化提升[11]，其建模框架如图9-4所示，基于LLM

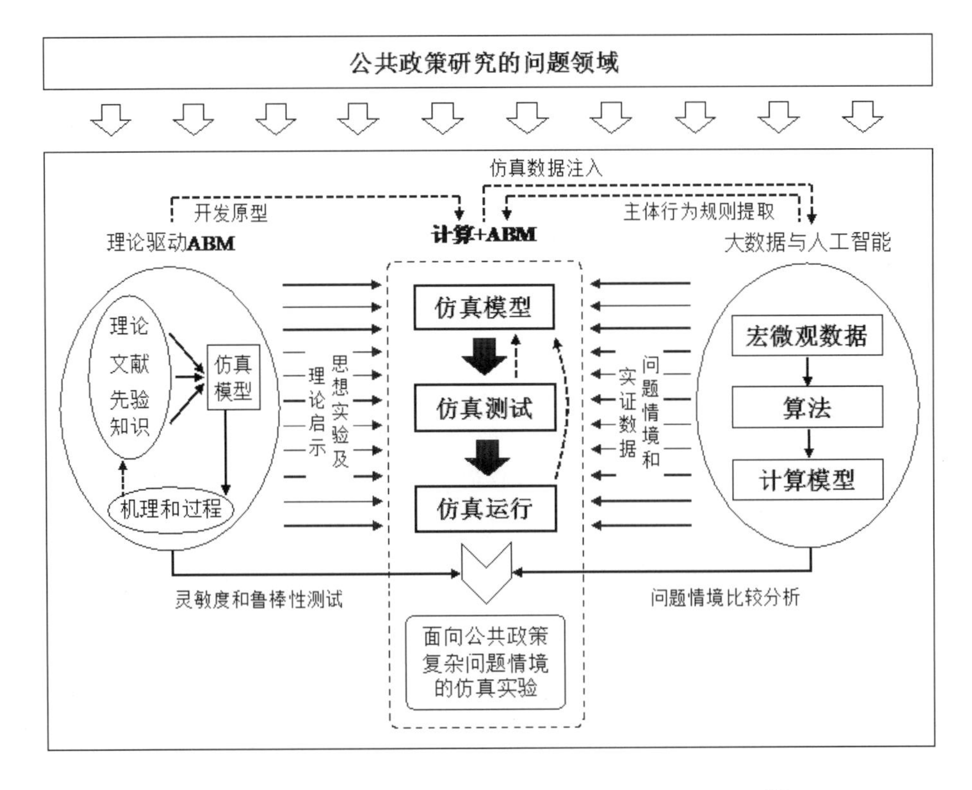

图9-3　公共政策研究的“计算+ABM”方法体系框架[2]

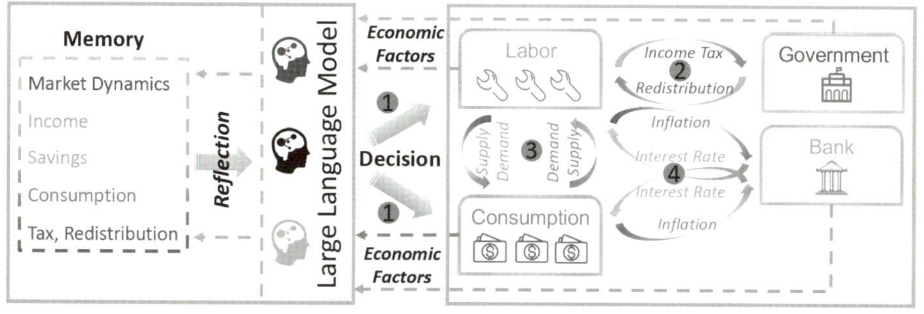

图9-4　基于LLM的宏观经济ABM建模框架[11]

所构建的经济主体（EconAgent）能够模拟真实世界中个体的多样性和复杂性，并且被置于接近于真实的经济社会场景，使其能够在准真实场景中作出较为真实的模拟响应，如此得到的模拟结果将为决策者提供更加符合现实情况的参考依据。

9.2.2　人工智能辅助公共政策事中监测

（1）提升信息获取能力

政府由于资源的有限性，在绝大多数时候都没有办法使用足够的人力、物力和财力去对政策的执行情况进行有效跟踪，这一特点在发展中国家尤其是欠发达国家中展现得尤为突出，人工智能技术能够在很大程度上解决对此类有限信息约束的困境。一项来自斯坦福大学团队的很有影响的研究，展示了如何通过人工智能技术来帮助政府及时全面地追踪贫困地区的经济发展状况[12]。该团队利用图像识别技术从卫星图像中提取包括道路、城市区域、水系和农田等物体特征信息，并基于迁移学习方法建立这些物体特征信息与夜间灯光数据（经济发展水平）之间的统计关联关系，从而得到了能够利用卫星图像来估算高时空分辨率经济发展状况的智能模型。此后，大量相似研究都展现出了人工智能技术在解决监测信息有限性方面的潜力，Lee等（2021）同样利用图像识别技术和卫星图像数据，识

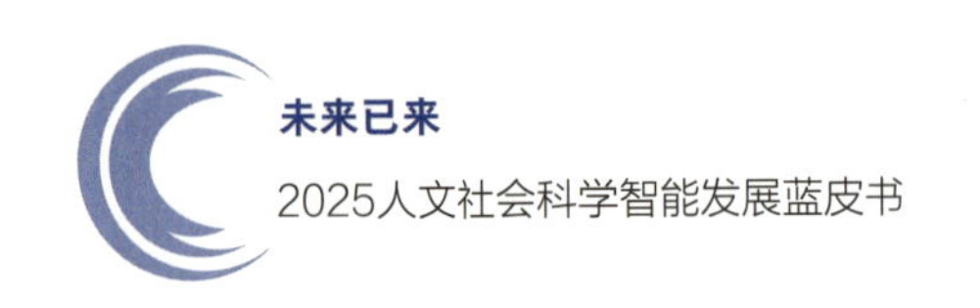

别了孟加拉国的小型砖窑厂，用于更好地进行环境治理[13]。

除了传统的政策关注领域，近年来，人工智能技术在城市应急管理中也开始发挥作用，不断增强应对突发应急事件的能力。张海波等（2022）的研究指出，人工智能技术能够提供更加及时准确的水文测报信息，帮助抗洪抢险进行人力物资调配，通过对高危行业重大危险源企业进行异常生产识别以及设备隐患排查，能够有效协助执法检查关键问题[3]。郁建兴和陈韶晖（2022）认为，在人工智能等新兴技术的驱动下，数字时代的应急管理已经走向“整体智治”，并衍生出了“清晰治理”“关口前移”和“开放共享”等模式创新[4]。

（2）避免信息不对称

信息不对称是一种特殊的有限信息困境，此时，被监管主体会利用其自身的信息优势，做出对公共福利不利的行为选择，如具有代表性的逆向选择与道德风险问题，因而也是公共政策事中监管的重要目标。当存在信息不对称时，监管者的工作重点在于如何从海量信息中筛选出微观主体的主观异常行为，传统方法的准确率与及时性往往难以达到预期，人工智能利用其算法特性优势，能够有效解决这一问题。Sun et al.（2023）利用深度学习技术，从卫星图像数据中对非法垃圾倾倒点进行识别，促使监管者对非法行为的执法效率提升了将近30倍，并大大减少了人力与资金成本[14]。在其他社会公共利益领域，人工智能技术和大数据应用也带来了显著的监管成效。例如，利用人工智能技术对税务大数据进行分析，能够对偷税漏税异常行为进行追查；人工智能技术能够及时从海量金融交易数据中识别出异常交易，打击内幕交易和市场操纵等非法行为；人工智能技术能够从交通监控数据中迅速找出套牌车等违法行为，及时阻止潜在的危害公共安全事件。

9.2.3 人工智能优化公共政策事后评估

（1）更精准的因果效应识别

以因果识别方法为标志的“可信性革命”目前已经全面渗透公共政策

事后效果评估领域，通过借鉴自然科学领域的随机实验方法，因果识别方法能够有效提升对公共政策效应的识别与评估能力。由于社会科学问题没有办法像自然科学研究一样在实验室中开展真正的实验，所以因果识别方法严重依赖于对社会经济观测等不可重复的数据进行分析，人工智能技术则能够在最大程度上提升因果识别方法的准确度[5]。首先，在样本匹配随机性方面，人工智能技术强大的样本内与样本外预测能力，可以提升对倾向得分的估计准确性。此外，人工智能能够在大数据环境下直接使用高维协变量进行样本匹配或筛选协变量，从而避免协变量选择偏误。其次，人工智能技术可以利用已有观测数据对未知项进行更准确的反事实预测，从而提升政策效应估算的准确性。其主要优势在于，人工智能模型能够更好地抓住变量间的复杂非线性关系，也能够更好地利用非数值变量中所蕴含的信息，来提升预测准确性。此外，通过模型集成方法能够进一步提升预测准确度，减少单一方法预测结果的偏误。

（2）公共政策异质性效果评价

公共政策效应评估除了关注对整个群体的平均影响之外，同样关注处于不同分布位置和不同特征群体的政策效应，即公共政策的异质性效应，从而为差别化的政策制定与优化提供依据。相比于传统因果识别方法，结合人工智能技术的因果识别方法为评估更加精准的异质性政策效应作出了巨大的贡献。胡安宁等（2021）以中国精英大学教育回报的异质性效应评估为例，展现了利用因果随机森林和贝叶斯叠加回归树两种方法对传统异质性效应估算结果的改进，除了可以得到更加精确的个体政策效应外，人工智能技术能够对混淆变量的重要性进行高效筛选[6]。陶旭辉和郭峰（2023）通过研究发现，人工智能技术主要通过提升对异质性变量的筛选和切分能力、处理多重异质性政策效应以及更好地评估个体政策效应这三个渠道，来提升对公共政策异质性效果的评估[7]。

但同时，AI对异质性效果的评估目前仍然存在着算法可接受性、评估过程可检验性以及评估结果稳健性等方面的问题，留待未来完善。

参考文献

[1] 郑石明，兰雨潇，黎枫. 网络公共舆论与政府回应的互动逻辑——基于新冠肺炎疫情期间“领导留言板”的数据分析[J]. 公共管理学报, 2021(3): 24-37+169.

[2] 王国成，高德华. 基于ABM的公共政策仿真研究进展与方法论启示[J]. 公共管理学报, 2023(2): 116-127+173.

[3] 张海波，戴新宇，钱德沛，吕建. 新一代信息技术赋能应急管理现代化的战略分析[J]. 中国科学院院刊, 2022(12): 1727-1737.

[4] 郁建兴，陈韶晖. 从技术赋能到系统重塑：数字时代的应急管理体制机制创新[J]. 浙江社会科学, 2022(5): 66-75+157.

[5] 钱浩祺，龚嫣然，吴力波. 更精确的因果效应识别：基于机器学习的视角[J]. 计量经济学报, 2021(4): 867-891.

[6] 胡安宁，吴晓刚，陈云松. 处理效应异质性分析——机器学习方法带来的机遇与挑战[J]. 社会学研究, 2021(01): 91-114+228.

[7] 陶旭辉，郭峰. 异质性政策效应评估与机器学习方法：研究进展与未来方向[J]. 管理世界, 2023(11): 216-237.

[8] van Noordt C, Misuraca G. Artificial intelligence for the public sector: Results of landscaping the use of AI in government across the European Union[J]. *Government Information Quarterly*, 2022, 39(3): 101714.

[9] Cohen P, Hahn R, Hall J, et al. Using Big Data to Estimate Consumer Surplus: The Case of Uber[EB/OL]. *National Bureau of Economic Research*, 2016[2025-02-17]. https://doi.org/10.3386/w22627.

[10] Nyelele C, Keske C, Chung M G et al. Using social media data and machine learning to map recreational ecosystem services[J]. *Ecological Indicators*, 2023, 154: 110606.

[11] Li N, Gao C, Li M. et al. Econagent: large language model-empowered agents for simulating macroeconomic activities[C] *Proceedings of the 62nd Annual Meeting of the Association for Computational Linguistics*. 2024, 1: 15523-15536.

[12] Jean N, Burke M, Xie M et al. Ermon S. Combining satellite imagery and machine learning to predict poverty[J]. *Science*, 2016, 353(6301): 790-794.

[13] Lee J, Brooks N R, Tajwar F, et al. Scalable deep learning to identify brick kilns and aid regulatory capacity[J]. *Proceedings of the National Academy of Sciences*, 2021, 118(17): e2018863118.

[14] Sun X, Yin D, Qin F et al. Revealing influencing factors on global waste distribution via deep-learning based dumpsite detection from satellite imagery[J]. *Nature Communications*, 2023, 14(1): 1444.

9.3 将大模型引入公共治理领域的趋势、风险与对策*

于2022年底推出的ChatGPT等大语言模型已经在诸多领域展现出惊人的能力，成为通用型人工智能发展及应用过程中的里程碑，其在个人和商业领域的应用正在不断拓展和深入，而对其在公共治理领域的巨大潜力的探也已被提上议程。

刚诞生的新技术常常会像玩具一样激发人们的好奇心和探索欲，引出对其各种“玩法”的畅想。然而，马库斯等在《如何创造可信的AI》中提出，在理想与现实之间还存在着AI鸿沟（The AI Chasm）[1]。大模型在公共治理领域能被如何应用？又可能面临哪些风险和挑战？本节将就此展开思考和探讨。

9.3.1 公共治理中的大模型应用趋势

传统公共治理长期面临“有限度的人”和“碎片化、低效、不负责的组织”两大基本挑战。在管理层面，政府工作人员受限于个体认知能力、时间精力和专业水平，难以持续高效处理日常事务；在组织层面则存在信息壁垒、协调成本高、责任界定模糊等问题；在服务层面，由于人员有限、业务繁杂，往往出现服务效率低、质量不稳定、群众满意度不高等问题。这些挑战严重制约着政府治理效能的提升。

大语言模型的突破性进展为应对这些挑战带来了新的可能。在管理方面，模型可以协助处理大量常规性工作，如公文写作、信息归档、任务分

---

* 本节由郑磊教授和博士生张宏合作撰写。

郑磊，复旦大学国际关系与公共事务学院教授，复旦大学数字与移动治理实验室主任，上海一网统管城市数字治理实验室主任，获得国家社科基金重大项目、国家自然科学基金面上项目和国家社科后期资助项目资助，以及第十三届上海市决策咨询研究成果奖一等奖、教育部第九届高等学校科学研究优秀成果奖等。

张宏，复旦大学数字与移动治理实验室研究助理。

配或传递等，显著提升行政效率。同时，模型强大的知识处理能力可以帮助打破部门间的信息孤岛效应，促进知识共享与经验传承，推动跨部门协作。在服务方面，模型可以提供全天候、智能化的基础服务支持，协助解答咨询、指导办事流程，提升服务可及性和便捷性。

整体上，从公共治理模式的演进来看，大模型的引入正推动着几个重要转变。

一是从单纯的人工处理或机器处理向“人机协同”转变，通过智能化手段辅助和增强人的能力，重塑政府工作方式。这种转变不是简单的技术替代，而是通过人机优势互补，实现管理效能和服务质量的整体提升。政府工作人员可以从繁琐的事务性工作中解放出来，将更多精力投入到需要人际沟通、价值判断和创新思维的工作中。

二是从“碎片治理”向“整体治理”转变。大模型强大的知识处理和共享能力，为打破部门壁垒、促进协同治理提供了技术支撑。通过建立统一的知识库和服务平台，实现各部门之间的信息互通、经验共享和业务协同，推动治理资源的优化配置和高效利用。这种转变有助于形成政府整体性治理格局，提升治理的系统性和协同性。

三是从“经验导向”向“AI赋能”转变。大模型与政务大数据的深度融合正在重塑政府治理方式。一方面，政务大数据可以为模型提供潜在的训练数据，使模型能更好地理解和处理政务领域的专业问题；另一方面，大模型强大的数据分析和知识挖掘能力，也极大地提升了政务数据的应用价值，帮助从海量数据中发现规律、预测趋势、辅助管理与服务。这种协同效应推动治理方式从主要依靠个人经验向更加依托数据智能转变，既保持了经验智慧的价值，又增强了治理的科学性和前瞻性。通过两大技术的优势互补，政府治理可逐步实现从“人治”向“数治”再到“智治”的跃升，形成数据驱动、人机协同、持续进化的现代治理新路径。

四是从“粗放服务”向“精细服务”转变。在可靠数据分析的基础上，大模型可以根据不同群众的需求特点，提供更加个性化、精准化的服务。通过对服务对象、服务内容和服务方式的精细化分析，优化服务流

程，提升服务体验。同时，模型的持续学习能力也使得服务水平能够不断提升，逐步形成智能化、人性化的服务新模式。

五是从“单向管理”向“互动治理”转变。大模型的自然语言理解和生成能力，为政府与公众之间的有效互动提供了新的途径。通过智能化平台和分析，政府可以更好、更高效、更全面地了解和回应群众诉求，提升公众参与度和满意度。这种互动式治理模式有助于增进政府与公众之间的理解和信任，真正推动形成共建共治共享的治理格局。

9.3.2　大模型与公共治理的张力与风险分析

然而，在将大模型从技术“玩具”真正上升为治理工具的过程中，既需要充分认识新事物的优势，也应对其局限性和应用环境有足够了解。在将大模型引入公共治理领域的过程中，其在通用化、概率化、类人化、技术理性偏好等方面的特性可能会对公共治理的特性和原则产生张力和风险。

（1）通用化与专业性之间的张力：失灵的风险

不同于AlphaGo等应用于特定领域的人工智能模型，ChatGPT等大模型是典型的通用自然语言模型，即能在更广泛的领域范围内模仿人类智能。而这一模型的出色表现很大程度上源于其在训练过程中使用了数量庞大、覆盖了各种主题领域的语料库。

然而，作为一个专业化的领域，公共治理有一套不同于公共互联网的话语体系，大模型生成的内容还不能直接、简单地适用于公共治理领域，而是需要对模型进行重新训练。但是，政府的文本数据不可能全部公开，如果只使用其中部分公开的语料进行训练，可能会导致模型表现平平或以偏概全。同时，还存在着通用化与专业化之间的矛盾，即大模型要在更懂政府专业领域与更懂“普通人”之间进行选择。若要在公共治理领域表现得更专业，则需要增加对政府语料进行的训练，以使其能使用更专业的术语和文字风格，从而更加贴近这一特定领域的需要，但这又可能会导致模型“不说人话”；反过来，若要表现得“会说人话”，则又难以符合政府业务的专业要求，还需要进行额外的自然语言处理和语言转换，将专业语言转化为易于普通人理解的语言。但在这一转化过程中，技术能否做到在提高输出结果易读性的同时不降低其专业性，仍有待检验。以上这些可能导致将大模型应用于公共治理领域时效果不佳，出现“失灵”的风险。

（2）概率化与确定性之间的张力：失信的风险

作为基于深度学习的模型，大模型输出的答案是由其预训练的神经网络生成的，而神经网络中的参数是随机初始化的，并且训练过程中会根据输入数据进行随机梯度下降优化，这就使得该模型在面对同一个问题时可能会给出不同甚至相反的回答。大模型给出的答案有时会表现得“言之凿凿”，有时会“一本正经地胡说八道”，而在被质疑时又会“随机应变”或“死不承认”，本质上是由于其输出结果是在多个备选答案中随机抽取的、概率化的和无法预测的。对于这样一个日益强大的“数字头脑”，没有人（甚至是它的创造者）能够真正理解、预测或可靠地控制它们[2]。

这种概率化的结果生成方式对于其他领域来说可能成为“灵感”或者“创造性”的来源，但对于公共治理而言则是难以容忍的。毕竟，公共治理是容错率非常低的领域，政府部门处理的是公共事务，承担着公共责任，受到公众监督，具有很强的风险规避型文化特点。政府追求的方向是控制偶然性、提升确定性，政府基于可靠数据支持决策、利用制度规则保障执行，也是为了实现可预期的治理效果。同样，对于民众而言，来自政府的信息也意味着合法性权威，而这种权威也与确定性直接相关，关系到民众对政府的信任及对公共政策的认可、接受与支持。因而，简单直接地将大模型生成的具有随机性和不确定性的信息应用到公共治理中，可能会影响政府的信誉，带来“失信”的风险。

（3）类人化与非人格化之间的张力：失德的风险

基于海量自然语言数据的训练，大模型在类人化上取得了前所未有的进展，能够“听懂人话”，并将模型处理的结果以“人话”输出，无论在

内容和形式上都在向“常人”贴近。使用者不再需要使用专门的编程语言便能轻易使用，尽管用户对同一问题的不同提问方式会影响所得答案的质量，但整体上这类工具的使用门槛已经前所未有地降低了。

不过，人工智能模型在通过大量学习语料获得理解人类的能力的同时，也难以避免受制于语料本身的局限性。例如，互联网上的文本数据中可能存在着各种各样的偏见和歧视，包括性别、种族、地域、文化等方面。由此，人类自身存在的偏见也被吸收到数据集中，并经由模型的训练而被进一步固定或强化，最终体现在模型输出的结果中。而且，在这一过程中，原本相对较为明显的偏见也可能变得更加隐蔽，以一种难以察觉的方式对使用者产生影响。换言之，类人化的AI所模仿的是自身并不完美而有着种种缺陷的人。

然而，在公共治理领域，非人格化是现代政府的一个重要原则，即政府行为应尽量排除个人因素的影响，按照源于社会共识的制度规则行使权力，实现公平公正的治理，而不能让少数人的偏见扭曲公共权力的使用。政府需要通过建立更透明的决策机制、更规范的执行机制、更多元的监督机制、更广泛的参与机制等方式，尽可能地控制住偏见的干扰。但是，对于已被吸纳进技术模型中的偏见，则很难通过现有的制度规则来发现并对其进行有效约束。因此，如果政府在决策过程中直接基于或过于依赖大模型导出的结果进行决策，将可能固化和强化既有的偏见和歧视，影响到特定人群的切身权益，加剧社会的不公与鸿沟，这将有违公众对公共治理的基本道德期待，带来“失德”的风险。

（4）技术理性与价值权衡之间的张力：失向的风险

与其他智能工具类似，ChatGPT输出的结果是根据输入或设定的参数通过特定计算方式生成的，这使其倾向于在预设目标的指引下生成技术理性上的“最优”路径或“最佳”方案。而且随着训练数据集容量和参数量的增加，这种技术理性偏好会愈发强烈，即追求模型性能的提升以更高效地实现特定目标，而这一目标之外的其他未被纳入模型的因素则容易被弱化或忽视。

但是，公共治理并非纯粹的技术事务，而是一个政治过程。一项合理的公共政策既要考虑经济效应，又要考虑对社会、政治、文化、生态等方面的影响；既要考虑直接目标群体，又要考虑间接利益相关者；既要考虑内部的成本收益，又要考虑外部性；既要考虑短期效果，又要考虑长期效益。需要对不同价值进行权衡，也涉及不同利益相关者之间的反复博弈与妥协，往往最终能被各方接受并真正落地的政策并不是在技术判断上最“优”的选择。因此，人类社会和公共事务的复杂性还难以被技术工具完全、精准地计算，若是以大模型的技术理性完全取代价值判断与多方参与，很可能会压制多元利益诉求的表达，使整个社会陷入技术霸权的泥潭，而与增进公共价值的方向背道而驰，出现“失向”的风险。

9.3.3 将大模型引入公共治理领域的对策建议

以上张力和风险并不意味着应当将ChatGPT等大语言模型拒于公共治理之外。一方面，这些问题产生于当前的技术能力局限，可能会在未来通过技术进步得到缓解；另一方面，政府部门也可通过制定适当的策略来应用大模型为自己赋能。正如新加坡政府科技署政府数字服务部门副总监Yeo Yong Kiat所言：“作为政策官员，我们所做的一切，无论是编写会议记录还是批准预算文件，只是为了调动资源（例如人员、资源、计划、系统）来解决一个常见问题。一旦我们从这个角度看待自己，ChatGPT就会成为推动者，而不是破坏者。”[3]

就目前而言，大模型的发展已经为探索公共治理的未来形式提供了许多可能性。如何在将ChatGPT等大语言模型引入公共治理领域的过程中避免失灵、失信、失德、失向等风险，而使其成为一个可用、可信、可靠和可亲的“推动者”？本节从以下几个方面对其在公共治理中的应用策略提出建议。

（1）实效为上，而非“无所不用其技”

技术执行理论指出信息技术是赋能者（enabler)，而不是决定者（determinator）。信息技术的实施方式和效果受到制度与组织因素的制约，技术逻辑不必然带来制度和组织的变化[4]。数字治理的持续发展面临着复

杂而动态的挑战，取决于社会趋势、人性因素、技术变革、信息管理、治理目标和政府职能之间的相互作用[5]。虽然大模型已被公认为是一项革命性的新技术，但其在公共治理领域中的应用可能仍然无法跳出以上这些分析框架。

在公共治理中，没有最先进的技术，只有最合适的技术，更先进的技术并不必然会带来更好的治理，再好的技术也纠正不了政策和管理自身的问题。在将ChatGPT等大语言模型引入公共治理的过程中，首先不是要回答我们要用大模型“玩”出点什么的问题，而是仍然要从问题导向和需求导向出发，思考在技术上可行、法律上可为、管理上可控的前提下，大模型能有助于解决哪些公共治理问题，满足哪些公众需求，并能产生哪些实际效果。政府承担着为全民提供公共服务和管理社会的职责，既要充分利用各种成熟可靠的新技术，也不能一味追逐技术热点，“无所不用其技”，陷入技术崇拜或“唯技术论”，把公共治理领域变成各种尚未经过充分验证的新技术的“试验田”，却忘记了守护公共利益的底线和初心。

（2）人机协同，而非“以机代人”

计算机科学中存在着一种“伊莉莎效应”（Eliza Effect），即人们在阅读由计算机输出的符号序列时往往倾向于从中解读出这些符号本身所不具备的意义，从而认为机器已经具备了人类的情感、价值、道德、逻辑等属性。大模型的流行其实也体现了“伊莉莎效应”的作用。然而，如前所述，大模型只是通过猜出人类在某种情况下最可能说出的话而实现了更“聪明”的模仿，本质上尚无法进行感性的共情，也无法实现理性的逻辑，更难以承担伦理和法律上的责任，因此还难以在公共治理领域中完全取代人的作用。

当然，人难以被完全取代并不意味着人不需要做出改变。一方面，大模型需要不断优化以更好地满足政府的业务需求；另一方面，人也需要不断学习以提高其应用新工具的能力，未来人机协同将越来越成为政府常态工作模式。这就对政府公务人员的能力素养提出了新的要求，其中有两项基本能力将变得尤为重要。一是提出恰当问题的能力，政府工作人员需要掌握向大模型恰当提问的技巧，以得到高质量的回答。二是对大模型的回答进行验证和判断的能力，这要求政府工作人员需要具备更高的专业知识素养，以发现回答中出现的错误和偏差，避免简单化、机械化应用大模型可能带来的风险。毕竟，最终能负责任的不是工具本身而是使用工具的人，大模型的应用实际上对政府工作人员的素养能力提出了更高的要求，只有这样才能真正将新技术为人所用、为人赋能。

具体而言，ChatGPT等大语言模型可先在公共治理领域的以下场景中进行探索：

一是内部办公场景。例如，政府内部的公文写作、表格填写与信息录入、任务分配、流程管理与追踪监督等相对而言机械性强、重复性高、有“模板”可循的工作可以引入大语言模型以提高效率，减轻负担，提升质量。

二是决策支持场景。例如，在舆情分析监测与应对中，大模型可用于帮助决策者更好更高效地理解隐藏在各种信息源中的“民意”，并通过自动化分析生成具有逻辑性、连贯性和可读性的决策参考报告。

三是服务和互动辅助场景。大模型对自然语言的处理能力使得在公共服务和政民互动中实现更为智能的对话与交互有了更大的可能性，可探索在咨询、办事、投诉、建议等领域接入大模型以协助处理信息并生成初步的回复内容。然而，在初期阶段，大模型应尽量限制在政府后台而非前台使用，与民众进行的直接互动仍应由工作人员在大模型的辅助下来完成，由人来做好语言“转换器”和内容“守门员”，实现人机协同，而不是让大模型来直接面对公众，成为政府的化身，任其“自由发挥”。毕竟政府所应提供的是在大模型辅助之下的更优质高效的服务而非大模型本身。

（3）知识共享，而非“小作坊林立”

大模型可被视为一个集合了海量公开知识并能与人对话的“百科全书”，在一定程度上替代了搜索、查找、整合和初步输出等环节，有利于

推动知识的传递、传播和传承。

公共治理是一个既复杂多元又稳定持续的过程，一方面需要处理多样且不断变化中的问题和需求，但另一方面，又确实有许多政府职能是在一个个“标准化”“程序化”“模块化”的工作中实现的。在不同层级、不同区域的同类部门，乃至不同部门之间都存在着大量可共享和复用的知识，如业务流程规范、治理案例经验、应急处置预案等。然而，这些在长期实践中积累下来的知识往往很难突破各自的“知识小作坊”边界，因而未能发挥出更大的价值。

在过去的模式下，往往只能通过上级政府的推广或者同级政府的学习等路径进行知识的共享扩散，但这种方式往往是单向输出的，缺少双向反馈和持续积累，由此造成了不同地方和部门的重复“创新”、重复建设和重复总结等问题。未来，在大模型技术的加持下，可通过对政府内部语料的整合，在保障安全的前提下，打破各个“知识小作坊”之间的壁垒，打造共建共治共享的公共治理知识底座，为大语言模型提供更为海量丰富的专业语料，从而提高模型的输出能力，最终降低治理成本、提升治理效率、促进治理创新。

希望上述风险分析和策略建议有助于将ChatGPT等大语言模型从被引入公共治理领域的技术“玩具”转化为真正有效的治理“工具”。

参考文献

[1] 盖瑞·马库斯，欧内斯特·戴维斯.如何创造可信的AI[M].龙志勇，译.杭州：浙江教育出版社，2020: 19.

[2] Future of Life Institute. Pause Giant AI Experiments: An Open Letter[EB/OL]. 2023-03-27. https://futureoflife.org/open-letter/pause-giant-ai-experiments/.

[3] Yeo Yong Kiat. ChatGPT's Coming for You! So Embrace It Today.[EB/OL]. (2023-02-28) https://medium.com/singapore-gds/ChatGPTs-coming-for-you-708e8dc4f5ce.

[4] 简·芳汀.构建虚拟政府：信息技术与制度创新[M].邵国松，译.北京：中国人民大学出版社，2010: 79−81.

[5] Sharon S. Dawes. Governance in the digital age: a research and action framework for an uncertain future[J] *Government Information Quarterly*, 2009, 26(02): 257−264.

第 10 章 AI时代的经济金融研究与预测*

传统经济和金融研究主要依赖统计学和计量经济学的工具。而现在，AI为研究者提供了更为强大的数据处理和分析能力，推动了金融市场预测、信用风险评估、算法交易、经济建模等多个领域的革新。

AI在经济和金融研究中的主要应用包括：利用机器学习和深度学习技术进行金融市场的预测，提升投资决策的准确性；通过算法交易自动执行复杂交易策略，提高市场流动性；应用AI模型进行信用评估和风险管理，优化金融机构的风控流程；在宏观经济分析和政策模拟中，通过AI增强对复杂经济系统的理解，为政策制定提供科学依据。这些应用正在重新定义经济学和金融学的研究方法，同时也推动了经济理论和金融实践的创新。

---

* 本章由吴肖乐教授、钱浩祺副教授牵头编写。

吴肖乐，复旦大学管理学院教授，国家自然科学基金委管理科学部第九届专家咨询委员会委员、管理科学学报部门编辑、POM的Senior Editor，NRL的Associate Editor，以及中国管理科学与工程学会常务理事、中国管理现代化研究会风险管理专业委员会秘书长等。入选上海市巾帼建功标兵，主持国家自然科学基金重大项目。

本章提要

- ABM允许模拟复杂系统中的异质性和自适应行为主体的交互过程，提供了经济学中更为现实的非线性动态分析工具。
- 强化学习与ABM的结合提供了自适应策略优化功能，使行为主体可以在复杂动态环境中做出更合理的决策。这使ABM能更真实地反映有限理性主体的行为和复杂系统的演化。
- 多层次、多主体ABM模型通过模拟家庭、企业、政府等多类行为主体的交互，为经济政策模拟、金融市场分析提供了新方法，有助于深入研究政策对不同主体的微观效应。
- 集成学习与优化（Integrated Learning and Optimization）方法将AI预测与优化过程相结合，能更准确地处理复杂网络中的不确定性。通过直接调整AI模型损失函数，使其与优化目标一致，显著提高了优化效果和效率。
- 数据驱动的决策优化不依赖于单独的预测步骤，而是直接从历史数据中建立辅助信息到最优决策的映射，适合用于动态、复杂的运营环境，降低了对模型的依赖，使决策更高效和适应性更强。
- 在金融分析中，AI通过整合结构化和非结构化多模态数据（如财务数据、新闻评论），优化市场情绪和风险评估。在高波动性市场中表现尤为突出，为投资风险管理、政策解读等提供了新维度。
- LLM在处理非线性关系和实时数据方面极具潜力，特别是对市场波动和政策影响的精准预测。LLM能够捕捉市场公告、投资者情绪的细微变化，为金融决策和风险预警提供强大支持。

10.1 以ABM重构经济学微观基础*

复杂系统是由具有差异性、适应性的主体构成，且具有现象特征的系统。各主体根据外界环境（例如自然与社会环境、行动目标等）做出行为决策，且主体之间存在复杂非线性交互关系。针对复杂系统的建模中，ABM是一个十分有效的方法。在对真实世界的技术、社会、经济、政治和环境等层面建模过程中，ABM允许模型中的自适应、异构的主体根据特定规则进行交互，并允许自下而上地进化到宏观层次，并得到系统性的结论与见解。

跨学科融合背景下，研究者利用大数据来校准和改进模型，以及整合机器学习技术来增强主体的自适应能力，并且越来越多地将其用于政策分析和决策支持。

10.1.1 基于主体模型的概念发展

ABM的概念起源于20世纪40年代，当时的一些研究者开始探索如何模拟复杂系统中的个体行为。随着20世纪末复杂科学的兴起，研究开始关注系统中大量简单个体间的交互如何产生复杂的集体行为，从而进一步推动了ABM的发展。在ABM中，主体可以是任何具有自主性、反应性和一定程度智能的个体，可以是人类、组织、国家，乃至动物、机器或软件。主体不仅相互交互，还与它们所处的环境进行交互，环境可以是静态的也可以是动态的。主体的行为通常基于一组规则，这些规则可以是简单的，也可以是复杂的。相关工作者开发了多种ABM软件工具，如NetLogo、Swarm和Repast，这些工具简化了模型的构建和运行[1,2,3]。

随着大数据时代的到来，计算能力的增强使得能够模拟的主体数量和表征的主体行为以及主体-环境互动的模型复杂性大大增加。ABM正在加速与来自不同学科的理论和方法融合，以解决更加复杂的问题。目前，这

---

* 本节由吴力波教授和博士后施正昱合作撰写。

施正昱，复旦大学人工智能创新与产业研究院（AI^{3}院）博士后。

种模型在多个学科领域都有广泛应用，如经济学、社会学、生态学、军事模拟、交通规划和城市发展等。其中，在社会科学领域中，ABM多用于模拟市场动态、社会结构和群体行为；在生态学应用中更关注于模拟生态系统中物种的相互作用和种群动态；在城市规划中则被应用于预测城市增长、交通流量和土地利用变化。

案例一

ABM跨学科融合——基于主体的气候变化综合评估建模

目前正在讨论社会福利与气候变化之间的关系，以及保护气候所需的措施的水平和类型。综合评估模型（Integrated Assessment Model，IAM）已被扩展到包括技术进步、异质性和不确定性，利用（随机）动态平衡方法来得出解决方案。在现有的研究中，IAM模型没有在微观层面考虑经济、社会和环境因素之间的互动关系。图10-1是一种基于主体的方法来分

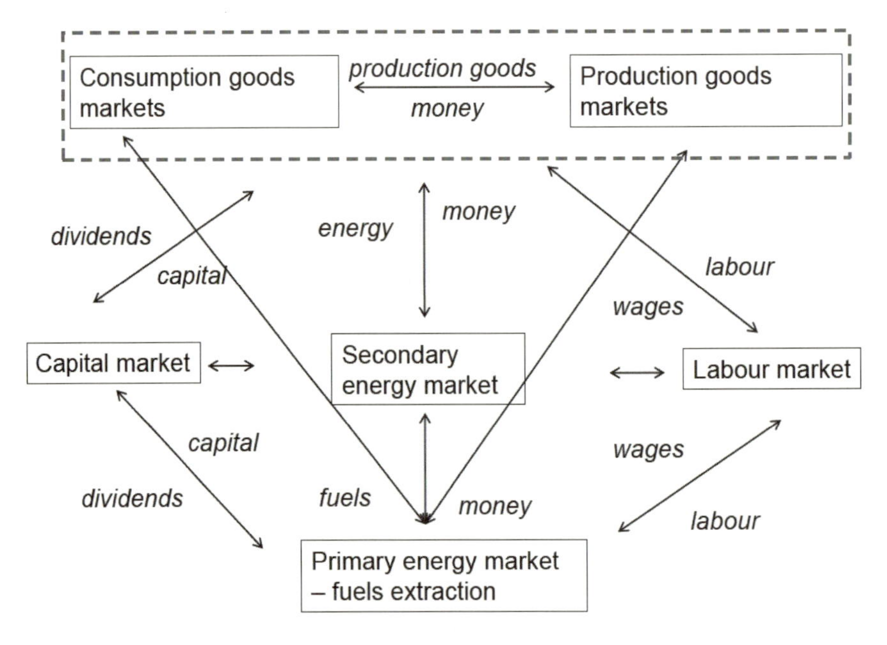

图10-1　基于主体的气候变化综合评估模型框架[4]

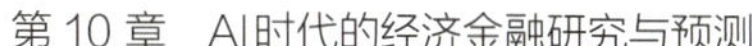

析经济福利与气候保护之间的关系的模型框架[4]。研究的目标是分析个体行为者的决策如何影响总体新兴经济行为，同时考虑到经济福利和气候保护之间的权衡。研究者们通过该模型估计了一个损伤函数，其值在2℃温度升高时约为3%—4%，并且具有线性（或略微凹形）形状。研究发现，与仅使用同质（代表性）主体的模型预测相比，主体的异质性、技术进步和损伤函数可能会导致GDP增长率降低和与温度相关的损害增加。

10.1.2 基于主体行为模型的计算经济应用研究

由于基于主体行为的建模在计算经济学领域中，有着十分广泛的理论与应用研究。ABM的建模思想可以在宏观层面上发现丰富多样的行为，其优势在于能够发现非线性的、有反馈的结果。采用ABM对各类市场进行模拟分析是很常见的。Filippas和Gramstad[5]研究线上平台交易时，在单个卖方行为分析的基础上，进一步加入了ABM模型以模拟平台卖家和消费者的决策过程。该方法不仅允许在分析中纳入消费者意识和有限理性的概念，还实现了自下而上的系统性分析。类似地，在金融市场中，Schmitt et al.[6]提出了一个基于主体的计算模型，该模型模拟了股市投机者的交易行为可能导致泡沫和崩溃、过度波动、连续不相关回报、厚尾回报分布和波动聚类等股票市场的五个重要类型化事实，并且发现，在一些特殊情况下，投机者的异质性会消失。当涉及多种不同的行为主体时，MABM也是一类有效的方法。Gurgone和Iori[7]在银行系统风险评估中就采用了MABM来构建一个有家庭、企业和银行的人工经济系统。而针对市场内部信息交互影响，Bao和Fritchman[8]融合了系统动力学和主体行为建模，通过明确区分信息空间和物质空间，开发了双重空间代理和信息建模框架（Agent-based Information Modeling）。双重空间框架可以为主体模型提供新的分析方法，并进一步在货币分配、个人经济演化和股票市场上进行验证，具象化了信息空间和物质空间之间的相互作用和演化过程。

除了对各类市场的研究之外，产业发展近年来也逐渐开始关注到基于

主体行为的建模。Bertani等[9]结合了宏观经济模型Eurace与ABM以从宏观趋势和微观部门行为两个角度更好地理解和研究数字技术对商业的经济影响。而Bowles & Choi[10]使用基于ABM的模拟来说明农业和私有财产共同进化的可能性。另外一部分学者针对外界环境冲击对行为主体的作用，利用ABM来探究个体行为到宏观层次的过程。Lamperti等[11]为了研究极端气候对工人的劳动生产率、能源效率、资本存量和企业库存的冲击，通过ABM在个体层面建模，由此，宏观的总损害是由异质、相互作用和有界理性的行为主体所遭受的损失的总和所得。Kano等[12]基于ABM框架与元胞自动机，计算模拟了个体行为与自愿约束措施相关的健康和经济损害之间的权衡，并根据模拟结果讨论了COVID-19的宏观动力学传播是如何从个人行为中产生的。

主体模型在计算经济中另一个重要的应用研究领域是信息传播模拟。Ely[13]就曾针对动态说服机制进行了理论研究。他针对信息扩散，构建了这样一个场景：委托人私下观察随机过程的演变，并随时间向行为主体发送消息，希望以此影响行为主体的行动；而行为主体根据其对过程状态的理解在每个时期采取行动。通过ABM建模，文章描述了最优说服机制的特征，并进一步将其扩展到高阶的多个行为主体的情景下。另一方面，由于信息传播的过程中，多存在着社交网络结构，因此，此类研究还会与复杂网络相结合。Panebianco和Verdier[14]研究了随机网络中的文化扩散，提出了一个基于网络拓扑结构的双向传染病模型。考虑到这些传播规则不一定是从基于优化的理性行为和特定环境中的战略性个人行动中派生出来的，所以ABM被用于刻画大型社交网络上规范行为的传播和涌现特性。Gioacchino & Fichera[15]提出了一个基于ABM的动态模型来刻画纳税意愿，其中纳税人生活在一个社交网络中，通过考虑预期的经济净收益（平衡货币成本和逃税收益）、主观成本和声誉成本来决定是否纳税或逃税。

根据上述研究分析，可以发现ABM极大地丰富了经济系统的复杂性描述，并且在某些方面更为贴合现实世界的行为主体特征。一般地，经济学经典理论倾向在“简单系统”的框架下建模。在这一框架下，绝大部分

研究都假设行为主体是完全理性的，并将其行为简化为给定偏好下的效用最大化。同时，进一步将行为主体的互动简化为一个均衡的状态，例如，供求相等、市场出清。作为一种特殊的市场状态，均衡条件可以作为经济分析的基准。当某一冲击发生使得市场偏离了平衡状态，其产生的波动可以作为一种市场规律的观测。与传统经济学相比，经济学中的ABM主要提供了两方面的价值，一是允许更丰富的现实系统描述，二是ABM的建模者通常在其模型的输入和输出验证方面具有更大的灵活性。与经典理论不同，ABM假设人是有限理性的，这一情景更为贴合实际经验。同时，模型中人与人之间的互动更复杂，并不用均衡这一状态来简单概括。在ABM中，各个行为主体通过非显性的网络结构，进行局部交互学习，并使用不完全的信息进行竞争。因此，ABM在探讨一些社会、经济现象时，具有特殊的优势。

10.1.3　ABM的有限理性荒野思考

有限理性建模缺乏公认的精确的共同概念或公理基础，这引起对“有限理性荒野”的担忧。经典理论假设个体理性，是为了支持个体行为的合理性，从而支持模型结果的合理性。对于有限理性来说，模型依然需要保证agent行为的合理性足以支撑一个合理的模型结果。由于ABM的基本假设中指出行为主体的有限理性特征，加之模型本身具有较大的灵活性与自由性，其模拟仿真结果的可靠性与可依赖性一直存在着一定争议。部分研究针对ABM潜在的“有限理性荒野”，在一些特定的科学问题中进行了探讨。

Gode和Sunder[19]为研究是个体智慧还是价格形成机制保证了市场的分配效率，在ABM的框架下，构造了一个连续双拍卖机制，并发现在这个价格形成机制下，即便让行为主体随机决策（须在预算约束内），市场的分配效率也可接近100%。他们的研究结论认为，市场作用不仅可以把个体理性汇聚为集体理性，也可以把个体非理性汇聚为集体理性，即在该情境下，只需让行为主体的理性有限到零智（zero-intelligence），便足够回应

该研究问题。但是，非所有的科学问题都可以在零智的行为主体的设定下得到充分回应。Hommes[20]基于行为和实验宏观经济学研究了复杂经济系统的自组织过程。作者假设经济系统由有限理性的异构的行为主体组成，这些行为主体不完全了解其复杂的环境并使用简单的决策启发式，发现在不同的期望反馈下相互作用的复杂宏观系统可能会或者不会协调到一个理性均衡结果，并探讨了当协调失败时该系统对基于完全理性总体结果的政策影响。

为了优化行为主体有限理性的建模，有研究提出可以通过经验校准或其他技术方法，如强化学习等，在零智主体和完全理性主体之间找到一个平衡。相较于其他传统的数理经济模型或是机器学习等人工智能算法，强化学习能够与ABM有机融合主要原因有三点。第一，强化学习主要由智能体（Agent）、环境（Environment）、状态（State）、动作（Action）、奖励（Reward）组成，它通过主体策略与环境奖励形成主体-环境互动关系，更接近于人的行为与思维方式，这与ABM的启发式假设十分吻合。第二，诸如Q-learning、DQN等经典强化学习算法的结构，允许行为主体所掌握的信息是不完全的，这对于ABM建模中解决不完全信息的场景十分重要。第三，将强化学习嵌入ABM，可以提高模型收敛性的同时，帮助优化模型的参数，以增强传统理论的计算范式，更好地对复杂环境进行建模。在电力市场的ABM模拟中，现有研究一般采用Q-learning和Roth-Erev，后者适合多主体建模。这两类算法的局限性在于，它们的行动空间和状态空间都是离散的、有限的。离散性使得目标函数只能是分段函数，而空间有限意味着主体行动与状态的可建模维度低，对复杂的现实场景拟合能力弱。此外，基于强化学习的主体建模的泛化能力与解释性也有待进一步探讨。

值得注意的是，在特定的场景下，博弈论也可以作为ABM的构成基础或者是结果解释，来对ABM的有限理性主体行为的涌现建模进行补充，以证明其模型结果的合理性。从构建的理论层面而言，ABM通常会对行为主体假设一个显式的回报函数，这一点与博弈论相一致。因此，在部分研

究中，会在ABM的模型设定里嵌套博弈论作为主体的行为策略。Bianchi et al.[30]通过博弈论框架将同行评议视为一种合作困境，并构建了一个基于主体的模型研究论文发表影响因素。Chen et al.[31]融合了信任博弈和网络博弈，并通过ABM仿真研究个体的投资组合决策以及财富的创造和分配。Shafie-khah和Catalão[32]提出了一种随机多层主体的电力市场参与者行为模型，并在对市场参与者行为建模中应用了不完全信息动态博弈理论。甚至在特定的情景中，ABM最终的收敛结果可以与博弈论的推演结果相吻合，或者帮助一些基于主体的模型收敛到均衡点。然而，这并不意味着行为主体在ABM与博弈论当中可以等同而论。博弈论的各类模型通常假设了如均衡优化、平稳性等条件，以产生合理的均衡解；而对于基于主体行为建模而言，均衡并不是必需的。ABM的结果可以是平衡点或平衡分布，也可以是周期或复杂模式。这些结果不是由假设直接决定的，而是由模型中的行为主体通过启发式规则交互作用产生的。正是由于ABM与博弈论核心思想的不一致性，前述的两者结果相互验证的情况并不常见。尤其是在启发式假设比理性假设更为有利的复杂问题中，主体决策不必使用反向归纳作为选择策略的算法。ABM与经典博弈论的均衡预测相矛盾的结果特征差异，也可作为揭示高阶个体决策心理的证据之一。

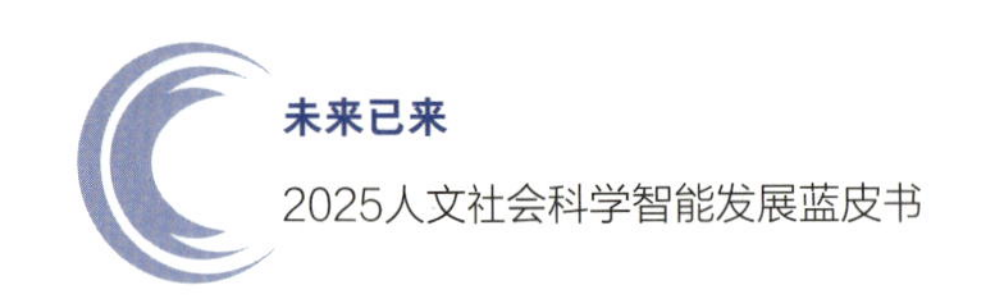

参考文献

[1] Tesfatsion L. Chapter 16 Agent-Based Computational Economics: A Constructive Approach to Economic Theory[M] Tesfatsion L, Judd K L. *Handbook of Computational Economics*. Elsevier, 2006: 831−880.

[2] De Marchi S, Page S E. Agent-Based Models[J]. *Annual Review of Political Science*, 2014, 17(1): 1−20.

[3] Bouchaud J P, Gualdi S, Tarzia M et al. Optimal inflation target: insights from an agent-based model[J]. *Economics*, 2018, 12(1).

[4] Czupryna M, Franzke C, Hokamp S et al. An Agent-Based Approach to Integrated Assessment Modelling of Climate Change[J] *Journal of Artificial Societies and Social Simulation*, 2020, 23(3): 7.

[5] Filippas A, Gramstad A R. Examining the Relationship of Awareness and Seller Pricing in Online Marketplaces[J]. *Journal of Finance*, 2017: 38.

[6] Schmitt N, Schwartz I, Westerhoff F. Heterogeneous speculators and stock market dynamics: a simple agent-based computational model[J]. *The European Journal of Finance*, 2020, 0(0): 1−20.

[7] Gurgone A, Iori G. Macroprudential capital buffers in heterogeneous banking networks: insights from an ABM with liquidity crises[J] *The European Journal of Finance*, 2021, 0(0): 1−47.

[8] Bao L, Fritchman J C. Information of Complex Systems and Applications in Agent Based Modeling[J]. *Scientific Reports*, 2018, 8(1): 6177.

[9] Bertani F, Ponta L, Raberto M et al. The complexity of the intangible digital economy: an agent-based model[J]. *Journal of Business Research*, 2021, 129: 527−540.

[10] Bowles S, Choi J K. The Neolithic Agricultural Revolution and the Origins of Private Property[J] *Journal of Political Economy*, 2019, 127(5): 2186−2228.

[11] Lamperti F, Dosi G, Napoletano M er al. Faraway, So Close: Coupled Climate and Economic Dynamics in an Agent-based Integrated Assessment Model[J]. *Ecological Economics*, 2018, 150: 315−339.

[12] Kano T, Yasui K, Mikami T et al. An agent-based model of the interrelation between the COVID-19 outbreak and economic activities[J]. *Proceedings of the Royal Society A: Mathematical, Physical and Engineering Sciences*, 2021, 477(2245): 20200604.

[13] Ely J C. Beeps[J]. *American Economic Review*, 2017, 107(1): 31−53.

[14] Panebianco F, Verdier T. Paternalism, homophily and cultural transmission in random networks[J]. *Games and Economic Behavior*, 2017, 105: 155−176.

[15] Di Gioacchino D, Fichera D. Tax evasion and tax morale: A social network analysis[J]. *European Journal of Political Economy*, 2020, 65: 101922.

[16] Dieci R, He X Z. Chapter 5 - Heterogeneous Agent Models in Finance[M] Hommes C, Lebaron B. *Handbook of Computational Economics*: vol. 4. Elsevier, 2018: 257−328.

[17] Dawid H, Delli Gatti D. Chapter 2 - Agent-Based Macroeconomics[M] Hommes C, Lebaron B. *Handbook of Computational Economics*: vol. 4. Elsevier, 2018: 63−156.

[18] Sims C A. Macroeconomics and Reality[J]. *Econometrica*, 1980, 48(1): 1−48.

[19] Gode D K, Sunder S. Allocative Efficiency of Markets with Zero-Intelligence Traders: Market as a Partial Substitute for Individual Rationality[J]. *Journal of Political Economy*, 1993, 101(1): 119−137.

[20] Hommes C. Behavioral and Experimental Macroeconomics and Policy Analysis: A Complex Systems Approach[J]. *Journal of Economic Literature*, 2021, 59(1): 149−219.

[21] Sutton R S, Barto A G. *Reinforcement Learning: An Introduction*[M]. MIT Press, 2018.

[22] Jogunola O, Adebisi B, Ikpehai A et al. Consensus Algorithms and Deep Reinforcement Learning in Energy Market: A Review[J]. *IEEE Internet of Things Journal*, 2021, 8(6): 4211−4227.

[23] Maeda I, Degraw D, Kitano M et al. Deep Reinforcement Learning in Agent Based Financial Market Simulation[J]. *Journal of Risk and Financial Management*, 2020, 13(4): 71.

[24] Hassanpour S, Rassafi A A, González V A et al. A hierarchical agent-based approach to simulate a dynamic decision-making process of evacuees using reinforcement learning[J]. *Journal of Choice Modelling*, 2021, 39: 100288.

[25] Jalalimanesh A, Shahabi Haghighi H, Ahmadi A et al. Simulation-based optimization of radiotherapy: Agent-based modeling and reinforcement learning[J]. *Mathematics and Computers in Simulation*, 2017, 133: 235−248.

[26] Le V M, Vinh H T, Zucker J D. Reinforcement learning approach for adapting complex agent-based model of evacuation to fast linear model[C] *2017 Seventh International Conference on Information Science and Technology (ICIST)*. 2017: 369−375.

[27] Jang I, Kim D, Lee D et al. An Agent-Based Simulation Modeling with Deep Reinforcement Learning for Smart Traffic Signal Control[C] *2018 International*

Conference on Information and Communication Technology Convergence (ICTC). 2018: 1028–1030.

[28] Akrout M, Feriani A, McLeod B. Dynamic Noises of Multi-Agent Environments Can Improve Generalization: Agent-based Models meets Reinforcement Learning[J]. *arXiv preprint arXiv:2204.14076*, 2022.

[29] Cummings P, Crooks A. Development of a Hybrid Machine Learning Agent Based Model for Optimization and Interpretability[M]. *Cham: Springer International Publishing*, 2020.

[30] Bianchi F, Grimaldo F, Bravo G et al. The peer review game: an agent-based model of scientists facing resource constraints and institutional pressures[J]. *Scientometrics*, 2018, 116(3): 1401–1420.

[31] Chen S H, Chie B T, Zhang T. Network-Based Trust Games: An Agent-Based Model[J]. *Journal of Artificial Societies and Social Simulation*, 2015, 18(3): 5.

[32] Shafie-Khah M, Catalão J P S. A Stochastic Multi-Layer Agent-Based Model to Study Electricity Market Participants Behavior[J]. *IEEE Transactions on Power Systems*, 2015, 30(2): 867–881.

[33] Gnansounou E, Dong J, Pierre S et al. Market oriented planning of power generation expansion using agent-based model[C] *IEEE PES Power Systems Conference and Exposition*, 2004. 2004(3): 1306–1311.

[34] Izquierdo L R, Izquierdo S S, Sandholm W H. An introduction to ABED: Agent-based simulation of evolutionary game dynamics[J]. *Games and Economic Behavior*, 2019, 118: 434–462.

[35] Billings D, Papp D, Schaeffer J et al. Poker as a testbed for AI research[C] *Advances in Artificial Intelligence*. Springer, Berlin, Heidelberg, 1998: 228–238.

[36] Kim S Y, Taber C S, Lodge M. A Computational Model of the Citizen as Motivated Reasoner: Modeling the Dynamics of the 2000 Presidential Election[J]. *Political Behavior*, 2010, 32(1): 1–28.

[37] De Weerd H, Verbrugge R, Verheij B. Theory of mind in the Mod game: An agent-based model of strategic reasoning[C] *CEUR Workshop Proceedings 1283*, 2014: 128–136.

10.2 AI在最优规划和管理决策中的应用*

供应链管理涉及从原材料采购、生产制造到产品分销的各个环节的协调与优化，是一个复杂且动态的过程。供应链管理的决策过程面临大量的不确定性，这些不确定性可能来自多个方面，如需求波动、供应商交货时间的变化、运输延误、生产过程中的随机故障等。为了有效应对这些不确定性，我们需要利用概率模型帮助决策者在复杂环境中做出最优决策。因而，随机优化方法对指导供应链管理各个阶段的运营决策尤为重要[1,2,3,5]。随着计算能力的提升和数据量的增加，人工智能（AI）也在供应链管理决策过程中发挥了越来越重要的作用。人工智能通过大数据分析、机器学习和预测模型等方法，可以精准预测市场需求、优化库存管理以及提升供应链的整体效率。人工智能模型涵盖面甚广，包括简单的机器学习回归预测模型、复杂的深度学习模型、LLM等一系列模型，这些模型对随机优化都产生了重要影响。

近两年来，LLM快速发展，相关学者也做了非常多的将其应用于预测及随机优化的尝试。LLM不仅能够处理结构化数据，还能理解和生成自然语言，从而在问题描述、模型构建和结果解释等方面提供更直观和高效的交互方式。例如，大语言模型可以帮助非专业用户通过自然语言描述问题，自动生成相应的优化模型，并解释优化结果，极大地降低了运筹学及随机优化应用的门槛。目前，常见的大语言模型，如ChatGPT o1及DeepSeek R1等，均能够根据自然语言描述来生成合理的优化模型，并能够求解复杂的凸优化对偶问题，辅助化简复杂的随机和鲁棒优化模型。除了自动生成优化模型，LLM另一大作用在于快速进行原型建模并生成仿真实验结果。大语言模型这些强大的功能对于优化理论研究人员、管理科学从业者、供应链管理人员等均有不可忽视的助力作用。然而大语言模型在

*　本节由吴肖乐教授、周明龙副研究员撰写。

随机优化中的应用仍然面临诸多挑战，对于随机优化中的应用而言，两点挑战尤为突出。首先，大语言模型工作的机理不够透明，模型的可解释度和可信度需要专业人员进一步验证。在管理学领域和供应链管理场景中，模型的内部逻辑和结果的合理性尤为重要，用户对于结果的信任程度在关键决策场景中也极其关键。因此，大语言模型在随机优化中的应用仍需可解释的人工智能模型（Explainable AI）技术的发展和支持。其次，大语言模型对于随机性和不确定性的处理能力并不完善。LLM目前对于这些数学概念和符号推理缺乏深入理解，难以生成准确的随机优化模型，也难以精准地进行场景生成和采样操作。LLM在随机优化中的应用拥有极大的潜力，同时也需要解决诸多的挑战。

除LLM之外，众多其他的成熟人工智能模型也在随机优化的应用中发挥了极大的作用，特别是AI预测算法结合随机优化的应用。供应链和优化学者围绕AI与随机优化的结合方法开展了大量研究[19,23,24,25,37,39]。这种结合为解决供应链和运营管理中的不确定性问题提供了强大的工具，不仅提高了供应链的响应速度和效率，还能够显著降低运营成本。在当下快速变化和高度不确定的环境中，这种结合将成为企业提升竞争力的重要手段。鉴于大语言模型在随机优化中的应用尚未成熟并仍在快速发展，本节的探讨将聚焦于AI预测算法融入随机优化工作的进展。近期文献中涌现出了众多将AI预测算法与随机优化方法相结合的工作。目前，文献中AI预测算法与优化的结合方法可被归纳为三大主要框架：先预测后优化、集成学习和优化、数据直驱的决策规则优化。

10.2.1　先预测后优化

将AI方法与优化相结合的最常见的框架是“先预测，后优化（Sequential prediction and optimization）”[1,2,3,4,5]。如其名称所示，这类方法涉及预测和优化两个主要步骤，AI技术主要被应用于预测步骤。决策者首先根据可用的辅助信息或协变量信息利用AI方法预测不确定性参数的某些统计特征（如均值、分位数、条件概率分布等），然后将其作为优化问题的输入参数

并求解相应的最优决策。Hannah et al.（2010）首先使用非参数技术（如核函数和狄利克雷过程）来预测随机变量的条件密度函数，并解决后续凸优化问题[6]。Ho and Hanasusanto（2019）利用基于方差的方法对Nadaraya-Watson（NW）核回归加以正则化，提出了一个通用的先预测、后随机优化模型[7]。Bertsimas and Kallus（2020）提出基于辅助信息对历史样本进行重加权的经验优化框架，其中的样本权重可使用各种AI技术来学习（如K近邻、核方法、基于树的算法、神经网络等）[4]，类似的工作可以参考[8,9]。Kallus and Mao (2023)改进了基于预测误差的传统拆分准则，结合了随机森林算法，提出了随机优化森林方法[10]。大多数情况下，先预测后优化方法中预测步骤的AI模型和后续的优化模型是完全分开的，AI预测模型不含任何优化模型的信息，导致预测模型无法在对优化问题中目标函数影响较大的数据范围内着重学习。Elmachtoub and Grigas (2022)提出基于"smart predict-then-optimize"损失函数来训练决策树，此方法在复杂度和数值性能方面能够超越传统的先预测后优化方法[11]。

当样本数量不足或质量欠佳时，预测步骤中使用协变量信息来估计条件概率分布得到的结果不会是高度精准的。为了考虑概率分布的模糊性对优化决策的影响，决策者在优化步骤可以采用数据驱动鲁棒优化方法[12,13,14,15,16]。这类方法中，AI模型被用于学习和构建条件概率分布的模糊集。例如，Kannan et al. (2024)提出了一种基于预测残差的分布式鲁棒优化方法，针对AI模型预测中样本内的经验残差构造了条件概率分布的模糊集[17]。Bertsimas et al. (2023)利用辅助信息来估计不确定性变量的条件概率分布，然后将其输入到他们的数据驱动鲁棒优化模型中[18]。类似地，Sim et al. (2024)将基于残差的方法纳入到一种新的目标鲁棒性优化模型中，以缓解风险模糊和预测不确定性[19]。Chenreddy et al. (2022)通过机器学习中的聚类方法构建条件不确定性集，并同时校准这些集合[20]。Patel et al. (2024)建议使用非凸预测区域来创建不确定性集[21]。Sun et al. (2023)通过预先训练一个预测模型，然后校准不确定性以与鲁棒目标保持一致，来解决一个有辅助信息的鲁棒线性规划问题[22]。

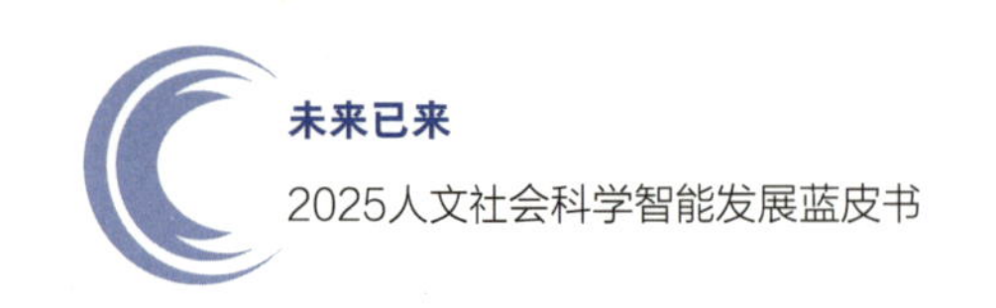

先预测后优化的方法框架可以很好地结合先进前沿的AI技术提升预测步骤的表现，为后续优化模型提供准确可靠的输入参数。这类方法容易实施，可以利用复杂的AI模型及成熟的求解算法，在管理科学中有众多实际应用，例如车辆分配优化[14]、库存管理[23]、流行病预测及医疗资源优化[24]等。

10.2.2 集成学习和优化

许多研究已经显示，先预测后优化这种两步框架会产生次优解[25]。为了更好地融合预测和优化，研究人员提出了集合决策过程中的信息与AI预测模型的方案[26,27]，这类方法往往被称作集成学习和优化（Integrated learning and optimization）。

在此框架下，一个重要研究流派专注于调整AI模型学习时的损失函数以与优化目标保持相关。例如，Elmachtoub and Grigas (2022)引入了"smart predict-then-optimize" (SPO)框架，它结合一个凸损失函数(SPO+)来将线性优化目标函数融入AI预测模型中，从而着重对高度影响优化目标函数的数据点进行学习[11]。Balghiti et al. (2019)为SPO损失函数提供了有限样本性能保证[28]。Liu and Grigas (2021)进一步加强了SPO+与风险保证的一致性[29]。Elmachtoub et al. (2020)遵循SPO损失函数来训练决策树，在模型复杂度和数值性能方面优于传统的回归与分类树（CART）方法[26]。

另一个集成学习和优化的流派旨在用可微的深度神经网络取代优化器，以解决从辅助信息和协变量特征到最优决策的不可微分性[30,31,32,33]，如Donti et al. (2017)、Amos and Kolter (2017)、Wilder et al. (2019)、Berthet et al. (2020)。具体来说，Donti et al. (2017)考虑将深度神经网络的损失函数设置为优化问题的目标函数，得到端到端训练的机器学习模型[30]。Amos and Kolter (2017)将优化问题嵌入神经网络中作为其中一个隐藏层，使用隐式微分和矩阵微分计算来构建一种集成算法[31]。Mandi et al. (2020)考虑如何近似不同优化问题（如混合整数线性规划或组合优化问题）的梯度，以结合神经网络方法求解[34]。Butler and Kwon (2023)使用AI中常见

的ADMM算法解决嵌套至神经网络中的大规模二次规划[35]。

端到端集成框架也被应用于分布式鲁棒优化。例如，Costa and Iyengar (2023)采用了一种分布式鲁棒的端到端系统，将点预测与投资组合优化中的鲁棒性相结合[36]；Chenreddy et al. (2022)提出了一个新的端到端AI学习框架，以解决条件分布式鲁棒优化问题[20]。

10.2.3 数据直驱的决策规则优化

近年来，关于数据直驱的决策规则优化（Data-driven decision rule optimization）的研究有了显著增加。相较于前面提到的两类框架，决策规则优化指的是跳过预测优化模型中不确定性参数的步骤，专注于直接确定辅助信息到最优决策的函数关系的研究，在这个过程中，AI方法多被用于学习和确定这个函数关系。例如，Qi et al. (2023)利用循环神经网络模型学习最优多期库存策略，得到决策规则，采用AI方法解决传统优化难题[37]。决策规则优化往往易于理解，并容易在实际问题中快速实施，在很多管理科学问题中表现出了潜力。例如，Bertsimas et al. (2019)提出了一种最优处方树算法，利用AI中常见的决策树算法学习对病人的最优诊断规则[38]。Ban and Rudin (2019)、Zhang et al. (2024)借用AI模型思路求解报童问题中的最优库存订购策略，得到了优秀的模型表现[39,40]。在理论层面，Notz and Pibernik (2022)、Bertsimas and Koduri (2022)巧妙地利用核模型，证明了在一类问题中最优决策是有限个核函数的线性组合，从而把求解辅助信息到最优决策的最优函数关系简化为学习有限个核函数的线性组合的最优系数[41,42]。类似地，Bertsimas and Carballo (2023)遵循再现核希尔伯特空间的框架，开发了一种非参数的方法来解决多阶段随机优化问题[18]。

决策规则优化需要充分利用可用的历史数据和辅助信息来优化辅助信息到决策的映射，常用到经验风险最小化的思路。然而，过度依赖历史数据会导致过拟合，使样本外表现恶化。为了应对这一挑战，现有研究提出了调整经验风险最小化的思路，改用更具有鲁棒性的风险最小化方法。Shafieezadeh-Abadeh et al. (2019)、Blanchet et al. (2019)等研究表明，AI中回归和分类模型中常用的正则化技术与数据驱动鲁棒优化方法是等价的[43,44]。Chen et al. (2024)利用鲁棒风险最小化的思路，专注于使用基于树的静态和线性规则提供可解释性高的树状决策规则[45]。

10.2.4 结语

本节重点总结了将AI与优化相结合的三类主流研究框架。如需更详细的文献综述，建议参考Sadana et al. (2024)对上述三大框架的广泛调查[46]。目前，AI技术仍在不断发展完善，其应用场景日益广泛，不仅为提升决策方法的有效性、智能性和求解效率提供了广阔空间，也为管理科学和优化领域带来了前所未有的研究机遇。

参考文献

[1] Craig N C, & Raman A. Improving store liquidation, *Manufacturing & Service Operations Management*, Vol. 18, No. 1, 2016, p. 89–103.

[2] Ferreira K J, Lee B H A, & Simchi-Levi D. Analytics for an online retailer: Demand forecasting and price optimization, *Manufacturing & Service Operations Management*, Vol. 18, No. 1, 2016, p. 69–88.

[3] Glaeser C K, Fisher M, & Su X. Optimal retail location: Empirical methodology and application to practice, *Manufacturing & Service Operations Management*, Vol. 21, No. 1, 2019, p. 86–102.

[4] Bertsimas D, & Kallus N. From predictive to prescriptive analytics, *Management Science*, Vol. 66, No. 3, 2020, p. 1025–1044.

[5] Siegel A F, & Wagner M R. Profit estimation error in the newsvendor model under a parametric demand distribution, *Management Science*, Vol. 67, No. 8, 2021, p. 4863–4879.

[6] Hannah L, Powell W, & Blei D. Nonparametric density estimation for stochastic optimization with an observable state variable, paper presented to the Conference on Advances in Neural Information Processing Systems, Vancouver, December 6–9, 2010.

[7] Ho C P, & Hanasusanto G A. On data-driven prescriptive analytics with side information: A regularized nadaraya-watson approach, In: *Optimization Online*. 2019.

[8] Bertsimas D, & McCord C. From predictions to prescriptions in multistage optimization problems, In: *arXiv:1904.11637*. 2019.

[9] Bertsimas D, McCord C, & Sturt B. Dynamic optimization with side information, *European Journal of Operational Research*, Vol. 204, No. 2, 2023, p. 634–651.

[10] Kallus N, & Mao X. Stochastic optimization forests, *Management Science*, Vol. 69, No. 4, 2023, p. 1975–1994.

[11] Elmachtoub A N, & Grigas P. Smart 'predict, then optimize', *Management Science*, Vol. 68, No. 1, 2022, p. 9–26.

[12] Bertsimas D, & Parys B V. Bootstrap robust prescriptive analytics, *Mathematical Programming*, Vol. 195, No. 1, 2022, p. 39–78.

[13] Esteban-Pérez A, & Morales J M. Distributionally robust stochastic programs with side information based on trimmings, *Mathematical Programming*, Vol. 195, No. 1, 2022, p. 1069–1105.

[14] Hao Z, He L, Hu Z, & Jiang J. Robust vehicle pre-allocation with uncertain covariates, *Production and Operations Management*, Vol. 29, No. 4, 2020, p. 955–972.

[15] Nguyen V A, Zhang F, Wang S, Blanchet J, Delage E, & Ye Y. Robustifying Conditional Portfolio Decisions via Optimal Transport, In: *arXiv:2103.16451*. 2024.

[16] Wang T, Chen N, & Wang C. Distributionally robust prescriptive analytics with Wasserstein distance, In: *arXiv:2106.05724*. 2021.

[17] Kannan R, Bayraksan G, & James R Luedtke. Residuals-based distributionally robust optimization with covariate information, *Mathematical Programming*, Vol. 207, No. 1, 2024, p. 369–425.

[18] Bertsimas D, & Carballo K V. Multistage Stochastic Optimization via Kernels, In: *arXiv:2303.06515*. 2023.

[19] Sim M, Tang Q, Zhou M, & Zhu T. The Analytics of Robust Satisficing: Predict, Optimize, Satisfice, then Fortify, *Operations Research (forthcoming)*, 2024.

[20] Chenreddy A R, Bandi N, & Delage E. Data-driven conditional robust optimization, paper presented to the Conference on Advances in Neural Information Processing Systems, New Orleans, November 28-December 9, 2022.

[21] Patel Y P, Rayan S, & Tewari A. Conformal contextual robust optimization, paper presented to the Conference on International Conference on Artificial Intelligence and Statistics, Valencia, May 2–4, 2024.

[22] Sun C, Liu L, & Li X. Predict-then-calibrate: A new perspective of robust contextual LP, paper presented to the Conference on Advances in Neural Information Processing Systems, New Orleans, December 10–16, 2023.

[23] Ban G-Y, Gallien J, & Mersereau A J. Dynamic Procurement of New Products with Covariate Information: The Residual Tree Method, *Manufacturing & Service Operations Management*, Vol. 21, No. 4, 2019, p. 789–815.

[24] Bertsimas D, Digalakis Jr V, Jacquillat A, Li M L, & Previero A. Where to locate COVID- 19 mass vaccination facilities? *Naval Research Logistics*, Vol. 69, No. 2, 2022, p. 179–200.

[25] Liyanage L H, & Shanthikumar J G. A practical inventory control policy using operational statistics, *Operations Research Letters*, Vol. 33, No. 4, 2005, p. 341–348.

[26] Elmachtoub A N, Liang J C N, & McNellis R. Decision trees for decision-making under the predict-then-optimize framework, paper presented to the Conference on International conference on machine learning, Vienna (Virtual), July 12–18, 2020.

[27] Tulabandhula T, & Rudin C. Machine Learning with Operational Costs, *Journal of*

Machine Learning Research, Vol. 14, No. 61, 2013, p. 1989−2028.
[28] Balghiti O E, Elmachtoub A N, Grigas P, & Tewari A. Generalization Bounds in the Predict-then-Optimize Framework, paper presented to the Conference on Advances in Neural Information Processing Systems, Vancouver, December 8−14, 2019.
[29] Liu H, & Grigas P. Risk bounds and calibration for a smart predict-then-optimize method, paper presented to the Conference on Advances in Neural Information Processing Systems, Virtual, December 6−14, 2021.
[30] Donti P, Amos B, & Kolter J Z. Task-based end-to-end model learning in stochastic optimization, paper presented to the Conference on Advances in Neural Information Processing Systems, Long Beach, December 4−9, 2017.
[31] Amos B, & Kolter J Z. Optnet: Differentiable optimization as a layer in neural networks, paper presented to the Conference on International conference on machine learning, Sydney, August 6−11, 2017.
[32] Wilder B, Ewing E, Dilkina B, & Tambe M. End to end learning and optimization on graphs, paper presented to the Conference on Advances in Neural Information Processing Systems, Vancouver, December 8−14, 2019.
[33] Berthet Q, Blondel M, Teboul O, Cuturi M, Vert J-P, & Bach F. Learning with differentiable pertubed optimizers, paper presented to the Conference on Advances in Neural Information Processing Systems, Vancouver, December 6−12, 2020.
[34] Mandi J, Demirović E, Stuckey P J, & Guns T. Smart predict-and-optimize for hard combinatorial optimization problems, paper presented to the Conference on AAAI Conference on Artificial Intelligence, New York, February 7−12, 2020.
[35] Butler A, & Kwon R H. Efficient differentiable quadratic programming layers: an ADMM approach, *Computational Optimization and Applications*, Vol. 84, No. 2, 2023, p. 449−476.
[36] Costa G, & Iyengar G N. Distributionally robust end-to-end portfolio construction, *Quantitative Finance*, Vol. 23, No. 10, 2023, p. 1465−1482.
[37] Qi M, Shi Y, Qi Y, Ma C, Yuan R, Wu D, & Shen Z-J M. A practical end-to-end inventory management model with deep learning, *Management Science*, Vol. 69, No. 2, 2023, p. 759−773.
[38] Bertsimas D, Dunn J, & Mundru N. Optimal prescriptive trees, *INFORMS Journal on Optimization*, Vol. 1, No. 2, 2019, p. 164−183.
[39] Ban G-Y, & Rudin C. The big data newsvendor: Practical insights from machine learning, *Operations Research*, Vol. 67, No. 1, 2019, p. 90−108.
[40] Zhang L, Yang J, & Gao R. Optimal robust policy for feature-based newsvendor,

Management Science, Vol. 70, No. 4, 2024, p. 2315–2329.

[41] Notz P M, & Pibernik R. Prescriptive analytics for flexible capacity management, *Management Science*, Vol. 68, No. 3, 2022, p. 1756–1775.

[42] Bertsimas D, & Koduri N. Data-driven optimization: A reproducing kernel hilbert space approach, *Operations Research*, Vol. 70, No. 1, 2022, p. 454–471.

[43] Shafieezadeh-Abadeh S, Kuhn D, & Esfahani P M. Regularization via mass transportation, *Journal of Machine Learning Research*, Vol. 20, No. 103, 2019, p. 1–68.

[44] Blanchet J, Kang Y, & Murthy K. Robust Wasserstein profile inference and applications to machine learning, *Journal of Applied Probability*, Vol. 56, No. 3, 2019, p. 830–857.

[45] Chen L, Sim M, Zhao L, Zhang X, & Zhou M. Robust actionable prescriptive analytics, In: *SSRN:4106222*. 2024.

[46] Sadana U, Chenreddy A, Delage E, Forel A, Frejinger E, & Vidal T. A survey of contextual optimization methods for decision-making under uncertainty, *European Journal of Operational Research*, Vol. 320, No. 2, 2025, p. 271–289.

10.3 AI时代的金融研究与预测*

随着AI技术的迅速发展，特别是大数据（Big Data）、深度学习（Deep Learning）和LLMs的进步，金融学科的研究方法正在经历深刻的范式转变。传统的金融研究多依赖于结构化的经济数据，采用线性模型（Linear Models）来进行静态分析。然而，金融市场的复杂性及受到全球经济动态、政策变化和投资者情绪多重因素的共同影响，使得传统方法难以实时应对这一复杂环境。AI的引入赋予金融研究新的数据整合与动态分析能力，不仅能够处理多元化的数据来源，还可以通过非线性建模（Non-linear Modeling）更有效地捕捉市场行为的复杂关系。这种技术进步不仅丰富了数据处理的方式，更重塑了市场预测和风险管理的理论框架。

学者们普遍认可AI对金融市场分析的推动作用。比如，Brummer和Yadav（2020）指出，AI技术尤其是在市场情绪建模和交易行为预测方面的创新，显著提升了数据分析的实时性和前瞻性，从而为金融市场的理解和预测带来全新视角[1]。因此，本节将从数据整合和LLM的预测优化两方面探讨AI如何推动金融学科的研究方法升级，为金融市场带来新的理论工具和应用前景。

10.3.1 数据处理的智能化与多模态融合

AI在金融数据处理方面的革新主要体现在其对多模态数据（Multimodal Data）的整合能力上。传统金融分析多依赖结构化数据，如交易记录和财

* 本节由杨秋怡撰写。

杨秋怡，复旦发展研究院助理研究员。研究领域主要集中在宏观经济、增长政策、产业发展、科技创新等。在国内外权威期刊发表论文10余篇，研究成果曾获第16届张培刚发展经济学优秀博士论文奖。主持国家社科基金后期资助暨优秀博士论文出版项目、中国博士后科学基金面上项目等多个课题，参与国家社科基金重大项目、省科技厅重点项目、省部级重大项目等多个课题。

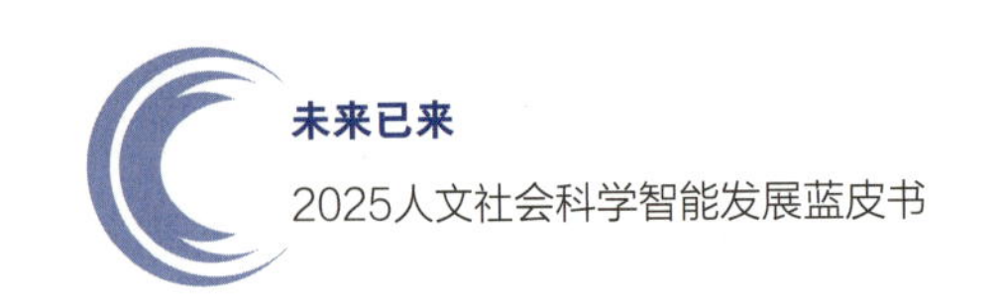

务报表。然而，大量对市场产生影响的信息隐藏在非结构化数据中，如新闻报道、社交媒体内容和经济评论。通过NLP和机器学习，AI可以从这些非结构化数据中提取出有效信息，为金融市场情绪和趋势分析带来全新的维度。研究表明，NLP技术能够大幅提升对市场情绪的实时监控能力，这一特性在高波动时期尤其重要，能够帮助分析师识别市场中的潜在信号[2]。

此外，多模态数据整合使得AI可以在多个数据源之间建立动态关联，形成更具全局性的市场分析框架。例如，AI将结构化的宏观经济指标与非结构化的文本数据（如政策公告和市场评论）相结合，使金融研究能够在经济事件发生时快速预测其对市场的潜在影响。这种多维度的数据融合为金融学提供了全新的研究方法，将传统的金融分析扩展至多数据源的智能化分析，显著增强了市场洞察力。Brownlee等人（2022）指出，AI驱动的多模态数据分析在金融风险评估中尤为重要，通过多源数据的深度融合，AI不仅提高了市场预测的准确性，也有助于降低金融风险[3]。因此，多模态数据整合成为AI赋能金融学的核心路径之一，为未来金融市场分析带来了新的可能性。

10.3.2　大语言模型在金融研究中的应用与突破

LLMs的应用为金融研究在非线性关系建模和市场信息解读方面提供了强大工具。金融市场的复杂性往往体现在多层次信息间的非线性关系（Non-linear Relationships），而传统的线性模型在处理这种复杂性时存在明显不足。通过LLM，AI能够在分析中考虑多种因素的动态变化，并在历史数据与实时数据之间建立联系。不同于传统方法，LLM具备深层语义理解（Deep Semantic Understanding）的能力，可以从市场公告、政策解读和投资者评论中提取出隐藏的信息，并在预测中融合情绪、趋势等细节，以提升模型的精确度和适应性。这类语义理解和信息提取能力使得LLM在市场动态监控和信息解读中表现优异。相比于基于关键词的传统分析方法，LLM能够根据上下文深度理解信息的含义，并识别潜在的市场影响。Zhang和Li（2021）在研究中指出，LLM在政策变动期间能够更精准地预

测市场反应，并为机构投资者提供可靠的风险预警[4]。这一能力在金融市场的快速应对和信息筛选中尤为重要，有助于投资者在信息高度密集的环境中更高效地做出决策。

此外，LLM的预测模型具有非线性处理和动态适应的优势。例如，在重大经济事件期间，LLM能够整合历史波动模式和最新的市场动态，生成实时的市场波动预测，从而使金融决策更加灵活、精准。这种动态分析的能力使得LLM成为金融市场分析中不可或缺的工具，能够有效应对市场中的突发变化，提供更具前瞻性的分析支持。

10.3.3　AI在传统金融应用场景中的优化与提升

AI在金融领域的应用涵盖智能投顾、风险管理、合规监控等多个方面，通过提升数据处理效率和智能分析能力，为金融行业带来了质的飞跃。在智能投顾中，AI利用机器学习和大数据分析，实现了投资组合的个性化和动态管理。Shah & Clarke（2021）认为，智能投顾不仅能够帮助投资者根据实时市场变化优化投资组合，还可以通过算法识别和分析用户的风险偏好，提供更具个性化的金融服务，这种基于数据驱动的决策机制改变了传统财富管理的模式，使金融服务更加精准和高效[5]；在风险管理和合规方面，AI通过自动化的监测手段帮助金融机构识别潜在的市场风险并实现实时的合规监控。深度学习（DL）和自然语言处理（NLP）技术支持AI快速检测市场中的异常交易行为，识别潜在的欺诈活动，并提供全面的风险评估。通过AI的应用，金融机构能够以更低的成本应对市场的不确定性，确保合规性并提高操作透明度。AI驱动的反欺诈系统在识别异常行为上表现优异，这在提高市场稳定性方面起到了重要作用[6]。

10.3.4　AI赋能金融学的前景、挑战与跨学科融合

尽管AI在金融学中展现了强大的应用潜力，但其未来发展也伴随着诸多挑战和跨学科合作的需求。AI模型高度依赖数据质量，数据的准确性、完整性和多样性直接影响预测结果。然而，金融数据往往受到隐

私、获取成本等限制，这使得模型在实际应用中可能面临数据稀缺的困境。此外，模型的复杂性和金融市场的非线性结构也使得AI容易在过拟合（Overfitting）问题上遭遇瓶颈，模型在训练数据上表现优异，但在实际数据中的表现可能不佳。正如Goodfellow等人（2016）所提到的，深度学习模型的复杂性往往使其难以适应快速变化的市场环境，因此在金融学科中应用时需格外关注模型的适应性[7]。

AI的未来发展不仅取决于技术本身的改进，还涉及跨学科的整合。AI与行为金融学、经济学和社会学等学科的融合，使金融研究在解释和预测市场行为上更具深度。例如，AI能够在分析经济数据的同时，结合行为金融学的理论框架，预测市场参与者的情绪和决策偏好。这一跨学科的整合使得金融模型在市场预测上具有更高的灵活性和解释力。Park等人（2022）指出，AI驱动的行为金融学在理解投资者情绪对市场波动的影响方面表现出色，为市场反应的非线性特征提供了新的视角[8]。跨学科融合为AI赋能金融学带来了理论支持，也为未来的应用创新提供了新的思路。

在技术前景方面，量子计算作为新兴计算技术，可能进一步增强AI在金融市场的计算能力。量子计算能够在极短时间内处理大量数据和复杂计算，被认为是提升AI在金融学领域应用潜力的重要突破方向。Biamonte等人（2017）研究指出，量子计算的引入有望解决金融市场中数据处理的瓶颈，为高频交易和实时市场预测提供更高效的技术支持[9]。同时，量子计算在优化AI模型训练时间、提升计算速度等方面具有显著优势，特别是在金融市场的实时响应和动态决策中，量子计算的快速处理能力将为AI的应用带来深远影响。

在伦理和数据隐私保护方面，AI的应用带来了许多监管挑战。金融数据的敏感性和AI算法的透明度问题使得数据隐私保护在金融领域尤为重要。AI模型的黑箱特性（Black-box Nature）往往导致决策透明性不足，可能使用户面临不知情的风险。此外，AI在金融决策中可能带来的潜在偏见，也使得金融机构必须关注算法的公平性。学者Sweeney（2019）指出，金融AI的透明性和伦理合规性问题已经成为学界关注的焦点，未来需通过

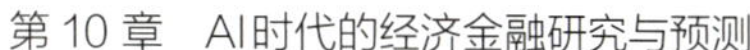

更加透明的算法设计和严格的监管框架来应对这些问题[10]。由此可见，AI在金融领域的可持续发展不仅依赖于技术创新，还必须在数据隐私、模型透明性和伦理问题上寻求平衡，以推动行业健康发展。

在未来，随着AI与其他学科的进一步融合，金融学的研究方法将更具前瞻性和多样性。通过跨学科合作、技术创新以及伦理规范的完善，AI赋能的金融学将为市场预测和风险管理提供更加成熟和稳健的解决方案，为全球金融市场的稳定和健康发展提供支持。

参考文献

[1] Brummer C, Yadav Y. The Fintech Trilemma[J]. *Georgetown Law Journal*, 2020, 109(2): 235–290.

[2] Hu Y, Liu Q, Zhang W. Understanding Market Sentiment in the Age of Big Data: An NLP Approach[J]. *Journal of Financial Data Science*, 2021, 3(1): 48–60.

[3] Brownlee J, Carter P, Smith R. Multimodal Data Integration in Financial Risk Assessment[J]. *International Journal of Financial Research*, 2022, 13(4): 15–32.

[4] Zhang L, Li X. Using Large Language Models to Predict Market Reaction to Policy Changes[J]. *Finance Research Letters*, 2021, 40: 101726.

[5] Shah A, Clarke P. Robo-Advisors and AI in Personalized Wealth Management[J]. *Journal of Financial Planning*, 2021, 34(4): 58–69.

[6] Carcillo F, et al. Combining Unsupervised and Supervised Learning in Fraud Detection[J]. *Future Generation Computer Systems*, 2020, 106: 388–409.

[7] Goodfellow I, Bengio Y, Courville A. *Deep Learning*[M]. MIT Press, 2016.

[8] Park S, Kim J. Behavioral Finance and AI: Modeling Investor Sentiment[J]. *Journal of Behavioral Finance*, 2022, 23(2): 150–162.

[9] Biamonte J, et al. Quantum Machine Learning[J]. *Nature*, 2017, 549: 195–202.

[10] Sweeney L. Transparency and Ethics in Financial AI[J]. *Ethics in AI Research*, 2019, 14: 73–85.

第 11 章
基于多模态人工智能的数智人文发展前景*

近年来，随着AI技术的迅猛发展，其在数据处理、模式识别和预测分析等方面的能力逐步展现，推动了人文学科研究范式的深刻变革。本章聚焦AI在历史地理、古文字学、现代语言学和科技考古等关键领域中的应用，探讨了AI如何通过大数据挖掘和深度学习等先进技术，重构传统研究方法，揭示新的学术洞见。在历史地理领域，AI被用于分析时空数据、重建人类文明变迁的多模态时空格局；在古文字研究中，AI为破译未知文字、分析语义变化提供了强有力的工具；在现代语言学领域，深度学习模型极大地提升了对语言模式和语义结构的解析能力；在科技考古领域，AI则推动了从文物识别、文化遗产保护到考古遗址数字化重建的全面创新。

本章旨在梳理这一系列跨学科研究的最新进展，展示AI技术为人文学科带来的新机遇与挑战，并展望未来发展趋势和研究方向。

---

* 本章由文少卿副教授牵头编写。

文少卿，现任国家发展与智能治理综合实验室副主任，副教授，“中欧人才”（国家自然基金委，2021年）、“兰台青年学者”（中国历史研究院，2023年），专注分子考古、量化考古与法医考古，利用古基因组学研究中华民族谱系，探讨文明起源与民族交融的历史进程。

本章提要

- AI通过自动化处理历史地理数据、识别复杂时空模式，在革新了传统研究方法，提升效率和准确性的同时，揭示了地理环境变化对人类社会的深远影响
- AI技术与古文字学的深度融合，助力破译疑难字词、构建形体源流谱系，推动汉字教育和书法教学。以“平台模式”和“作坊模式”相结合的方式，推动科研范式与人才培养模式的变革。
- AI在语言学中的应用涵盖数据纠错、标准化处理和跨方言分析，拓展了语言演化研究的新视角，为濒危语言的保护提供技术支持。
- AI结合遥感数据和场景数字化技术，将推动考古场景的“数字孪生”与智能化管理，显著提升遗址发掘与文物保护的效率和精度。
- AI在考古报告自动生成和专业数据库子模块（如陶瓷器、金属器等）建设中的应用，实现考古信息的系统化存储与管理。
- AI与数智人、数智城市及元宇宙技术的结合，将打造互动性更强的文化遗产展示形式，增强公众对古代文明的参与和体验。
- AI生成艺术作品在商业和创意产业中，通过个性化和高效的视觉内容创作，帮助品牌提升市场影响力，并在社交平台、用户创作和艺术品交易中创造新的商业模式，推动了数字艺术的蓬勃发展。
- AI生成技术在时尚和设计产业中加速产品创新和个性化定制，成为艺术创作的新工具，丰富用户体验，也为学生和艺术家提供了丰富的创作资源，促进了艺术与技术的融合发展。

11.1 AI赋能历史地理：时空模式识别与智能知识库构建*

AI技术在历史地理学应用的重点领域，包括自动化分析与整合历史地理数据、识别与模拟历史地理时空模式、构建历史地理专家知识库与智能问答系统。在具体方法上，通过NLP和计算机视觉技术，AI可以自动化提取和整合历史文献和地图中的关键信息，提高研究效率和准确性。同时，AI还能识别和模拟历史气候、城市发展等时空模式，为历史地理学研究提供新视角。此外，依托历史地理学科基础构建专家知识库与智能问答系统，AI有助于推动学术发展和技术进步。

11.1.1　历史地理数据的自动化分析与整合

中国拥有浩瀚如烟的史料，其中蕴含着丰富的时空信息。在历史地理学领域，研究者们长期面临着数据收集与整合的挑战。这一过程不仅需要耗费大量的时间和人力，而且由于依赖于人工操作，其准确性和一致性也常常受到质疑。传统的研究方法通常涉及手动阅读和解析历史文献、地图和其他资料，然后记录下关键信息，如地理位置、历史事件和时间节点等。这种方法不仅效率低下，而且研究者的主观判断可能导致信息的误读或遗漏。然而，随着AI技术的发展，特别是NLP和计算机视觉技术的进步，历史地理学的研究方法正在经历一场革命。AI技术的应用使得自动化处理和整合历史地理数据成为现实，极大地提高了研究的效率和准确性。

---

*　本节由张晓虹教授和李爽副研究员撰写。

张晓虹，复旦大学中国历史地理研究所所长，教授，教育部人文社会科学重点研究基地复旦大学历史地理中心主任、《历史地理研究》副主编。主要研究方向为历史城市地理、历史文化地理，并关注新方法在历史地理研究中的应用。

李爽，复旦大学中国历史地理研究所副研究员，上海市曙光学者、晨光学者。主要研究方向为历史GIS、历史地理科学数据建设。

NLP技术的应用，使得机器能够理解和处理人类语言，自动化地从大量历史文献中提取关键信息。这些信息包括地名、年代、事件等，它们可以被结构化地存储和组织，为后续的分析和研究提供便利。例如，通过训练AI模型识别古文中的地名，研究者可以迅速地构建起一个关于历史地理实体的数据库。这样的数据库不仅包含了丰富的地理信息，而且可以通过AI技术进行动态更新和维护。

计算机视觉技术在历史地理学中的应用也同样重要。这项技术可以分析和解释历史地图和图像，自动识别出地图上的地理特征和地标。通过这种方式，研究者能够生成详细的地理信息图层，这些图层可以与其他数据源相结合，提供更为丰富和立体的历史地理信息。

整合这些新的数据，研究者可以构建一个更全面的历史地理信息数据库。这样的数据库不仅提高了数据的可访问性和分析效率，而且为历史地理学的多维度研究提供了坚实的基础。例如，通过整合历史气候数据、地理信息和历史事件记录，研究者可以更深入地理解气候变化对历史文明发展的影响。

此外，AI技术还可以帮助研究者处理和分析那些传统方法难以触及的数据。例如，古代文献中可能包含大量关于地理环境和社会结构的信息，但这些信息往往以隐晦或非结构化的形式存在。AI技术可以通过模式识别和深度学习算法，揭示这些信息背后的模式和联系，为历史地理学的研究提供新的视角和洞见。

在历史地理学的未来发展中，AI技术的应用前景广阔。它不仅可以提高研究的效率和准确性，还可以帮助研究者探索更为复杂和深入的研究问题。随着技术的不断进步，我们可以预见，AI将成为历史地理学研究中不可或缺的工具，推动学科的发展进入一个新的阶段。

11.1.2 历史地理时空模式的识别与模拟

历史地理学作为一门研究地理环境及其与人类社会相互作用如何随时间演变的学科，其核心目标之一便是揭示地理环境变化对人类社会的深远

影响。随着AI技术的飞速发展，尤其是机器学习和深度学习领域的进步，我们拥有了前所未有的工具来识别和模拟这些复杂的时空模式。

在历史气候领域，机器学习算法通过其强大的数据处理能力，能够分析和识别大规模历史气候数据集中的模式，通过识别中国历史文献中的历史气候变化趋势，为全球气候变化这一领域交出中国特色的答卷。这些数据集涵盖了从数百年到数千年的气象记录、农作物产量、水资源分布等信息，构成了研究历史气候变化的宝贵资料。利用机器学习，研究者可以识别出历史上的旱涝周期、温度变化趋势、极端气候事件等关键模式。这些模式的发现对于理解历史上的农业产出波动、人口迁移模式、疾病传播路径等具有重要意义。例如，通过分析历史时期的旱涝记录，我们可以更好地理解古代文明的兴衰与气候变化之间的联系。温度变化趋势的分析则有助于我们预测未来气候变化对农业生产的潜在影响。此外，AI技术在分析长期气象记录和农作物产量数据方面展现出巨大潜力，能够揭示气候变化与粮食安全之间的复杂关系。这种分析不仅能够为理解历史上的饥荒、社会动荡提供新的视角，也能为现代社会制定气候适应策略提供历史借鉴。例如，通过研究历史上的气候变化对农业产出的影响，我们可以识别出哪些作物对气候变化更为敏感，从而为现代农业生产提供指导。通过这些策略，我们可以更好地准备和应对未来可能的气候变化带来的挑战。例如，我们可以开发出更适应未来气候条件的作物品种，改进灌溉系统以更有效地利用水资源，或者制定更有效的灾害应对计划以减少极端气候事件的影响。AI技术在历史气候研究中的应用还不止于此。它还可以帮助我们重建古代气候模型，预测不同历史时期的气候条件，以及评估气候变化对古代社会结构和文化发展的影响。这些研究不仅能够丰富我们对历史气候变迁的认识，还能够为今天的气候政策制定提供科学依据。

在图像识别和场景理解方面，深度学习技术，尤其是卷积神经网络（CNN）展现出卓越的性能。在历史地理学的研究中，深度学习技术可以用于模拟古代城市的发展、交通网络的变迁以及自然环境的演变。通过深度学习模型，研究者能够从历史地图和考古遗址的图像中提取有价值的信息，重建古代城市的三维模型，甚至预测城市发展的趋势。这种重建不仅能够帮助我们更直观地理解古代城市的布局、功能分区和交通流动，还能够揭示城市与周围环境之间的关系。例如，通过分析古代城市与河流、农田、山脉等自然要素的相对位置，研究者可以探讨这些地理因素如何影响城市的选址、发展和最终的衰落。

11.1.3 历史地理专家知识库构建与智能问答系统

作为复旦大学特色优势学科之一，历史地理学科拥有卓越的学术成就和丰富的研究成果，这为我们构建历史地理专家知识库与智能问答系统提供了坚实的基础。依托复旦大学这一卓越的学术平台，我们将充分利用我们的学术资源和研究实力，致力于打造一个全面、权威的历史地理信息资源中心，以进一步推动学科的学术研究和知识传播。

首先，知识库的构建应从系统化整理和数字化复旦大学历史地理学科的学术成果着手，包括学术论文、专著、研究报告、地图集等。这些文献资料构成了知识库的核心内容。通过NLP技术，可以高效提取文献中的关键信息，如时间、地点、事件、人物等，并将这些信息进行结构化存储，为知识库奠定坚实的数据基础。

其次，知识库的构建还须融合历史地理学的理论和方法论，涵盖基本概念、理论框架、研究方法和分析模型等。这些理论知识将通过专家系统转化为可查询、可推理的知识体系，将专家的经验和智慧嵌入系统之中。

进一步地，智能问答系统的开发将依托于知识库的数据，运用机器学习和深度学习技术，训练出能够理解用户查询意图、检索相关信息并提供准确回答的问答模型。该模型应具备逻辑推理能力，能够根据用户的问题进行深入分析和解释。

为了提升系统的实用性和互动性，应开发用户友好的界面，支持文本、语音、图像等多种查询方式，并提供在线教育资源和研究辅助工具。同时，系统应具备自我学习和更新的能力，根据用户反馈和最新研究成果不断优化。

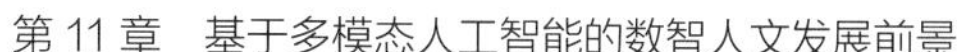

基于复旦大学历史地理学科构建的专家知识库与智能问答系统，将是一个创新且具有深远影响的项目。它不仅能够增强历史地理学科的研究和教学能力，还能推动学术发展和技术进步，成为历史地理学研究和教育的宝贵资源和工具。随着系统的持续完善，它将为历史地理学的探索和传承开启新篇章。

11.2 基于多模态大模型的AI古文字专家*

中国的汉字是世界上唯一沿用至今的古典文字，从甲骨文算起已有3 000多年的历史。2014年，习近平总书记在参观北京市海淀区民族小学的墨韵堂时指出："中国字是中国文化传承的标志，殷墟甲骨文距离现在3 000多年，3 000多年来，汉字结构没有变，这种传承是真正的中华基因。"2019年，习近平总书记致甲骨文发现和研究120周年的贺信强调："殷墟甲骨文的重大发现在中华文明乃至人类文明发展史上具有划时代的意义。甲骨文是迄今为止中国发现的年代最早的成熟文字系统，是汉字的源头和中华优秀传统文化的根脉，值得倍加珍视、更好传承发展。新中国成立70年来，党和国家高度重视以甲骨文为代表的中华优秀传统文化传承和发展。"并提出明确要求："新形势下，要确保甲骨文等古文字研究有人做、有传承。希望广大研究人员坚定文化自信，发扬老一辈学人的家国情怀和优良学风，深入研究甲骨文的历史思想和文化价值，促进文明交流互鉴，为推动中华文明发展和人类社会进步作出新的更大的贡献。"

100多年前，胡适提出："发明一个字的古义，与发现一颗恒星，都是一大功绩。"[1]陈寅恪也认识到："凡解释一字即是作一部文化史。"[2]甲骨文等古文字的文字形体、构造方式、书写方式以及文字记录语言的方式、文字与语言的互动关系等，都反映中华民族独特的认知方式，蕴含早期文明的诸多方面。世界历史上，文明复兴往往要返回文明的源头挖掘古典文明的精髓。中国有5 000多年的文明史，建设中华民族现代文明也必须从中华古典文明中汲取营养。古文字和使用古文字书写的先秦古典文献（单说的"古典"也

---

* 本节由蒋玉斌研究员、任攀副研究员撰写。

蒋玉斌，复旦大学出土文献与古文字研究中心研究员，出版有《殷商子卜辞合集》，发表论文50余篇，主持国家社科基金项目3项、省部级项目6项。主要研究方向为古文字学和出土古文字文献的整理与研究。曾获首批甲骨文释读优秀成果一等奖、上海市哲学社会科学优秀成果奖、汉字文化传播贡献奖等。

任攀，复旦大学出土文献与古文字研究中心副研究员。

可以理解成上古典籍）是中华古典文明的重要载体。先秦古典文献所用的文字在流传过程中已经从古文字演变为隶楷文字。历史上曾有两次先秦古典文献的重大发现，即西汉前期发现的“孔壁竹书”和西晋早期发现的“汲冢竹书”，都是使用古文字书写的，在中国学术史上都产生重大影响。新中国成立以后，尤其是20世纪70年代以来，从地下出土了大量使用古文字书写的古典文献，包括传世先秦典籍的抄本，也包括久已亡佚的佚书、佚篇，总体上看，无论是数量还是内容，都已远远超出历史上的两大发现。[3]

古文字以及使用古文字书写的古典文献是中华民族独具特色的文化基因，是复原早期中华文明不可或缺的重要资源。但是，古文字学目前的现状是从业人数少、学术壁垒高、研究难度大、人才培养难，是典型的冷门绝学。为改变这个局面，教育部将古文字学列为“强基计划”招生专业，加大后备人才培养力度。古文字学的学科发展也要主动适应AI时代的变革，把握机遇，探索古文字与AI的深度融合，利用“平台模式”的优势，与传统的“作坊模式”相互补充，推动科研范式、人才培养模式的变革，共同推动古文字学的科研、教学以及推广应用。

近年来学者在古文字与AI结合方面有一些探索和成果[4,5,6]，主要包括甲骨缀合[7,8]、图像校重[9]、青铜器分期断代[10]、文字识别[4,12]、知识图谱[4,13]、工作流[14]、多模态数据集[15]等，但在结构化数据的增量、提质以及理论方法的系统整合等方面仍有很多工作要做。从古文字研究全流程、全方位的工作来看，古文字与AI的深度融合可围绕古文字知识图谱、古文字形体智能识别、古文字图像辨识和文本切分、古文字论著深度挖掘和自动标注四个方面开展工作，目标是打造大模型智能体“AI古文字专家”，可应用于古文字疑难字词的考释研究、古文字形体源流谱系的构建与呈现、汉字教育、书法教育以及中华文明的探索和推广。

11.2.1　古文字知识图谱

系统吸收古文字学界对古文字形体、古音、词义等方面共时、历时的研究成果，提取实体、关系和属性。基于古文字考释研究的经典案例，搭建古文字考释研究的规则模型。可视化呈现、深度挖掘各实体间的复杂关系，实现知识的融合和加工推理。

初期可先聚焦古文字形体演变专题知识图谱的搭建，为古文字形体智能识别提供支撑。

充分利用已有的语言模型进行微调，吸收语言文字学方面的权威数据库、工具书、经典论著等对汉语字词进行属性标注和关系梳理，跟古文字知识图谱整合对齐，以便实现古文字文本的自动切分、注释翻译等。

基于结构化数据构建的知识图谱可为大量多模态非结构化数据的组织分析和预训练提供支撑，分析结果也能丰富、更新知识图谱。

11.2.2 古文字形体智能识别

古文字考释最根本的出发点就是“形体”和“辞例”（上下文的语言环境）。古文字形体智能识别首先要用已释字的形体（偏旁、笔画的拆分及其组合方式）、辞例（字词的组合、聚合关系）进行深度加工和训练，对未释字的已知信息进行标注，在此基础上才能对未释字进行识别和分析。

目前的手写文字识别、古文字形体智能识别技术主要是对形体进行整体和局部特征的比对，近几年也有学者探索利用基于字根、偏旁的神经网络识别古文字[11,12,13]。从学理角度讲，将人工智能跟专家智能结合的最好方式就是探索线条（笔画）、部件（偏旁）及其组合、位置关系的智能识别，结合文字构造的类型、古文字形体演变的基本规律，对古文字形体进行符合学理的智能识别、隶定和结构分析，并尽可能地结合辞例分析它表示的词。

11.2.3 古文字图像辨识和文本切分

古文字的载体有甲骨、青铜器、简牍、帛书、玺印、陶瓦、货币、玉石、漆木器等等，有传世品，更多的是考古出土物。墓葬形制、地层、伴出物、器形、纹饰等都可能帮助确定器物的年代。

图像辨识的第一步就是载体类型和年代的辨识。这要求古文字图像的采集不单单有文字部分的图像，包括整个器物的图像、纹饰等考古信息，

还需要跟考古资料库结合。

汇集古文字资料的彩色照片、黑白照片、X光照片、红外照片、拓片、摹本等图像，对图像进行降噪预处理、分析版面、定位单字、形体识别（结合辞例）、文本生成（原始版式、可编辑版式）。

甲骨、简牍、帛书涉及残片的拼缀，简牍、帛书还涉及篇章的编联。这些工作要基于文字书体、书写风格的辨识，结合字词组合关系、篇章结构格式、载体外在特征（纹理、形制、刻划等）以及墨迹的渗印等作出分析和判断。

基于古汉语语言模型、古文字知识图谱以及从古文字论著中提取的信息，对从古文字图像中识别出的文本进行自动切分、提取实体（字词、专名等）、标注词性、句读标点、注释疏解、白话文翻译、多语种外译等工作。

11.2.4 古文字论著深度挖掘和自动标注

古文字资料一般集中见于考古报告、简报、古文字专门著录书中，首先要从这些书中提取古文字资料的考古信息（出土地、出土时间、地层、形制、纹饰等）、收藏信息、著录信息，采集图像（彩图、拓片、摹本等）和释文，对释文进行字词切分和标注。

基于古文字资料的著录、名称以及释文中的字词等信息，匹配定位古文字论著中的相关研究，分析学术观点、提取主题词、提炼推理逻辑等，选取适量论著进行初步标注，以便对已有大语言模型进行校正微调。

选取经典论著作为案例构建知识图谱子图和古文字考释研究模型，对专家研究模式进行解构、复盘，通过校正不断迭代升级，以便面向新问题智能设计研究路径、检索相关研究文献、提取相关知识并加以理解、整合和表达。这个过程将专家智能和机器智能深度融合，是加快古文字考释进度的关键。

古文字文本记载的内容包罗万象，这决定了古文字学属于交叉学科，关系最为密切的是语言学、文字学、文学、文献学、历史学、考古学、思想史等学科，另如兵书、数术、方技类文本的整理研究又涉及很多专业学

科。古文字文本的整理研究需要这些学科的支持，也有责任面向这些学科建设专题古文字资料库。基于各相关学科的主题词表，利用AI技术对古文字文本和相关研究进行深度挖掘和自动标注，可以快速实现这个目标。

“AI古文字专家”可以帮助现代人快速了解汉字的构造方式和源流演变，认识汉字的思想文化内涵，正确地使用和说解汉字。公元100年，被时人誉为“五经无双许叔重”的东汉古文经学家许慎，为了纠正今文经学家依据讹变的隶书妄说字形的谬误，写成《说文解字》初稿，再经过二十余年修订完成后进献给朝廷。这部书收录小篆9 353个，古文、籀文1 163个，将它们按形体归在540个部首下，并对文字结构、意义、读音等作了说解。但是，许慎能见到的古文字毕竟不多，书中有不少错误。甲骨文等古文字可以纠正《说文解字》的错误，利用新资料、新理论、新方法完全可以对汉字作出新的说解和阐释。从这个意义上讲，“AI古文字专家”也可说是“AI许慎”。

复旦大学出土文献与古文字研究团队在裘锡圭教授、刘钊教授等学者的持续带领下，经过二十年的发展，已经成为成果丰硕、结构合理、优势明显的高水准学术团队。在复旦大学“双一流”建设项目“中华早期文明跨学科研究计划”中，出土文献与古文字研究中心承担“先秦秦汉古汉字资料数据库”的建设任务，考察我国先秦秦汉时期古汉字的共时分布与历时演变。另外，在列入《国家“十一五”时期文化发展规划纲要》的重大建设项目“中华字库”工程中，出土文献与古文字研究中心承担了“金文的收集与整理”“楚简、帛书及其他古文字的搜集与整理”的研发任务，起草制定工程标准《古汉字搜集与整理工作导则》，在古汉字属性整理标注方面积累了大量数据和丰富的工作经验。在全国哲学社会科学工作领导小组批准、中国文字博物馆举办的两次“甲骨文释读优秀成果”评选活动中，出土文献与古文字研究中心蒋玉斌研究员获首批唯一一等奖，陈剑教授获第二批一等奖，谢明文研究员获第二批二等奖，在国内高校中获一等奖最多、获奖总数最多。将高水准的古文字研究与AI技术深度融合，必将推动古文字学科研范式以及人才培养模式的变革，推动中华优秀传统文化的创造性转化和创新性发展。

参考文献

[1] 胡适. 论国故学[M]. 俞吾金. 疑古与开新[M]. 胡适文选. 上海：上海远东出版社, 1995: 39. 原载《新潮》1919年10月30日第2卷第1号.

[2] 沈兼士."鬼"字原始意义之试探[M]. 沈兼士学术论文集. 北京：中华书局, 1986: 202. 原载北京大学《国学季刊》1935年第5卷第3号.

[3] 裘锡圭. 出土文献与古典学重建[M]. 复旦大学出土文献与古文字研究中心. 出土文献与古典学重建论集. 上海：中西书局, 2018: 13–37. 原载李学勤主编《出土文献》第四辑, 上海：中西书局, 2013: 1–18.

[4] 李春桃，张骞，徐昊，高嘉英. 基于人工智能技术的古文字研究[J]. 吉林大学社会科学学报, 2023(2): 164–173.

[5] 李邦，宋镇豪. 人工智能与甲骨文研究的学科交叉探索[N]. 中国社会科学报, 2023-11–14(7).

[6] 莫伯峰，张重生. 人工智能在古文字研究中的应用及展望[J]. 中国文化研究, 2023(2): 47–56.

[7] Zhang C, Zong R, Cao S et al. AI-Powered Oracle Bone Inscriptions Recognition and Fragments Rejoining[C] *Twenty-Ninth International Joint Conference on Artificial Intelligence and Seventeenth Pacific Rim International Conference on Artificial Intelligence*. International Joint Conferences on Artifical Intelligence, Yokohama, 2020.

[8] 莫伯峰，张重生，门艺. AI缀合中的人机耦合[J]. 出土文献, 2021(1): 19–26.

[9] 武智融，莫伯峰，巩诗晨. 人工智能在甲骨文重片整理中的应用[EB/OL]. 先秦史研究室网站, 2022–11–30.

[10] 李春桃，戚睿华，杨溪，周日鑫. 基于深度学习技术的青铜鼎分期断代研究[J]. 出土文献, 2023(3): 16–32, 154–155.

[11] Guan H, Yang H, Wang X et al. Deciphering Oracle Bone Language with Diffusion Models[C] *the 62nd Annual Meeting of the Association for Computational Linguistics*. Association for Computational Linguistics, Bangkok, 2024.

[12] 林小渝，陈善雄，高未泽，莫伯峰，焦清局. 基于深度学习的甲骨文偏旁与合体字的识别研究[J]. 南京师大学报（自然科学版）, 2021(2): 104–116.

[13] Chi Y, Fausto G, Shi D et al. ZiNet: Linking Chinese Characters Spanning Three Thousand Years[C] *In Findings of the Association for Computational Linguistics*. Association for Computational Linguistics, Dublin, 2022.

[14] 李霜洁，蒋玉斌，王子杨，刘知远，孙茂松. 数智增强的古文字文献新整理：以殷墟花园庄东地甲骨刻辞为例[M]. 杜晓勤. 中国古典学（第五卷）. 北京：北京大学出版社, 2024: 67−86.

[15] 莫伯峰，张重生. 以多模态大模型推动中国古文字研究发展[J]. 中国语言战略, 2024(2): 37−47.

11.3 AI视域下东亚语言数据与资源生态建设*

语言数据尤其是语音数据是语言学研究的基础，准确的语音数据对于语音学、音系学以及语言类型学等研究具有重要支撑作用。因此，构建高质量、全面的语言数据库对语言学发展至关重要。语言数据与资源生态建设的概念主要指创建一个支持语言数据获取、处理、共享和应用的可持续环境。正如自然界中的生态系统，各类资源（如语料库、标注工具、处理软件等）相互依存，共同维系这一生态系统。AI技术的发展有利于建立完善的语言资源生态，使得语言数据在AI技术的加持下更加丰富，正确率更高，而丰富的语言资源也将反哺AI模型训练，进一步提升AI软件性能。

复旦大学建立的东亚语言数据库，其特点是规模大、数据正确率高，是为语言学专业研究所设计的数据库平台，也是少有的集数据与资源于一体的语言学专业平台。

本节将从语言数据采集、数据处理和数据分析三方面，探讨AI在东亚语言数据库建设与研究中的作用。

11.3.1 语言数据采集

AI赋能语言采集：“引入AI与多模态设备的语言采集方式，极大地突破了传统方法的局限，为语言学研究提供更丰富的数据信息。”

传统的语言数据采集方式[1]通常是语言学家前往现场，与母语者互动，采集语音并用国际音标记录。这种方法通常耗时数周，要求具有较高的专业技能，采集的数据量有限，只能大致描绘出被调查语言的基本特征，但很难深入细致地描述该语言的全部复杂性。

---

* 本节由潘晓声、张计龙撰写。

潘晓声，复旦大学图书馆副研究馆员，主要从事语音学、民族语等领域的研究。主持国家社科基金2项，教育部社科基金1项，以及多项语委、省市级项目；参加社科重大项目10余项；发表学术论文十多篇。

未来，随着AI大模型的发展，语言调查方式可能会发生根本变化，逐字听辨的人工记音或许不再是主流。通过大规模录音采集并结合AI技术，可以有效减少工作量。然而，广泛应用AI采集更多小语种数据仍需大量的录音和语义标注，以支持语言识别模型的训练。我们的语言数据将成为AI实现自动国际音标识别和语音合成的基础。

此外，新的语言数据采集方式也逐渐兴起。多模态设备[2]能够同步采集音频、视频、声带振动和呼吸等多种信号，弥补了传统记录方法的不足。通过这种更全面的采集方式，研究人员不仅能记录语音本身，还能捕捉情感状态、病理特征等信息，从而大大提升数据的丰富性和研究价值。

多模态数据的复杂性较高，传统分析方法难以有效处理，而AI技术为其提供了新的解决途径。借助AI，系统可以自动分析音频、视频和生理信号等多种数据，识别语音特征、捕捉发音者的情感和面部变化等细节，进而精确理解情感状态[3]、病理特征[4]和语言信息[5]。多模态AI分析不仅提升了数据的解析深度，还实现了与复杂语言特征的多维度关联，为语言学研究提供了更加丰富的视角和可能性。

11.3.2 语言数据处理

AI在数据质量控制中的潜力："AI技术尚未完全落地，但在记音纠错、数据标准化和跨方言一致性分析中展现出巨大潜力。"

在传统的语言数据处理过程中，语言学家需要对已采集的数据进行校验，以确保记录的准确性。通常采用同音校验法，将相同读音的词汇集中让发音人重复朗读，或通过录音逐一播放。当发现发音不一致时，即可纠正错误。这种方法在小规模数据处理上较为有效，但当面对大规模数据集时，效率明显不足。此外，语言调查通常在偏远地区进行，工作量大且劳累，录音采集后常缺乏全面的同音校验，导致数据中可能存在各种错误。

随着数据量的增加，由于语言学专家的专业背景、记音习惯、母语差异和记音疲劳等因素，采集过程中难免出现以下几类记音错误：

① 记音错误或输入失误。调查人员在记录发音时可能会犯错，而在没

有原始录音的情况下，这些错误难以被发现和纠正。

② 记音习惯差异。不同调查人员可能使用不同的记音符号，例如对于送气音的记录，有些人可能使用“h”，而另一些人则使用“’”，易造成混淆。

③ 方言与普通话的干扰。发音人可能受到普通话影响，倾向于使用普通话读音替代方言发音，从而导致数据失真。

④ 语义传达不准确。调查人员的提示不够清晰，导致发音人理解错误。例如，当调查人员提供“鸡”这个汉字时，在某些方言中可能只有“公鸡”和“母鸡”的说法，而不存在单独的“鸡”的概念。若未明确说明，发音人可能会随意选择一种，而缺乏经验的调查人员难以判断其准确性。

在这些情况下，AI技术为大规模语言数据的校验提供了新方法，能够利用模式识别和机器学习算法来识别和纠正语音数据中的错误。具体而言，AI可用于以下几方面的处理：

① 自动语音识别（Automatic Speech Recognition，ASR）[5]与校验。AI驱动的ASR系统能自动转录大量语音数据并与原始记录比对，标记出潜在错误。例如，当某词在不同样本中的转录不一致时，系统提示语言学家进行人工核查。

② 数据标准化。AI可自动将不同调查人员的记音习惯标准化，减少主观差异带来的误差，提升数据一致性，为后续语言分析提供更可靠的基础。

③ 跨方言一致性分析[6]。深度学习模型训练的AI系统可学习方言和普通话的音系差异与共性，通过跨方言分析识别因普通话影响或方言干扰导致的异常发音，从而提高数据准确性。

④ 语义检查。NLP技术可分析调查人员的提示信息是否足够清晰，辅助生成更合适的提示供发音人理解，避免语义误解。

通过这些AI技术的应用，语言数据处理的效率和准确性可大大提升，进而为语言学研究提供更加精确和一致的语言描述。这些进步有助于理解和保护全球多样的语言文化，特别是在小语种和濒危语言保护方面具有重要意义和应用潜力。

11.3.3 语言数据分析

AI的动态更新能力与多维数据整合方法，使其成为实时追踪和预测语言演变的理想工具。

我们已经开发了一些语言分析软件，如语言地理信息系统，此系统能够在地理空间上分析不同的语音特征，若将这些特征与特定的文化、人群、事件等进行关联，可以为进一步研究提供基础。汉语方言计算机处理系统能够对全国各地的方言进行历时比较，从而揭示汉语方言的演变和发展规律。这些工具主要依靠的还是统计学方法，并未使用更多的AI技术。

近年来，大规模语言模型[7]的共性研究逐渐显现出其学术价值，特别是在语言演化和语言类型学等热点领域，这些研究往往依赖于大规模的语言数据库。随着语言数据规模的提升，研究的复杂性也随之增加，传统的语言学方法在捕获这些复杂性方面显得力不从心。语言本身是一个高度复杂的系统，其演变不仅受到地理位置[8]、社会背景、文化接触等外部因素的影响，还受到发音器官、听觉器官等内部因素的制约。因此，仅靠单一因素的统计分析难以全面理解语言变化。

AI能够高效处理大规模数据，识别出语言演变中的复杂、非线性模式。例如，AI可以在语言演化研究中综合多种因素的影响，通过多因素分析揭示其背后的复杂机制[9]。此外，AI模型能够动态更新，在输入新数据后可以根据新数据自动调整音变规则和演变模型[10]，帮助研究人员实时追踪语言变化轨迹。

虽然传统语言学方法在语言变化和音变规则分析中有其不可替代的作用，但AI的加入大大扩展了分析的深度和广度[11]。AI不仅能处理海量数据，还能识别隐藏在数据中的复杂关系，整合多维因素进行全面的动态分析和趋势预测。因此，AI正在成为现代语言学研究中不可或缺的工具，为我们理解和揭示语言的演变与多样性带来全新的可能。

AI在语言学中的应用不局限于提升语言数据库的质量和效率，还将为广泛的语言学研究领域提供强有力的支持。东亚语言数据库在AI的赋能下，通过精细化的多模态数据采集、数据标准化及跨方言一致性分析，不仅满足数据库建设需求，还为音系学、语音学、方言学和语言类型学等领域提供了更全面的数据基础。高质量的语言数据能够支撑音系学和方言学中的发音模式识别与音变规则归纳，推动这些领域的深入研究；而数据的多模态特征使研究者可以进一步探讨语音中的情感表达、病理特征等因素及其在语言学中的作用。这些领域的数据需求反过来将加速AI在语言学研究中的应用价值，确保AI能够更高效地帮助我们追踪语言演变规律。因此，AI在提升语言数据库质量的同时，也推动了语言学研究在更多维度和更广泛的领域中实现质的飞跃。

参考文献

[1] Ladefoged P. *Phonetic data analysis: An introduction to fieldwork and instrumental techniques*[M]. 2003.

[2] 孔江平. 实验语音学基础教程[M].北京大学出版社 2015.

[3] 陶建华，陈俊杰，李永伟. 语音情感识别综述[J]. 信号处理, 2023, 39(4).

[4] Kadiri S R, Alku P. Analysis and detection of pathological voice using glottal source features[J]. *IEEE Journal of Selected Topics in Signal Processing*, 2019, 14(2): 367−379.

[5] Radford A, et al. Robust speech recognition via large-scale weak supervision[C] *International conference on machine learning*. PMLR, 2023.

[6] Do C T, et al. Improving Accented Speech Recognition using Data Augmentation based on Unsupervised Text-to-Speech Synthesis[C] *2024 32nd European Signal Processing Conference (EUSIPCO)*. IEEE, 2024.

[7] Bhattacharya T, et al. Studying language evolution in the age of big data[J]. *Journal of Language Evolution*, 2018.

[8] Caleb E, Blasí D E, Roberts S G. Language evolution and climate: the case of desiccation and tone[J]. *Journal of Language Evolution*, 2016, 1: 33−46.

[9] Seoane L F, Solé R. The morphospace of language networks[J]. *Scientific reports*, 2018, 8(1): 10465.

[10] Zhang M, et al. Phylogenetic evidence for Sino-Tibetan origin in northern China in the Late Neolithic[J]. *Nature*, 2019, 569(7754): 112−115.

[11] 刘海涛. 从语言数据到语言智能——数智时代对语言研究者的挑战[J]. 中国外语, 2024, 21(5): 60−66.

11.4 AI在科技考古中的应用与前景*

在全球数字化进程中，AI技术正以惊人的速度渗透到各个领域，考古学作为研究人类历史的重要学科，也不例外地感受到了这一技术的深刻影响。传统考古学依赖于考古学家丰富的经验和繁重的手工劳动，而AI技术的应用，为考古学注入了新的活力与可能性，使得考古工作在数据处理、材料分析、遗址重建等方面达到了前所未有的精度与效率。

本节将从遗址发掘与文物保护、考古研究以及展示与传播三个方面出发，探讨人工智能在考古领域的应用及其带来的深远影响。

11.4.1 AI驱动的考古探索与发现

（1）AI与遥感技术助力考古遗址的发现与发掘

传统的考古调查方法，如野外勘察和地表测绘，是发现考古遗址的重要手段。然而，这些方法受地形、植被和人类活动等因素的限制，存在可访问性差、记录不均衡、主观性强等问题。近年来，遥感技术与AI的融合，为大规模、高精度的遗址检测提供了新的可能。利用人工智能算法，可以处理海量的遥感数据，从中自动识别潜在的考古遗址。例如，Berganzo-Besga等[1]利用改进的AI算法，结合光检测和测距技术（LiDAR）和多光谱数据，实现了考古墓地的自动检测，为手动检测提供了高效且精准的替代方案，显著提高了遗址发现的效率。同时，AI在历史数据的深度挖掘方面也展现出巨大潜力。Mehrnoush等[2]通过将卷积神经网络应用于历史卫星影像分析，成功实现了古代水利工程的自动检测，展示了AI在历史遥感影像中的挖掘能力。Bundzel等[3]应用CNN对玛雅文明建筑遗址进行了语义分割，使深度学习在复杂考古结构识别上取得了前所

* 本节由文少卿副教授和马志航博士撰写。

马志航，复旦大学科技考古研究院博士。

未有的效果。Orengo和Garcia-Molsosa[4]等通过高分辨率无人机影像与机器学习算法的结合，自动生成陶片分布图，比传统徒步调查更高效，揭示了无人机在地表遗址分析中的强大潜力。此外，Orengo等[4]利用谷歌地图引擎（Google Earth Engine）实现了36 000平方公里范围内考古土丘的自动检测，远超先前手工记录的数量，为区域考古特征提供了新的理解路径。Davis等[5]通过深度学习和多源遥感数据，识别出南卡罗来纳州100多个贝壳环状遗址，为系统性估算遗址分布提供了新的方法。

这些研究的亮点在于，它们不仅大幅提高了考古工作的效率和精度，更展示了AI与遥感结合在多维度数据挖掘、历史图像分析以及复杂地理结构识别中的独特优势。AI与遥感技术的融合，突破了传统考古方法的局限，为大规模、高精度的遗址发现和发掘提供了可能。

（2）文物重生：AI推动考古修复的新纪元

在文物修复和视觉重建方面，生成式人工智能，特别是生成对抗网络（GAN），取得了显著的进展。Münster等人[6]指出，GAN通过生成器和判别器的对抗训练，能够生成高度逼真的图像和模型，为文物的修复和重建提供了新的方法。例如，Garozzo等人[7]利用GAN将抽象的建筑场景转化为逼真的3D视觉效果，用于真实场景的再现，极大提升了建筑遗址的视觉体验，这项应用使遗址参观和历史建筑的还原变得更加生动且真实。

在器物修复方面，AI显著提高了碎片匹配、缺损补全、3D重建和表面细节修复等的效果，使文物修复过程更高效、更精确。例如，Hermoza等人[8]开发的ORGAN能够补全缺失高达50%的表面，通过3D卷积网络重建陶瓷的形状和体积，是早期3D形状重建的典型案例。此外，Navarro等人[9]和Colmenero-Fernández等人[10]通过人工智能生成陶瓷的轮廓线条和体积，帮助考古学家精准识别和复原多种类型的容器结构。

在古文字复原中，AI能够补全缺失或模糊的字符，模拟字符随时间的演变过程，提升铭文复原的准确性。Chang等人[11]应用GAN模拟古代铭文字符的演变过程，通过再现不同发展阶段的字符形态，为古文字复原提

供了一种创新的方法。这项研究展示了AI在重建历史文字和揭示文字演变路径中的潜力，为古文字学和碑铭研究开辟了新的应用方向。Locaput等人[12]应用AI模型复原古代铭文中的缺失和模糊文本，通过模拟不同文本发展阶段的字符形态，为古文字复原提供了一种创新方法。早期的统计模型和卷积神经网络（CNN）被用于碎片重组，而近年来的Transformer模型在古希腊铭文复原方面表现尤为出色。Ithaca的Top-1预测准确率达到61.8%，并帮助学者将复原准确率从25.3%提升至71.7%。此外，Ithaca还能为铭文提供地理和年代属性的归属，使复原更加全面。这项研究展示了AI在重建历史铭文和揭示文字演变路径中的潜力，为古文字学和碑铭研究开辟新的应用方向。

（3）AI推动古人类学研究的深度解析

在古人类研究中，AI帮助考古学家更快速、准确地获取人体特征信息，进而支持对古代人群生活方式、健康状况和遗传关系的深入理解。传统的性别和身高推断方法主要依赖骨骼的形态学特征，这些方法既复杂又具主观性。AI技术的引入大大提升了遗骸分析的效率与准确性。Bewes等人[13]引入卷积神经网络，通过迁移学习从大量已知性别的头骨三维图像中学习性别差异，能够自动识别并聚焦于关键头骨特征，同时剔除无关信息，从而显著提高性别判定的准确性和效率。未来的改进方向包括在考古现场应用此模型，利用相机或智能手机拍摄的图像进行性别识别，而不仅限于CT扫描图像。AI驱动的自动分析方法不仅为考古和法医学提供了便利，也为其他骨骼部位的特征判定提供了新的可能。基于头骨的性别识别研究未来有望扩展至其他骨骼部位，并直接应用于考古发掘现场，实现移动设备上的快速分析。

11.4.2　考古智能化研究与数据管理

（1）考古文献和报告的智能解析与信息挖掘

随着考古报告和文献数量的快速增长，人工处理已无法满足需求。

NLP的应用为处理海量考古报告和文献提供了高效解决方案，几种常用的信息提取技术，包括命名实体识别、文档分类和主题建模等，这些技术在考古文本中可用于自动标注主题、时间和地点等元数据，且自动生成并关联元数据，增强了考古数据的可查找性和可访问性，实现了更好的考古研究信息管理。通过自动化的信息提取和元数据生成，考古学家能够更便捷地获取和管理重要信息。例如，Archaeology Data Service (ADS)团队利用信息提取技术，通过命名实体识别对报告的主题、地点和时间进行分类和自动标注，为考古元数据的生成提供了新方法，后续基于多语种考古词汇表成功实现了欧洲考古文献的跨语言信息提取，提升了数据的互操作性，使各国考古学家能更方便地协作和共享研究成果[14,15]。

（2）构建考古数据的智能网络数据库

在考古数据库建设中，AI的应用正逐步拓展至子数据库的构建和专业化管理领域。不同类型的考古遗存（如陶瓷器、金属器、动植物遗存及人类遗骸等）被划分为各自的数据库模块，便于信息的系统存储、精准分类和高效检索。在这些子数据库中，AI算法承担了数据清理、自动分类和关系提取等关键任务，通过深度学习和数据挖掘技术实现遗存类型的智能识别与标签生成。例如，利用自然语言处理技术，系统可从考古报告中自动提取遗存的特征信息，将其分配到对应的子数据库中；图像识别技术则应用于识别和归档考古照片中的器物纹饰、形态等视觉特征。

然而，当前考古数据库仍存在一些局限性，例如数据标准不统一、信息孤立、数据库彼此缺乏关联性等问题。此外，数据主要以人工输入为主，信息更新速度较慢，缺少基于AI的自动化数据清理、分类和标签生成等功能，这在一定程度上限制了数据库的使用效率和考古研究的综合性分析。未来，AI技术与考古学的结合将推动考古数据库实现自动化的数据提取、分类与识别，大幅提升管理效率。AI驱动的子数据库精细化和跨平台共享将使考古资源系统化，便于查询与应用，不仅支持跨学科研究，还助力文化遗产保护和公众教育，提升数据库价值。

11.4.3　数字时代的文化展示与传播

（1）数智人：文化遗产展示的新维度

在考古学的展示与传播中，AI与虚拟现实（VR）、增强现实（AR）、数字孪生（数智人和数智城市）及元宇宙等技术的结合，不仅丰富了文化遗产的展示形式，还开辟了公众参与的新方式。具体而言，数智人技术为考古文物和历史人物创造了高度真实的数字化身。例如，伦敦的大英博物馆开发了一系列虚拟导览员，观众可以通过AR与这些数智人互动，获取展品的详细信息和历史背景[16]。在此过程中，AI驱动的自然语言处理和视觉识别技术让这些虚拟角色具备与观众互动的能力，使得教育性与娱乐性兼具的沉浸式体验成为可能。

（2）数智城市与元宇宙中的历史再现

数智城市和元宇宙技术通过精细的3D建模和虚拟现实，将历史建筑、遗址场景在数字空间中完整重现，用户可“漫步”其中观察细节、探索遗址布局。此外，这些技术允许用户在虚拟展馆中互动，如旋转文物、模拟考古发掘，或参与实时讲解，提供了更深入的文化体验和学习机会。

以巴尔米拉的古罗马拱门为例，该建筑在叙利亚战争中被摧毁，但通过VR和3D建模技术，考古学家基于战前的照片重建了拱门的数字模型，使得全球用户得以在虚拟空间中参观这一历史遗迹[17]，这一3D模型还被制作成实体复制品，全球巡展以提高公众对文化遗产保护的关注。此外，Butts等人运用3D扫描和数据存储技术，对重要文化遗址进行数字化采集，使全球用户可以在元宇宙中自由探索这些遗址[18]。通过这些技术，用户不仅能够“穿越”到过去的场景中体验古代文化，还能参与虚拟考古活动，为文化遗产的保存和传播带来更具互动性的方式。

11.4.4　AI考古的挑战与前景

AI在考古领域的应用也面临诸多挑战。考古数据来源复杂，质量不一，增加了模型训练的难度，数据的标准化和质量控制仍是亟待解决的关键问题。此外，AI在理解复杂的考古背景时容易出现偏差，“意义壁垒”使得机器无法完全理解考古信息背后的文化和历史内涵。因此，人机协作模式显得尤为重要，AI应作为辅助工具，为人类专家提供支持，而非试图取代其判断。

未来，AI考古的发展方向应着重加强人机协作、多学科合作和技术创新，推动考古数据库和信息平台的系统化建设。同时，在政策和人才培养方面加大支持力度，将AI考古与传统方法相结合，不断完善AI模型的解释性与精度，以实现更深层次的文化遗产研究。随着AI技术的进步，AI考古将为人类探索历史、理解文化提供更全面的工具和新视角。

参考文献

[1] Berganzo-Besga I, Orengo H A, Lumbreras F et al. Hybrid MSRM-Based Deep Learning and Multitemporal Sentinel 2-Based Machine Learning Algorithm Detects Near 10k Archaeological Tumuli in Northwestern Iberia[J]. *Remote Sensing*, 2021, 13: 4181.

[2] Mehrnoush S, Mehrtash A, Khazraee E, Ur J. Deep Learning in Archaeological Remote Sensing: Automated Qanat Detection in the Kurdistan Region of Iraq[J]. *Remote Sensing*, 2020, 12: 500.

[3] Bundzel M, Jaščur M, Kovác M, et al. Semantic Segmentation of Airborne LiDAR Data in Maya Archaeology[J]. *Remote Sensing*, 2020, 12: 3685.

[4] Orengo H A, Garcia-Molsosa A. A Brave New World for Archaeological Survey: Automated Machine Learning-Based Potsherd Detection Using High-Resolution Drone Imagery[J]. *Journal of Archaeological Science*, 2019, 112: 105013.

[5] Davis D S, Gaspari G, Lipo C P, Sanger M C. Deep Learning Reveals Extent of Archaic Native American Shell-Ring Building Practices[J]. *Journal of Archaeological Science*, 2021, 132: 105433.

[6] Münster S, Maiwald F, di Lenardo I et al. Artificial Intelligence for Digital Heritage Innovation: Setting up a R&D Agenda for Europe[J]. *Heritage*, 2024, 7: 794−816.

[7] Garozzo R, Santagati C, Spampinato C, Vecchio G. Knowledge-Based Generative Adversarial Networks for Scene Understanding in Cultural Heritage[J]. *Journal of Archaeological Science: Reports*, 2021, 35: 102736.

[8] Hermoza R, Sipiran I. 3D Reconstruction of Incomplete Archaeological Objects Using a Generative Adversarial Network[C] *Computer Graphics International 2018*. Bintan Island, Indonesia: ACM, 2018: 5−11.

[9] Navarro P, Cintas C, Lucena M et al. Reconstruction of Iberian Ceramic Potteries Using Generative Adversarial Networks[J]. *Scientific Reports*, 2022, 12(1): 10644.

[10] Colmenero-Fernández A, Feito F. Image Processing for Graphic Normalisation of the Ceramic Profile in Archaeological Sketches Making Use of Deep Neuronal Net (DNN) [J]. *Digital Applications in Archaeology and Cultural Heritage*, 2021, 22: e00196.

[11] Chang X, Chao F, Shang C, Shen Q. Sundial-GAN: A Cascade Generative Adversarial Networks Framework for Deciphering Oracle Bone Inscriptions[C] *the 30th ACM International Conference on Multimedia*. Lisboa, Portugal: ACM, 2022: 1195−1203.

[12] Locaputo A, Portelli B, Magnani S et al. AI for the Restoration of Ancient

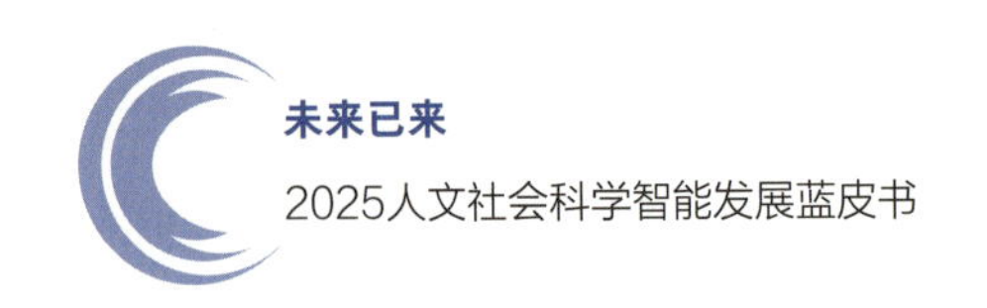

Inscriptions: A Computational Linguistics Perspective[M] Moral-Andrés F, Merino-Gómez E, Reviriego P. *Decoding Cultural Heritage*. Cham: Springer, 2024.

[13] Bewes J, Low A, Morphett A et al. Artificial Intelligence for Sex Determination of Skeletal Remains: Application of a Deep Learning Artificial Neural Network to Human Skulls[J]. *Journal of Forensic and Legal Medicine*, 2019, 62: 40–43.

[14] Wilkinson M D, et al. The FAIR Guiding Principles for Scientific Data Management and Stewardship[J]. *Scientific Data*, 2016, 3(March): 160018.

[15] Jeffrey S, Richards J, Ciravegna F et al. The Archaeotools Project: Faceted Classification and Natural Language Processing in an Archaeological Context[J]. *Philosophical Transactions of the Royal Society A: Mathematical, Physical and Engineering Sciences*, 2009, 367(1897): 2507–2519.

[16] Moorhouse B L, Li S S, Pahs S. Teaching with Technology in the Social Sciences[M]. *Springer Nature*, 2024: 1–6.

[17] Davidson L R. *Cultural Representation and Digital Reproduction: A Critical Analysis of Post-Conflict Reproductions of Heritage*[D]. 2023.

[18] Butts S. Stereoscopic Rhetorics: Model Environments, 3D Technologies, and Decolonizing Data Collection[M] *Mediating Nature*. Routledge, 2019: 46–65.

11.5 AI生成艺术作品的典型应用场景*

AI生成艺术作品是利用人工智能技术，通过输入文本或其他简单的指令来生成图像、视频等艺术形式的作品。近年来，随着生成大模型等技术的发展，AI生成艺术的质量和复杂性显著提升。它在艺术创作中的应用越来越广泛，快速渗透到商业、社交平台、艺术品市场、时尚设计以及教育文化等多个领域。这种技术不仅改变了传统的艺术创作方式，还为艺术表达提供了新的可能性和多样性，进一步推动了艺术与科技、人文社会科学的深度融合。

11.5.1　商业和创意产业

在商业和创意产业中，AI生成艺术被用于创建个性化和高效的视觉内容，帮助品牌提升市场影响力。例如，Midjourney是目前流行的图像生成工具，通过分析用户输入的文本描述，它可以生成复杂且视觉吸引力强的图像，广泛应用于广告和品牌推广中。这些AI生成的内容可以帮助品牌打造独特的视觉形象，吸引消费者的注意。例如，耐克在其“Move to Zero”可持续发展项目中，使用AIGC技术生成了多样化的广告视觉效果，呈现出品牌在环保和时尚之间的平衡[1]。这些广告在全球范围内推广，因其独特的视觉风格和创新的内容而获得了广泛的认可。

RunwayML将数字生成的范围扩展到视频编辑和音乐制作领域，允许

---

*　本节由金城教授、张卫忠青年研究员、华东师范大学吴兴蛟副教授以及复旦大学吴渊博士、王莉清博士、龚沛朱博士撰写。

金城，书画数字化生成应用服务文化和旅游部技术创新中心（筹）主任，十余年来主要在文化科技等领域开展相关人工智能关键技术研究。作为项目负责人承担国家文化和旅游科技创新工程、国家重点研发计划、国家自然科学基金、上海市科委科技攻关等多个项目，发表重要论文数十篇，获得授权专利二十余项。作为专家组核心成员，先后组织或参与制定了《上海推进文化和科技融合发展三年行动计划》《上海推进大数据研究与发展三年行动计划》等多个上海市级科研规划。

创意团队实时协作。例如，BBC在制作纪录片时，使用RunwayML的AI视频编辑功能快速生成了多个不同场景的视觉素材，每个片段都根据目标观众的文化背景进行了定制化处理[2]。这种方式不仅节省了制作时间和成本，还增强了纪录片内容的文化适应性和全球传播效果。

在国内，电商企业常在促销活动中应用AI技术来提升用户体验和营销效果。例如，在京东的“6·18”店庆这一重要促销活动中，京东通过AI技术优化了平台的界面设计和用户体验，大幅提高了营销效率和销售转化率。AI生成了多种不同质感的创意符号，如“惊喜”和“爆炸”，这些符号能够根据不同的营销阶段灵活应用，提升了设计的效率和视觉的丰富性。这种创新应用不仅促进了产品的商业转化，还有效提升了品牌的市场声量[3]。在个性化购物体验中，AI技术正为消费者带来更多互动和便利。例如，淘宝推出的“AI试衣间”为用户提供了虚拟试装体验。该功能通过AI生成与用户形象相匹配的虚拟模特，帮助用户在购买前更直观地了解服装的穿着效果。同时，AI系统能够分析用户试衣过程中的行为，判断其偏好并推荐更符合用户兴趣的服装。这一应用不仅提升了用户的购物体验，还增强了推荐的精准度，为用户带来了更便捷的购物流程[4]。

11.5.2 社交平台和用户创作

AI生成艺术工具在社交平台上的应用显著丰富了用户的创作体验，并增强了平台的互动性。例如，NightCafe[5]和Craiyon[6]提供了各种生成艺术风格的选项，用户可以上传照片或输入描述，生成从印象派到超现实主义的艺术作品。这种多样性使得用户能够探索不同的艺术表达方式，并与其他创作者互动，分享灵感和创作过程。NightCafe还支持社区功能，用户可以在平台上进行作品展示和互动，形成了一个活跃的艺术创作社区。

WOMBO Dream[7]通过简单的文字描述生成艺术作品，大大简化了用户的创作过程。用户可以选择喜欢的艺术风格，然后输入简单的描述，AI工具会生成丰富的视觉作品。WOMBO Dream的特点在于其高度的可定

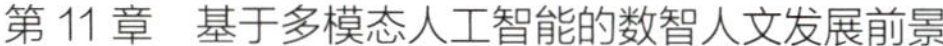

制性，用户可以创建自己的艺术作品系列，并在平台上与其他用户分享和讨论。

在社交媒体内容创作中，AI技术为用户提供了更加便捷的表达方式。例如，小红书支持用户发布纯文字笔记，并通过AI分析笔记内容，帮助用户实现“一键配图”。平台提供了“记事本”“聊感悟”“想吐槽”等多种配图风格，用户可以根据自己的喜好随意更换。这一功能不仅提升了用户的创作效率，还增强了内容的视觉吸引力，使用户能够更轻松地分享和表达个人观点[8]。

微博也通过AI生成工具增强了用户的创作体验[9]，用户可以将普通照片转换为艺术风格的图像，如油画、水彩或插画风格。这种转换过程不仅吸引了大量用户尝试，还成为社交媒体上的热门话题，增加了平台的用户互动和活跃度。微博的数据表明，这些AI生成的艺术作品在平台上获得了数百万次的浏览和点赞，有效提升了内容的传播力[10]。

11.5.3 艺术品市场和销售

AI生成艺术在艺术品市场中的应用，为艺术创作和销售提供了新的途径和可能性。国际平台如AI Artshop[11]为用户提供了一个专门的市场，用户可以在这里购买和出售AI生成的艺术作品。这些作品既可以是数字形式，也可以打印成实物画作，满足不同收藏者的需求。AI Artshop与多个知名艺术家和品牌合作，推出了限量版的AI生成作品，通过在线拍卖的方式进行销售，这种创新的交易模式吸引了大量的艺术爱好者和收藏家，推动了数字艺术市场的发展。

国内的恺英网络通过其数字艺术品平台“拾元立方”[12]，致力于推动AI生成艺术的发展。平台为艺术家提供了展示和销售AI生成作品的机会，并通过与创意工作室的合作，推出了一系列独特的数字艺术品。这些作品不仅吸引了大量年轻的艺术收藏家，还在市场上引发了广泛关注和讨论。平台利用AI技术生成个性化的艺术品，为用户提供定制化的收藏体验，进一步增强了用户的参与感和忠诚度。例如，拾元立方与知名数字艺术家蔡天祺合作，推出了一系列基于AI生成的数字画作，吸引了大量艺术爱好者的关注和购买。

11.5.4 时尚与设计产业

在时尚和设计产业中，AI生成技术也展示了其巨大潜力。Lalaland[13]是一个专注于时尚设计的AI生成平台，允许设计师和品牌通过AI技术创建虚拟模特和时尚设计，而无需实际生产样品。这种技术显著减少了设计和生产成本，同时加快了新产品的上市速度。例如，H&M[14]利用Lalaland的AI技术展示了不同体型和风格的效果，吸引了大量消费者的目光。Lalaland的AI技术还支持个性化定制，允许品牌根据用户的体型、喜好和风格生成个性化的服装设计。这种技术使得时尚品牌能够在不增加生产成本的情况下提供个性化服务，增强了品牌的市场竞争力。通过使用虚拟模特，品牌能够更加灵活地进行市场测试和消费者反馈分析，提高产品的市场适应性和消费者满意度。

11.5.5 教育与文化

在教育和文化艺术领域，AI生成艺术工具被用作创新的教学工具，帮助学生和艺术家探索新的创作方式和艺术表达。例如，Artbreeder[15]等平台通过AI技术帮助学生更好地理解和应用艺术创作的概念。由国内厂商万兴科技研发的“万兴智演”作为一款AI驱动的演示神器，为名师、知识博主等提供了便捷的讲演体验[16]。该产品集成了强大的AIGC能力、精美的课程模板和动画特效素材，极大地简化了课件制作过程。同时，万兴智演具备录制与直播功能，能够通过真人实拍与演示内容的结合实现人景融合的实时展示效果。这样的创新应用让演示过程更具互动性和吸引力，告别了传统演示的枯燥，为用户带来了高效、智能的讲演体验。

在教育和文化艺术领域，AI生成艺术工具被广泛用于教学和创作实践中，这些工具不仅丰富了艺术教育的方式，还提供了新的创作手段，帮助学生和艺术家探索不同的艺术表达和创作方法。

例如，美国罗德岛设计学院将Runway整合到其生成系统课程中[17]，为学生提供了更多即兴创作的机会。学生们通过使用Runway探索生成艺术的多种可能性，获得了创新的创作体验。这门课程不仅激发了学生的创意表达，还促进了师生之间的合作，使课堂氛围更加开放和灵活。由于课程反响积极，Runway的应用不仅为学生提供了新的创意工具，也丰富了教师的教学方法，推动了艺术与技术的深度融合。

加拿大麦克马斯特大学的AIGC平台为学生提供了丰富的AI工具和资源[18]，帮助他们在艺术和创意领域中充分发挥想象力。这一平台由麦克弗森研究所与麦克马斯特大学的师生和管理人员合作开发，为学生提供了一个实践环境，让他们可以通过各种AIGC工具创作数字绘画、短动画、音乐片段等多种艺术形式。学生们不仅可以自由地探索不同的AI工具，还能够在实践中学习如何利用AI实现自己的艺术构思，从而提升了他们的创新力和技术应用能力。

在中国，中央美术学院与Katacata AI合作开展AI绘画公开课[19]，为广大学子们打开探索AI世界的大门。深入学习AI模型的工作机制和训练流程，以及如何用精准的提示词驱动AI，创作出符合要求且富有创意的艺术作品。学生可以利用AI完成从构思到艺术创作的全过程。AI模型涵盖了皮影戏、国风山水、新国风、京剧等多个艺术领域。同济大学设计创意学院在“开放设计2023”课程中，鼓励学生利用AIGC技术进行创意项目的开发[20]。TADA Cube便是其中一个专为儿童设计的互动项目，通过Midjourney生成的AI图像，并结合三屏魔方的形式，让孩子们在叠加魔方的过程中创造出独特的视觉效果。这一设计不仅激发了孩子们的想象力，还在互动中无形地引导他们了解AI艺术生成的基本原理，从而提升了他们的创造潜力。

此外，AI生成艺术也在文化保护和传统艺术传承中发挥了重要作用。敦煌研究院利用AI技术重现了部分已经损毁的壁画[21]，这些AI生成的艺术作品不仅帮助研究人员更好地理解历史艺术作品的原貌，也为保护和传承这些文化遗产提供了新的方法。通过使用AI生成技术，研究人员可以更精确地还原失传的艺术细节，为观众提供更丰富的文化体验。

不难看到，AI生成艺术作品已在多个应用场景中展现出强大的创新潜力，AI生成技术拓宽了传统艺术的创作边界，促进了艺术与社会、文化之间的对话。通过整合人工智能与艺术、人文社会科学的多学科视角，AI生成艺术不仅推动了艺术创作的普及和发展，还为理解人类创造力和文化表达提供了新的视角和工具。

参考文献

[1] Nike Inc. Move to Zero: Sustainability Efforts in Advertising [EB/OL]. *Nike Official Website*, 2024-02-17. https://www.nike.com/sustainability.

[2] RunwayML. AI Video Editing for Documentaries [EB/OL]. *RunwayML Official Site*, 2024-02-17. https://www.runwayml.com.

[3] 优设网. AIGC在电商活动中的应用 [EB/OL]. 2024-02-17. https://www.uisdc.com/aigc-618.

[4] 腾讯新闻. AIGC提升个性化购物体验[EB/OL]. 2023-10-08. https://news.qq.com/rain/a/20231008A000MQ00.

[5] NightCafe Studio. NightCafe: AI Art Generator and Community [EB/OL]. *NightCafe Studio*, 2024-02-17. https://creator.nightcafe.studio.

[6] Craiyon. Craiyon: Free AI Art Generator [EB/OL]. *Craiyon Official Site*, 2024-02-17. https://www.craiyon.com.

[7] WOMBO. WOMBO Dream: AI-Powered Art Generation Platform [EB/OL]. *WOMBO* 官方网站, 2024-02-17. https://www.wombo.art.

[8] 腾讯新闻. AI协助社交平台用户生成图像内容[EB/OL]. 腾讯新闻2023-07-25. https://news.qq.com/rain/a/20230725A07DFQ00.

[9] 王怡然. 微博COO王巍：微博已在多场景应用AIGC，可模仿明星与用户互动 [EB/OL]. 界面新闻. 2023-10-26. https://www.jiemian.com/article/10291563.html.

[10] 澎湃新闻. 专访微博COO王巍：人工智能超乎想象 深度赋能新质生产力 [EB/OL]. 澎湃新闻. 2023-10-26. https://www.thepaper.cn/newsDetail_forward_26859287.

[11] AI Artshop. AI Art Shop - AI Paintings Created by Thousands of Digital Artists [EB/OL]. *AI Artshop*. 2024-02-17. https://aiartshop.com/.

[12] 恺英网络. 恺英网络"童趣梦想家"数字藏品正式上线，拾元立方平台限量首发！ [EB/OL]. 恺英网络. 2024-02-17. https://www.kingnet.com/news/695.html.

[13] Lalaland. AI-Driven Virtual Models for Fashion Industry [EB/OL]. *Lalaland Official Site*. 2024-02-17. https://lalaland.ai.

[14] H&M. 元宇宙设计故事系列：探索虚拟与现实的交汇 [EB/OL]. *H&M*. 2024-02-17. https://www2.hm.com/zh_hk/life/culture/inside-h-m/metaverse-design-story.html.

[15] Artbreeder. Artbreeder － Create and Explore AI Generated Art [EB/OL]. *Artbreeder*, 2024-02-17. https://www.artbreeder.com.

[16] 新浪新闻. AI在PPT制作中的应用[EB/OL]. 新浪新闻2024-01-02. https://news.sina.com.cn/sx/2024-01-02/detail-inaaceca8810428.shtml.

[17] RunwayML. 将生成式AI整合到艺术教育中[EB/OL]. 2024-02-17. https://runwayml.com/customers/integrating-generative-ai-art-education-risd-daniel-lefcourt.
[18] McMaster University. 在教学和学习中的生成式人工智能[EB/OL]. 2024-02-17. https://mi.mcmaster.ca/generative-artificial-intelligence-in-teaching-and-learning.
[19] 新浪新闻. 中央美院AI艺术课程的创意应用[EB/OL]. 2024-05-16. https://news.sina.com.cn/sx/2024-05-16/detail-inavmmfq1901560.shtml.
[20] 崇真艺客. AI生成艺术在艺术教育中的应用[EB/OL]. 2024-02-17. https://www.trueart.com/news/682179.html.
[21] 澎湃新闻. 敦煌研究院与腾讯合作利用AI技术保护壁画[EB/OL]. 澎湃新闻. 2024-02-17. https://www.thepaper.cn/newsDetail_forward_11785271.

第三篇 AI4SSH的产业应用前沿与展望

第 12 章
AI赋能的产业变革与展望*

得益于Transformer架构和大语言模型（LLM）的技术突破，生成式人工智能（GenAI）已成为内容生成、数据处理和推理协作的关键引擎，正在以前所未有的速度融入商业社会并推动业务变革。伴随着ChatGPT等标志性产品的推出，生成式AI吸引了全球关注，逐步从实验室走向C端消费者领域和B端产业应用，展示出其巨大的潜力。

生成式AI为各行各业带来颠覆性变革和机遇。企业正在积极探索如何利用生成式AI释放商业价值，提高效率和生产力，创造新的产品、服务和商业模式。德勤调研显示，全球范围内，生成式AI正处于由试点向大规模部署转变的阶段。91%的企业高管预期AI将显著提升生产力，79%认为生成式AI将在未来三年内带来实质性变革。

* 本章由程远研究员撰写。

程远，复旦大学人工智能创新与产业（AI）研究院研究员，曾先后主持和参与2项国家和省部级科研项目，发表国内外顶级论文20余篇，授权发明专利37项。

大模型应用建设初期主要关注横向通用场景建设，逐步构建能力和知识库，为更专业的应用程序打下商业基础；特定行业的“垂直”应用场景须结合特定的工作流程、领域知识、上下文理解和专业技能，更具备可持续的价值创造机会。

尽管如此，新技术落地仍面临战略定位、人才团队、数据准备、风险管理等方面的不确定性。AI技术产业化落地是一项系统性工程，需要配套体系化的基础能力与机制保障，真正使AI成为推动企业业务变革的实质生产力。

本章提要

- 垂直领域大数据和大模型技术正深刻改变各行业运作模式，在金融风险控制、智能投顾、医疗诊断、制造业智能化转型、自动驾驶以及社会治理等领域展示了提升效率、优化决策和创新服务的巨大潜力。
- 企业管理者对生成式AI的预期表现出“两极化”趋势：一方面，他们对技术可能带来的变革充满期待，尤其是在效率和生产力提升方面；另一方面，他们也对技术的不确定性和潜在风险保持高度警惕。这种“高预期与风险意识并存”的态度，要求企业在快速部署的同时，加强治理、人才培养和风险管理，以平衡技术机遇与挑战。
- 通过调研金融、医疗、教育等领域，评估生成式AI的应用成熟度与投资回报，展望技术与场景结合的广度与深度。
- 生成式AI的规模化建设不仅依赖于技术创新，还需要体系化的配套，包括清晰的战略定位、精准的场景选择、多元化人才团队、全面的风险治理和强大的数据基础。能够抓住机遇、系统性应对技术变革的企业，才能在未来的行业竞争中占据主动地位。

12.1 垂直领域大数据和大模型带来的新视野

大数据的发展始于互联网和物联网的普及，而大模型的发展则建立在深度学习和神经网络技术的进步之上。大数据技术的崛起，使得海量异构数据的收集和分析成为可能。大模型则通过对这些数据的深度学习与优化，进一步推动了各行业的智能化进程。从早期的统计模型到如今的深度学习大模型，技术演进的每一步都对大数据处理能力提出了更高的要求。

垂直领域中的大数据和大模型技术正在深刻改变各行各业的运作模式。从金融、医疗、制造业到社会科学，技术的进步为行业带来了前所未有的机遇与挑战。通过结合最新的学术研究和行业实践，未来大模型技术将在更广泛的领域中实现深度应用，并推动各行业的智能化转型。

12.1.1 垂直领域大模型应用概述

近年来，生成式大模型如BERT、GPT等在处理文本数据、图像识别等方面取得了突破性进展，广泛应用于自然语言处理、多模态融合等场景。生成式大模型通过大规模数据集的训练，展现出卓越的学习和推理能力。例如，OpenAI的GPT系列模型能够生成自然语言文本并进行复杂的推理，这为智能应用带来了更大的可能性。未来，大数据和大模型技术将继续引领技术革新，推动更多行业的智能化转型。2024年发表在*Nature Machine Intelligence*上的一项研究提出了“大模型可解释性框架”，结合因果推断理论和深度学习技术，探索了如何提高大模型在复杂领域应用中的可解释性。这一框架为大模型在医学影像分析、金融市场预测等领域的应用提供了理论支撑，进一步提升了模型的透明性和用户信任。另一项最新的研究来自斯坦福大学，提出了一种多模态模型架构，用于同时处理文本、图像和音频数据。该研究展示了大模型跨数据类型的适应性和高效性，尤其在多领域任务中的应用前景广阔。

12.1.2　关键领域应用场景与模式案例

（1）金融领域中的应用趋势

金融业通过大数据和大模型技术在风险控制、智能投顾、市场预测等方面取得了显著进展。摩根大通的AI风险管理平台通过大模型分析全球金融数据，显著提高了对市场波动的预测能力。这种大规模模型在金融市场中的应用，展现了其在处理高频交易数据、优化投资组合等方面的潜力。此外，智能投顾在金融领域也逐渐普及。贝莱德（BlackRock）的Aladdin平台通过大模型技术，分析客户的财务状况和投资偏好，为其提供个性化的投资建议。这种基于数据分析和模型训练的智能决策不仅提高了投资效率，还降低了人工操作的风险。与此同时，学术界也在探索如何将大模型更好地应用于金融领域。例如，斯坦福大学的一项研究开发了基于大模型的"高维数据金融决策框架"，该框架通过结合多种数据源进行因果推断，显著提高了模型对金融市场波动的预测能力。这项研究为大模型在资产定价、风险评估等领域的应用提供了理论支持。2024年由牛津大学发布的另一项研究则提出了一种基于强化学习的大模型，用于模拟金融市场中的投资策略优化，显著提升了自动化交易系统的收益表现。这项研究展示了大模型在复杂动态金融环境中的应用潜力。

（2）医疗领域的突破性应用

大数据和大模型技术正在改变医疗领域的诊断和治疗方式。DeepMind的AlphaFold项目展示了大模型在蛋白质结构预测中的潜力，为药物开发带来了革命性进展。在个性化医疗领域，通过分析患者的基因组数据和临床记录，医疗机构能够制定个性化治疗方案。个性化医疗同样依赖于大数据和大模型的支持。通过分析患者的基因组和临床数据，医疗机构能够为每位患者提供定制化的治疗方案。例如，Tempus公司利用其AI平台，帮助医生根据患者的基因数据制定癌症治疗计划，显著提高了治疗效果。2024年*The Lancet Digital Health*的一项研究提出了一种基于大模型的"个性化医疗决策支持系统”，通过整合患者基因、环境因素和医疗历史数据，帮助医生制定个性化的治疗方案。该系统不仅提高了诊断的准确性，还缩短了临床决策的时间。这类应用展示了大模型在复杂医学问题中的广泛潜力，进一步推动了精准医学的发展。此外，约翰斯·霍普金斯大学的一项最新研究展示了大模型在医学图像分析中的突破，通过结合深度学习与卷积神经网络（CNN），该模型能够自动分析MRI和CT扫描图像，为疾病早期诊断提供了强有力的工具，提升了医疗机构的诊断效率。

（3）制造业的智能化转型

制造业的智能化升级依赖于大数据和大模型技术的结合。西门子的MindSphere平台通过工业物联网（IIoT）和大模型的整合，实现了设备预测性维护和智能化生产线管理。大数据和大模型技术帮助制造企业在生产、供应链管理等方面实现了全面优化。哈佛大学2023年一项关于智能制造的研究表明，基于大模型的供应链预测系统可以有效降低制造成本，优化库存管理。这项研究通过仿真技术验证了大模型对复杂制造流程优化的潜力，提供了有力的学术支持，进一步推动了智能制造在全球范围内的应用。麻省理工学院（MIT）最新的研究进一步拓展了大模型在制造业的应用，通过开发一套多模态大模型用于实时分析工业数据并预测设备维护需求，显著提升了生产线的自动化水平和资源利用率。

（4）交通与自动驾驶：从智能调度到自主驾驶

交通行业中的大数据和大模型技术主要应用于智能调度和自动驾驶。滴滴出行通过智能调度系统结合大数据和大模型分析交通流量，提升了出行效率。而在自动驾驶领域，特斯拉的Autopilot系统通过深度学习模型处理车辆传感器数据，帮助车辆实现自主驾驶决策。MIT在2024年发表了一项自动驾驶领域的研究，提出了一种基于多模态数据的大模型框架，能够同时处理图像、雷达和激光雷达数据，从而提高自动驾驶系统的安全性和决策效率。这一研究为自动驾驶技术在复杂道路环境中的应用提供了理论和技术基础。另一项由卡内基梅隆大学发布的研究展示了一种强化学习大

模型，用于模拟自动驾驶场景中的路径规划和障碍物识别，显著提高了车辆在复杂环境中的自主导航能力。

（5）社会科学领域中的前沿应用

大模型技术在社会科学中的应用也在快速扩展。在政治科学领域，大模型被用来分析社交媒体中的政治话语，揭示不同群体的政治意识形态、立场和议题设置。例如，通过大模型分析社交媒体数据，研究人员可以识别出特定政治团体如何通过话语影响公众舆论，这为政治传播学研究提供了新的研究工具。2024年MIT的研究提出了将大模型用于计算社会科学的方案，展示了大模型在零样本（zero-shot）分类和社会现象解释中的能力。这项研究通过大模型对说服力和政治意识形态的分析，在缺乏训练数据的情况下取得了显著成效。此外，美国国家经济研究局（NBER）在2024年提出了一种基于结构因果模型的大模型方法，用于生成和测试社会科学假设。这种方法在模拟谈判、工作面试等社交互动场景中表现出色，为传统社会科学研究提供了全新视角。KeAi出版社的一项研究探讨了大模型在社会网络分析、城市规划和医疗健康中的应用，展示了大模型不仅可以处理大规模文本数据，还可以通过跨学科整合为社会发展提供数据支持。这些研究显示，大模型不仅能对社交媒体中的政治意识形态进行分析，还能在更广泛的社会科学问题上带来创新性解决方案。约克大学的研究展示了大模型在社会网络分析中的应用，利用大规模社交媒体数据分析群体动态和传播模式，帮助揭示了社交媒体如何塑造公众舆论。该研究展示了大模型在社会科学研究中的广泛潜力。

（6）大数据驱动的社会科学创新

大模型的成功离不开大数据的支持，尤其在社会科学研究中，垂直领域的大数据为大模型提供了丰富的训练数据。例如，社交网络中的互动数据、城市规划中的地理空间数据，都是训练社会科学模型的重要来源。2024年*Science*杂志的一项研究展示了大模型如何通过对大规模社会数据的分析，理解和预测复杂的社会行为模式。这项研究表明，通过使用结构化大数据，大模型能够在社会科学研究中实现前所未有的精度和深入性，为未来的社会科学研究开辟了新的路径。伦敦经济学院（LSE）发布的另一项研究则探索了大模型在城市规划中的应用，通过分析大规模城市数据集，优化城市交通网络和资源分配。这项研究展示了大模型技术在社会科学领域推动创新的潜力。

12.2 通用型AI带来的变革与发展*

纵观革命性的技术发展，几乎都遵循着同一个轨迹：从初露锋芒到引发热潮、从狂热追捧到回归理性，最终在不断的技术突破中找到产业的落脚点，回归实践应用体现其真实的价值。当下的人工智能也是如此，大模型和生成式人工智能（Generative AI，GenAI）作为重要的科技突破，更是以一种前所未有的速度重演这一历程，刷新了大众对人工智能的认知，也为AI的商业化落地打开了广阔空间。与传统的判别式AI主要侧重于分析、评估及决策不同，GenAI通过大规模"学习"模仿人类的创造性活动，从而将AI的角色从辅助工具提升为创造伙伴。

12.2.1 GenAI引擎加速AI变革

2022年标志着人工智能迈入了一个全新的时代，其中最具标志性的事件当属基于大规模语言模型的对话平台ChatGPT的诞生。这款创新应用仅用五天时间就吸引了超过一百万的新用户，并在短短两个月内实现了月活用户数破亿，一举成为历史上用户增长最快的应用。相较而言，TikTok达到同样的用户规模耗时接近九个月，而Instagram则花费了大约两年半的时间，这彰显了前沿技术的强大吸引力。

值得注意的是，尽管GenAI技术因ChatGPT的横空出世而广受关注，但其发展历程实际上要追溯到更早的阶段。2017年6月，谷歌研究团队首次提出了Transformer架构，奠定了大模型预训练算法架构的基础。一年后，OpenAI就发布了首个采用Transformer架构、包含1.17亿参数的大规模语言模型GPT-1。经过数年的不断迭代与深度训练，大模型技术最终通过面向用户的强大应用实现了"一鸣惊人"的效果，充分展现了技术应用化的价值与潜力。

---

*　本节由冯冰润、费珙嘉合作编写。

冯冰润，德勤中国咨询业务高级经理；费珙嘉，德勤中国咨询业务经理。

AGI时代正在加速到来，我们已经可以展望，在不久的将来，人工智能将能够像人类一样在各种不同领域展现出智能行为，不仅能在特定任务上表现出色，还能在未见过的任务和环境中自主学习、推理、决策和适应，具备广泛的认知能力和灵活的应用范围。分析师估计，到2032年，生成式人工智能市场规模将达到2 000亿美元，占据人工智能支出总额的约20%，远高于当前的5%。换言之，未来十年市场规模可能每两年就会翻一番，GenAI技术的经济影响潜力巨大。

在这场变革浪潮中，所有行业、所有应用、所有服务都将基于新型人工智能技术重做一遍。对于中小企业而言，基于大模型技术构筑差异化竞争优势，是一次实现业务变革、弯道超车的重要契机；而对于领先企业而言，充分理解大模型技术潜力，平衡机遇与风险，布局大模型应用实践稳步前行、规模化应用，则是其面对的重要挑战。

德勤已经连续6年跟踪调研全球企业人工智能应用现状，2024年第四季度，德勤组织了最新一轮针对生成式人工智能企业应用的专题调研，此项调研覆盖了六大行业、十六个国家及地区，访问了超过2 700名总监至首席高管，他们在生成式AI领域的专精水平虽然不尽相同，但都正在为所在企业开展生成式AI试点或实施项目。在2023年末组织首次全球生成式人工智能企业应用调查时我们发现，管理层对于GenAI充满了兴奋和期待，全球企业都在争先恐后地从实验和概念验证向各种应用场景和数据类型中更大规模部署生成式AI转向。91%的企业预期生成式AI将带来生产力提高，绝大多数领导者（79%）相信，生成式AI将在未来三年内为企业和行业带来实质性变革。而在2024年，受GenAI技术带来的不确定性影响，企业高层对于新技术的兴奋与期待有所减弱，绝大多数企业对GenAI持更务实态度，更深入地关注如何从GenAI投资中获得实际成果和价值，并解决推广障碍。

前期企业的GenAI试点已取得了卓越的成果，在某些领域已实现了商业化应用，并为企业带来了显著的经济效益。调研结果显示，几乎所有企业在其最先进的GenAI试点已产生可衡量的投资回报，近四分之一的受

访者认为回报率超过31%。职能领域方面，28%的受访者认为IT领域的GenAI应用最为领先，运营（11%）、市场（10%）、客户服务（8%）等对企业成功至关重要的业务也是企业部署GenAI的重点。这一趋势反映出GenAI技术在提高业务效率、降低成本和增强安全性方面的巨大潜力，亦使企业对于新技术应用期望日益提升，78%的企业预计将在下一财年增加AI相关支出。这一趋势反映出企业正在超越技术炒作周期，致力于探索GenAI的实际价值。

尽管GenAI技术在算法、模型和数据方面取得了显著进步，但企业在实际业务应用时，却面临着业务节奏的限制，企业内部的业务流程、组织结构和文化等因素成为了阻碍GenAI快速应用的主要障碍。超过三分之二的受访者表示，在未来三到六个月内，只有30%甚至更少的试点能够完全实现规模化。

随着GenAI技术的不断发展和应用领域的不断扩大，监管机构对其的关注和监管力度也在不断加强。在调研阻碍GenAI开发和部署的主要因素时，监管合规成为首要障碍，从2024年一季度调查的28%升至四季度的38%。同时，企业在构建GenAI治理基础方面也面临挑战。69%的受访者认为，完全实施治理战略需要一年或更长时间。

随着GenAI技术的不断发展，一种新型的人工智能形态——“智能体”已经成为企业探索GenAI技术的重要方向之一。调研结果显示，26%的组织正在大规模探索自主代理开发，42%则在一定程度上参与探索。“智能体”被认为是一项突破性创新，能够编排复杂工作流程、协调任务，并在有限人工干预下执行操作。这一特性使得“智能体”在提高企业运营效率、降低成本和增强竞争力方面具有巨大优势。另一方面，随着“智能体”的复杂性增加，GenAI面对监管不确定性、风险管理、数据缺陷及劳动力等问题的重要性日益凸显。

当前，全球企业正处于GenAI技术应用由技术试验向价值实现关键转变的阶段，其在提升效率、推动创新及构建治理框架方面展现出巨大潜力，同时也面临着数据质量、监管合规和规模化应用的挑战。中国“人工

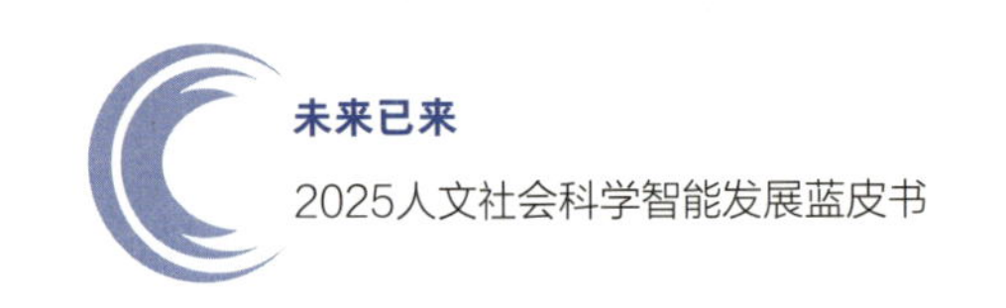

智能+”行动计划的推进，正促使生成式AI与企业战略深度融合，为数字化转型注入强大活力。

12.2.2 GenAI应用落地实践

AI正在以惊人的速度推动各行业转型。生成式AI（GenAI）作为新技术的代表，其持续推广和应用正在重塑企业的业务模式。各行业的领导企业已经开始探索能够创造最大价值的场景，并制定人工智能的短中期与长期发展战略。这种技术的深远影响和潜在价值，正在加速推动GenAI技术从实验室走入消费者领域，继而进入产业应用。

在消费者领域，从个人日常使用视角出发，大模型应用场景可以根据实用性划分为以下四类：效率——优化计划、研究和产品开发等任务；指导——提供个性化指导或学习内容；创作——生成或增强内容，复制创意过程；娱乐——建造游戏、虚拟人物和其他娱乐项目。

伴随着技术的快速变化与革新，德勤认为，能够持续产生影响力的消费者领域应用场景应具备以下特点：

① 快速进入市场——消费者认知度的提高越来越多地依赖于社交媒体，这种趋势不仅可以降低获客成本，还能利用覆盖率解决产品问题，并通过积极且高贡献的用户群体高效扩大规模。

② 职业效用——像写作助手这类能够为职场创造价值的产品，更容易在可持续的商业模式中得到适当运用。

③ 无缝集成——能够整合到平台中的解决方案，通过嵌入现有工作流程，促进更多用户采用并形成更强的“粘性”。例如，Grammarly（语法检查工具）早期就在PC端采用了这种策略，而OpenAI与Bing的合作也实现了类似的整合。

与消费者领域的广泛应用不同，企业应用对功能、投资回报率、定制化、组织内容、安全性和技术支持等方面有更高要求。在生成式人工智能应用的初期，最受欢迎的企业应用场景集中于横向通用能力建设，这些横向应用场景通常已积累了大量训练数据（例如知识库、客服聊天记录），

并且是成本优化和生产力提升的重点。例如，对于一些创意型营销任务，如撰写营销文案和媒体标题，原先可能需要人类花费数小时甚至数天才能完成。而生成式人工智能，能够在几分钟内生成可行的初稿，只需人工稍作编辑即可。

部分企业已经从横向应用场景的投资中获得了实际回报，并为更专业的应用程序打下商业基础。因此，企业应尽早部署这些应用场景，以帮助构建能力和知识库，为垂直应用提供有价值的参考。

相较于横向通用能力建设，特定行业的“垂直”应用场景可能更具可持续的价值创造机会。这些垂直应用场景往往针对特定行业的工作流程，须结合领域知识、上下文理解和专业技能。企业选择AI应用场景的策略，将直接影响其价值实现的速度与范围。从较简单的场景入手，不仅更容易获得投资回报，还能推动企业文化的变革与内部调整。由于不同行业在业务价值链、流程标准化和数据成熟度上的差异，其AI应用侧重点也有所不同：

① 在金融服务业，语音助手和对话式AI（42%）是最常见的应用场景，尤其在零售银行和对公业务中应用广泛；

② 在消费行业，通过虚拟助手优化生产效率和实施差异化定价策略；

③ 在生命科学与医疗行业，智能诊断、患者参与和医疗保险欺诈检测成为重点；

④ 在能源与工业行业，侧重预测性维护和流程优化以提升运营效率。

每个行业根据自身特点选择场景，这不仅体现了技术适应性，还展现了对未来战略布局的深刻思考（图12-1）。

以银行业为例（表12-1），由于其具备海量数据沉淀、丰富的应用场景、高效的组织架构、领先的技术能力、雄厚的资金储备和开放的理念，成为大模型优先落地的行业之一。国有大行、股份制行等大型银行已成为银行业生成式AI应用变革的先锋力量，而中小银行也呈现出积极态势。值得注意的是，银行业对于大模型的研发投入已持续一年以上，但截至目前，仍未能显著提升员工与客户的体验，市场尚未看到“杀手级”AI应用。德勤认为，面对前沿技术的创新应用，中国银行业仍正面临诸多挑战。

新兴的 → 成熟的

	消费与零售	生命科学与医疗	银行与金融服务	科技	传媒与电信	工业制造	政府与公共服务
垂直	个性化对话式零售体验	数字化治疗 AR/VR内容生成	欺诈模拟和模式检测	个性化AR/VR体验生成	原创游戏创作	地质学评估和石油勘探	学术领域的全天候虚拟助理
垂直	定制化产品设计和推荐	预测性和虚拟患者分诊	税务和合规审计与情景测试	自动化产品和硬件设计	预告片和简介生成	生成式模拟和安全测试	基础设施映射和规划
垂直	产品细节和摄影生成	用于教育的人体解剖学三维图像	零售银行交易支持	个性化和自动化的UI/UX设计	剧本/配乐设计和字幕生成	三维环境渲染：油井、管道等	灾难恢复模拟
垂直	时尚服装搭配策划	健康和福祉计划的创建	个性化虚拟财务顾问	产品测试和反馈生成	个性化新闻和内容生成	自动化技术设备培训	欺诈、浪费和滥用预防报告
垂直	个人艺术创作和编辑	通过分子模拟进行药物研发	生成财务报告分析和洞察力	软件销售、客户体验和留存支持	原创虚拟短篇小说生成	智能工厂生成自动化	附有引文和解释的研究
横向	个性化对话式零售体验	自助式人力资源和信息技术功能	端到端自动化客户服务	客户反馈情感分类		自动化代码调试和问题解决	虚拟助手对话生成
横向	企业搜索和知识管理	3D环境渲染：元宇宙	营销/销售内容生成	无障碍支持（文字转语音和语音转文字）		自主代码生成和补全	跨平台个性化定向广告

图12-1　垂直与横向的企业应用场景

如果说大模型是“发动机”，那么“大模型+应用场景”才是实现数智化发展起飞的关键。银行机构作为GenAI应用最领先的行业之一，截至2024年3月底，已有17家国内银行在2023年半年报、年报中披露了GenAI应用实践，广泛覆盖前、中、后台多个领域。然而，从广度来看，目前金融大模型的应用仍以内部提效为主，同质化明显，大部分应用场景集中于中后台客服、风险、运营和科技领域，而前台核心业务领域的应用较少。即便在前台场景中，也多局限于内容生成和素材创作等常见能力，业务深度尚显不足。此外，大模型的交互方式仍较为单一，以对话问答为主，尚未深度嵌入业务流程，实现深刻变革并真正释放商业价值。

我们正处于人类与机器协作发展的早期阶段，越来越多的迹象表明，企业正在迈向人工智能价值实现的新阶段。如何找到小切口、大纵深的关键场景，真正实现人机协作的深度融合，已成为每个行业思考的关键课题。

表12-1　代表性银行AI应用场景

银行名称	前台			中台				后台		
	客户	营销	市场	产品	客服	风险	运营	科技	人力	财务
工商银行			金融市场投研助手		客服知识运营助手、智能客诉处理	规章制度问答	网点员工业务问答助手、数字员工			
建设银行		营销内容生成、语音生成拜访记录、生成图片	投研报告摘要和点评生成		智能客服工单生成	上市公司类客户调查报告生成				
农业银行					客服知识库-答案推荐、辅助搜索		知识库辅助搜索			
中国银行							内部知识服务	辅助编码		
交通银行					客服问答		办公助手			
邮政储蓄银行				定制卡面	数字人客服、智能投诉分类	智能法审助手	柜面业务知识问答、情感会话洞察、企业微信运营	研发助手-辅助需求分析/UI设计/代码生成/系统测试		
平安银行	交互式数据分析、非结构化数据洞察	图标头像、节日海报、个性化营销内容创作			消保降诉	零售贷款审批、汽车金融AI验车	运营管理数智化			
中信银行							智能操作	代码生成		
上海银行						企业信息查询、合规问答	自动化流程			
广发银行							知识检索问答	代码辅助		

12.2.3　释放潜力制胜：AI规模化应用关键要素

生成式AI不仅是技术工具，更是企业制胜未来的关键动力。在德勤既往和企业探讨生成式AI建设过程中，常被问及以下问题：

① 战略与优先级：如何确定生成式AI的应用场景和功能的优先级，并将其与企业业务战略相结合？

② 合作与联盟：应选择哪些合作伙伴？如何协调和管理不断扩大的合作伙伴生态系统？

③ 平台数据与整合：如何将大语言模型融入企业的业务流程和数据架构？

④ 应用场景选择：对于优先发展的场景，如何分析其对客户和内部员工的潜在价值、可能风险以及成本效益，并通过实验减少不确定性？

⑤ 运营模式：为支持生成式AI的应用，应构建怎样的组织架构，并具备哪些能力、技能和流程？

⑥ 可信人工智能：如何确保生成式AI的使用安全透明，符合企业和社会的道德标准？

⑦ 法律事务：如何避免知识产权侵权？如何在供应商合同中明确界定生成式AI滥用的责任？

无论是已经在大模型技术应用上走在前列的行业领军企业，还是尚在观望但跃跃欲试的中小企业，抓住这一技术变革的机遇，主动探索并融入新时代的科技发展浪潮，是未来成功的关键所在。回顾德勤近年来在AI领域的调研，即便面对大模型技术的浪潮，企业成功的核心因素始终未变：清晰的战略定位、精准的场景选择、高效的人才团队、完善的风险管理，以及坚实的数据基础。面对大模型带来的变革，能够在坚守这些关键要素的基础上灵活适应新技术的企业，必将在未来竞争中脱颖而出。

战略定位：在大模型时代，各行业必须建立系统的战略指导框架，以在竞争激烈的市场中保持领先。企业需要制定清晰的发展愿景，将数据与人工智能作为构建差异化竞争力的核心。深入研究市场需求和技术发展趋势，并敏锐把握行业动态，是保持战略前瞻性与应对快速变化的关键。同

时，战略的落地实施离不开对组织架构的优化调整和具体场景规划，将战略愿景转化为实际行动。

场景选择：大模型的应用不在于“一次性的大突破”，而是通过逐步优化实现“细微创新”。企业应围绕核心业务流程进行拆解，找到那些隐藏的效率瓶颈或质量痛点，从而设计生成式AI赋能的理想应用场景，逐步渗透业务流程。通过嵌入多样化交互模式，大模型能够从单点切入，推动企业实现业务模式的全局优化。

人才团队：生成式AI的成功应用离不开一支既懂技术又懂业务的多元化团队。企业需要吸引和培养一批优秀的AI算法专家，不断优化大模型能力。同时，还需建立一支具备行业知识的复合型人才团队，帮助理解业务需求，挖掘痛点，降低技术应用的沟通成本，从而加速大模型的有效落地。

风险管理：在享受技术红利的同时，企业必须主动评估和管理生成式AI的潜在风险，包括监管合规、数据隐私保护和安全问题。将AI风险纳入全面风险管理体系，与监管机构保持沟通合作是必要的。同时，企业须提高模型的透明度和可解释性，以避免决策过程中的偏差和数据滥用问题，确保生成式AI的安全、可靠和合规使用。

数据基础：随着公开数据的挖掘接近饱和，企业的核心竞争力正逐步转向对私有数据的深度开发。系统性整合内部非结构化数据，提取隐藏知识，并通过数据清洗和标注确保数据质量，是企业提升AI应用能力的关键。此外，应当考虑知识图谱等工具，可以更高效地组织和关联数据，提高模型的推理能力和精准度。

在生成式AI带来的技术浪潮中，那些能够抓住机遇并以灵活应对的企业，必将成为未来行业中的佼佼者。德勤建议，当企业启动投入GenAI建设时，应当采取以下行动计划：

① 界定领导职责：指定领导团队负责推进生成式AI的整体规划与实施。

② 明确优先场景：选择两到三个高潜力领域进行试点应用，例如产品

发布或信用风险管理。

③ 制定稳健策略：推动业务部门与IT团队紧密协作，确保与战略方向一致。

④ 构建治理架构：设立专职团队，负责AI的风险管理、投资与进度管控，同时鼓励创新。

⑤ 贯穿价值链条：将AI技术全面融入业务价值流，衡量实际成果，逐步实现最大化价值。

第13章 AI赋能的企业智能决策与效率变革[*]

AI技术正在迅速改变产业结构与生产方式，其影响不仅限于技术层面，更深入到社会科学研究的各个领域。AI与产业的结合，尤其是在生产、物流、金融、医疗等行业中的应用，正在推动产业发展方式的深刻变革。同时，AI技术的快速发展也促使社会科学理论研究的更新与深化。实际上，AI与社会科学的融合具有双向促进的作用：一方面，产业应用为理论研究提供了丰富的实践数据和应用场景，推动社会科学领域在理论模型、研究方法等方面的创新；另一方面，社会科学的理论框架和方法论能够为AI技术的应用提供更深入的社会理解与预测能力。在人文和社会科学视角下研究AI、应用AI，无疑需要树立产教融合、研用结合的思维。

从AI驱动生产方式变革的角度看，从数字化向智能化的变革是否预示着新一轮工业革命？现在的进展是什么、幅度有多大、广泛性有多少、未来会走向哪里？在时空尺度全局观上，我们怎么定位自己？从AI赋能人文社科研究的角度看，在未来的探索中，怎样更好地促进产学的联动，连接两者的话语体系，让产学结合更好地相互激发？这些问题无论对于研究人员、企业家、政府工作者还是普通民众而言，都是大家普遍关心的，也是我们在本章希望回答的。

① 本章由国家发展实验室霍枵杰编。

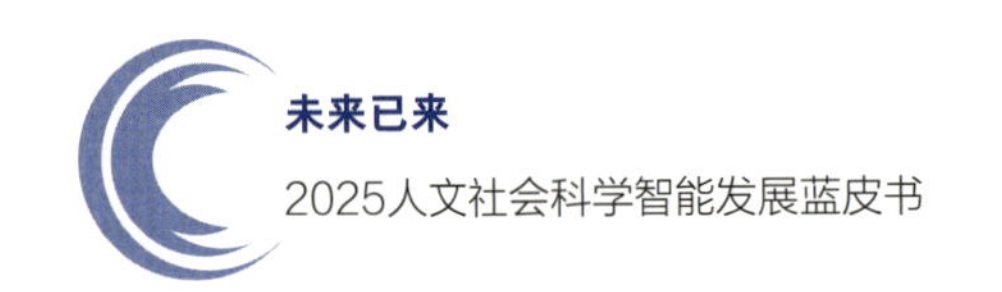

本章提要

- 人工智能（AI）的快速发展：AI正在改变生产模式，推动从数字化向智能化的转变。
- 智能化转变的挑战：探讨智能化转变是否预示新一轮工业革命，当前进展、幅度、广泛性及未来走向。
- 生成式AI的产学研结合：生成式AI的发展体现了产学研的结合，未来需促进产学研联动。
- AI行业应用的调研：通过麦肯锡、IDC、德勤、Gartner等机构的调研，评估AI的应用深度、经济影响、投资热度及技术成熟度。
- 智能革命效率矩阵全景图（AI-Driven Industrial Efficiency Matrix）：提出三维框架，以智能决策节点（感知、决策、执行、反馈迭代，全局统筹）、行业和效率提升为轴，对AI在产业应用层面从宏观和微观有一个全景式的观察。

13.1 AI应用效率提升跨行业全景图

在观察AI行业应用方面，已有诸多贡献和尝试：麦肯锡通过调查问卷方式探究AI的采纳深度和广度；IDC利用投入产出框架定量预测AI对经济的影响；德勤从投资支出视角分析AI的热度及其对劳动力和组织架构的影响；Gartner则通过技术成熟度曲线来评估新兴技术的发展阶段。在时空尺度的定位、具体能指导产学相互促进的实践上，我们认为在这方面仍有许多工作需要完成[1,2,3,4]。

怎样构建一个思考框架？我们找了几个需要关注的指标：一是能够帮助我们从宏观角度审视AI应用的全貌，即需要展示一个全局观；二是在宏观视角下，也能关注微观层面的支撑，即辅助我们进行跨尺度思考；三是能够促进行业内及跨行业的相互学习和借鉴，即识别和拆解各行业间的共性；四是符合人类观察和思考世界的方式，便于理解和应用，即易于理解与应用。

调研的过程中，我们从下面的材料中，得到很多的启发：关于怎样形成整体的视角，我们将参考钱学森的系统科学理论，采用定性定量综合集成法，来系统地研究AI对社会的影响[8]。在研究微观的支持、连接产学之间的话语体系以及拆解各行业的共性上，我们选取了“人类认识和改造世界”这样的一个视角，对这个探索、实践、迭代的过程做拆解；这部分参考了Wang, H., Fu, T., Du, Y.等人在*Nature*上发表的关于AI怎样推动科学探索新范式的综述和展望。他们指出，人类研究科学的过程，就是一个假设驱动的探索过程，这个探索过程拆开来看就是：观察世界、数据采集、模型搭建、假设提出、假设验证。AI的到来，能在每个链条的每个节点上，有所突破，让这个探索过程广度更宽、深度更深、反馈及认知迭代速度更快[7]。关于怎样建立从微观到宏观之间的桥梁，我们参考了Michael Jordan借助社会科学机制设计来探索AI的群智效应[6]，以及Joseph Stigliz关于怎样通过“学习”，让单点的技术突破，可以延展到整个社会，并且推动社会全要素生产率提升的论述[5]：Joseph Stigliz提出整个社会的生产率的提升，这个社会效率的提升，来源于认知水平和做事能力的扩散——同行间“学习”最先进的企业的实操，跨行业间相互“学习”突破的地方。这个“学习”的效率，其实也是新的技术出现以后，在整个社会的扩散速度（这里的技术，泛指所有我们认知世界、改造世界的手段）。综上，我们尝试提出一个观察AI应用的全景图框架：智能革命效率矩阵（AI-Driven Industrial Efficiency Matrix），如图13-1所示。具体框架的形式描述如下：我们暂时选取了一个三维的图，以智能决策（也就是人类认识世界、改造世界的过程）节点为横轴，包括感知、判断决策、执行、反馈迭代以及全局统筹，以行业为纵轴，而第三个维度则衡量效率的提升。在这个矩阵中，我们尝试在每个智能决策的节点上，寻找一些突变的点，根据不同颜色标记指示效率提升的量级。这样一个框架，可以帮助我们宏观上看哪里出现了效率极大提升，单点向全局扩散的速度、加速度，哪些地方还有堵点；微观上，可以在具体的能力上，促进同行业、各行业之间，相互学习；这样一个框架，也能连接学术和产业的话语体系，因为无论是学术研究、企业实践，还是政府治理，都是认识世界和改造世界的过程，这样相互沟通起来，没有太大的障碍，能快速促进彼此交流。在内部整理这个框架的过程中，我们也做了一些应用的尝试：发现我们对企业遇到的困难，能更好地定位，并且帮其精准匹配其他行业中在具体问题上有突破的优秀公司，促进他们相互学习。

当前这个框架并不完美，比如横轴如何根据具体工作需要，进行不同方式的拆分；行业我们覆盖的不全；对于效率提升的精准定量，尚未落实。另外我们也考虑增加更多的维度，比如具体技术路径的种类、离完全智能体满分还有多远等等。尽管如此，我们希望通过这种系统化的方法，更清晰地展望AI如何成为新一轮工业革命的催化剂，为企业提供全局视角下的战略规划，为政策制定者提供敏锐捕捉技术变革的决策支持。我们希望这个智能革命效率矩阵，将成为我们理解和应用AI的重要工具。

通过对各行业领域（纵轴）在感知、判断决策、执行、反馈迭代、全

	全局统筹系统集成 Meta Synthesis	信息获取、收集(感知) Input			信息处理、建模(判断-决策) Processing			执行、落地: Output	反馈迭代 Iteration
行业/智能决策链条上的各个节点	全局系统	人机交互接口：机器可以看懂、听懂等	过程数据采集	人造数据：仿真训练场	模式的提取和识别	信息萃取、知识库搭建	最优化规划	工作流程整合与自动化	反馈、验证、迭代
经济	国民经济发展预测						最优税收政策模拟: AI Economist	美团: 实时吸收"专家"行为, 提取最优决策方案	
金融					金融公司数据库搭建: 深擘科技				
国防、政务	复杂系统仿真（兵棋"系统）								
舆情									
消费		小艺"等语音助手		Parallel Domain等合成数据			内容搜索算法优化:大众点评多模态内容推荐算法		
艺术、娱乐				Midjourney图像生成、Sora视频生成、Suno音乐生成、Absci抗体生成等		游戏生产自动化Astrocasde；高质量小红书内容生产流水线			
教育培训									
营销									
计算机、信息化、自动化			AI书记员: Scribenote公司					编程自动化: Cognitio-Devin	
陪伴					情感陪伴公司charactor ai的人物性格知识库体系				
法律、咨询、理财、房地产等专业服务						金融、地产等数据库可检索: Hebbia公司			
新能源汽车		智能驾驶视觉系统							

革命性提升　大幅提升　小幅提升

图13-1　智能革命效率矩阵（AI-Driven Industrial Efficiency Matrix）——AI应用效率提升跨行业全景图

局统筹等智能决策的关键节点（横轴），应用AI技术所带来的生产率提升效果（第三维）进行分析归纳，构建AI应用效率提升的跨行业全景图。

13.2 AI智能决策的产业应用前沿

本节从智能决策的关键节点，即感知、判断决策、执行、反馈迭代、全局统筹等环节，梳理AI在各行业应用的原理和典型案例。

在感知层面，AI应用已经展现出了强大的能力和多元化的应用场景。可以通过构建人机交互接口，实现文本、图像、声音等多模态理解能力的突破，提升人机交互效率；通过广泛信息收集与过程检测，降低过程记录成本，应用于学习、医疗、法律等领域；还可以通过生成式AI创造新的数据，解决数据缺失问题，提供丰富、均衡的数据库。

在信息处理与决策方面，AI在规律寻找、模式识别、信息萃取、知识库搭建和规划决策中有广泛的应用。在执行与落地、反馈迭代方面以及全局统筹与系统集成方面，也有诸多表现。

13.2.1 信息获取（Input）：收集，感知

（1）人机交互接口：让机器理解人

在当前AI发展的最新阶段，最具突破性的领域之一是以OpenAI为代表的文本信息的理解能力，以及增加了图像、声音的多模态理解能力。人类与机器的交互方式经历了显著的演变，从基于代码的交互，发展到现在的文字、语音、视频等更直观的交互方式，这在人类调度机器上，带来极大的效率提升[10,11]。

比如在自动驾驶领域，特斯拉的Autopilot、华为的智驾系统以及大疆无人机的智能飞行控制系统，通过融合摄像头、激光雷达、雷达等多种传感器数据，能够更准确地理解周围环境，从而提高驾驶和飞行的安全性和效率[12,13,14]。

再比如智能助手（以华为的小艺为例）[9]，利用大模型技术，提供了语音、视觉等多种交互方式：通过先进的语音处理技术，帮助听障人士改善发音，使他们能够更自然地进行日常交流；帮助学生在面试和社交等情

境中自信表达，通过实时语音转文字技术，提高了沟通的可识别度。这些技术的应用不仅限于智能手机，还扩展到了智能家居和车载系统，使得用户可以通过语音控制家中的智能设备或车辆的导航系统。

未来AI在人机交互的发展方向上，包括提高准确性和逻辑性，减少误解和错误，以及从视觉上更准确地理解空间和物理规律。

（2）广泛信息的收集，以及过程检测

上述人机交互技术的突破，显著降低了传统依赖人力的过程记录工作的成本。例如，它被应用于学习过程记录（包括声音、文字和视频中的仪态姿势）、医生诊断和法律咨询等场景。投资机构A16Z已将过程记录、分析和整理视为一个新兴赛道（Scribes）[16]（见图13-2）。

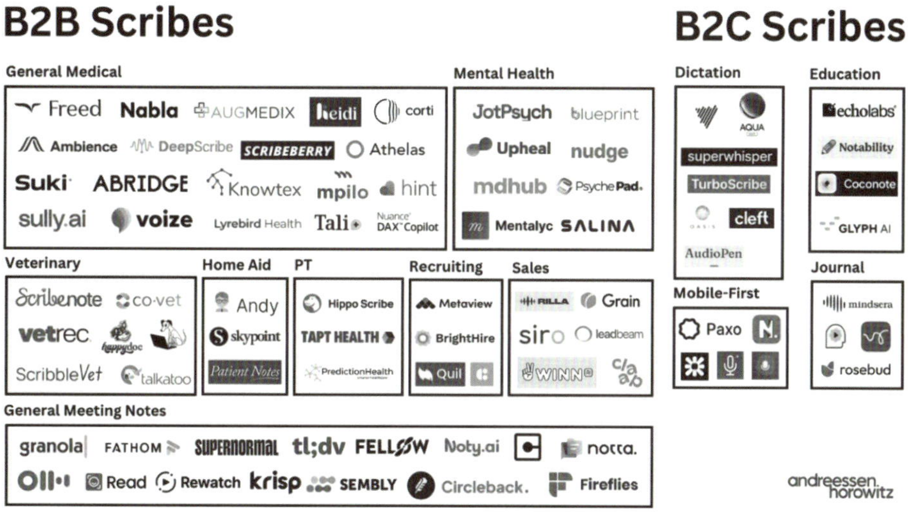

图13-2　A16Z关于Scribes的投资赛道图示

案例一

在兽医行业，职业倦怠问题严重，近90%的兽医感到中度或高度倦怠，部分原因是他们需要花费大量时间手动记录病历和整理文档。

Scribenote通过AI技术自动记录兽医与客户的对话，生成结构化的SOAP病历文档，减轻了兽医的工作负担。Scribenote的核心功能是自动记录对话并生成符合SOAP标准的病历文档。兽医只需一键启动，Scribenote便能记录整个诊疗过程，并提供格式化文档、对话记录和录音。它还为复杂诊疗类型提供定制化工作流程，技术架构涵盖音频捕捉、语音识别、自然语言处理和文档生成，支持离线录音和数据同步。Scribenote显著提升了兽医工作效率，每天节省高达两小时的记录时间，自动化超过150万份医疗记录，节省总计125,000小时的记录工作。这不仅提高了工作满意度，帮助兽医平衡工作与生活，降低职业倦怠率，还为Scribenote带来了1亿美元的年营收（ARR）[15,17]。

未来在采集过程数据方面，特别是在多模态数据的采集中，视觉记录领域具有巨大的发展潜力，值得进一步深入探索和研究。

（3）人造数据

生成式AI在人造数据领域的突破性进展，为解决数据缺失问题提供了新方案。由于安全性、实验不可重复性、成本高昂、低概率事件以及数据采集不平衡等因素，许多关键实验数据难以获得。生成式AI能够辅助创建更丰富、更均衡的数据库，这对于我们全面认知世界和训练全面AI模型至关重要。

案例二

以下是一些与上述论述相关的公司案例，它们在生成式AI和人造数据领域发挥着重要作用：Tonic.ai通过提供安全合成数据生成服务，助力软件和AI工程师在确保合规性的同时加快工程速度。Gretel的工具使企业能够快速生成合成数据，支持数据预处理、模型训练和验证。MDClone专注于医疗保健领域，通过创建合成版本的数据来保护患者隐私，同时促进数

据驱动的创新。Parallel Domain利用计算机模拟技术为自动驾驶领域合成多种场景和交通元素，而Rendered.AI则提供基于物理的合成数据，以支持计算机视觉任务。[18,19,20,21,22]

这些公司的技术和服务不仅展示了生成式AI在合成数据领域的广泛应用，也证明了其在解决数据相关挑战、推动AI技术进步方面的潜力。

13.2.2　信息处理（Processing）：建模、判断、决策

基于已收集到的信息，同样有越来越多的企业借助AI技术进行分析，形成世界的模型，发现更深层的规律并加以利用。总体而言，基于AI的信息处理可以分为规律的寻找、模式的提取和识别，信息萃取、知识库的搭建，以及规划决策、找最优解三个主要方向。

（1）规律的寻找、模式的提取和识别

生成式人工智能的突破，就在于解决了算法在大规模吞吐数据以后，scaling law规模突破后的对模式识别能力的涌现。不仅仅是文字、图像、视频、声音（包括音乐），甚至氨基酸序列、大气数据、材料的原子动势能等等，抽象看来，都是大量微观数据聚集起来，涌现出来了算法对于模式、规律的识别和萃取。这里面一个个的具体的应用固然重要，比如视频生成、音乐生成、蛋白质的折叠生成，然而更加让我们激动的是，这样的从大规模数据中，暴力涌现提取规律的能力。

生成式人工智能的突破在于其在处理大规模数据后识别和生成模式的能力。这种能力不仅体现在文字、图像、视频和声音的生成上，还广泛应用于音乐、蛋白质折叠等领域。例如，Midjourney将文字描述转化为图像，推动视觉艺术创作；Dall-E根据文本描述创建逼真图像。在音乐领域，AI简化了创作过程，而在生物科学中，AI生物制药公司Absci利用zero-shot生成式AI创建和验证抗体，显著缩短药物开发周期。这些案例展示了生成式AI在模式识别和规律提取方面的巨大潜力。然而，更让我们激动的

是其从大规模数据中快速且有效地提取规律的能力[23,24]。

（2）信息萃取、知识库的搭建

我们在拜访企业的时候，收到很多反馈，如AI技术被高度宣传，但在实际应用中效果并不总是如预期，没法利用到严肃的场合。然后我们去调研，发现最大的问题是宣传可能过于夸大其词，导致人们误以为AI的使用非常简单，对话聊天就能一下子解决所有问题。但事实上，在处理严肃工作的时候，还是有大量的“辅助工程”要做，这样才能发挥出来它的力量。其中一个需要重视的方面是“辅助工程”，即如何提取和构建自己的结构化知识库，我们也可以抽象地认为是搭建咱们自己对世界的模型。实际上，人们的心理准备并不充分，而一旦有了正确的预期，认为我要用好AI，就需要按照对待很复杂的工作的心态来对待，需要抽丝剥茧的条理清晰，那么结果往往是好的。

为什么需要“辅助工程”？这本质上是由业务的复杂性决定的。

案例三

比如金融领域，在构建知识库、借助AI来与客户交互的过程中，最大的问题就是内容的精准、合规，对明显的错误几乎零容忍，而大语言模型的一个缺点就是“幻觉”；我们拜访了深擎科技（国内70%头部券商的内容处理能力的供应商）[27,28]，他们采用了大量的外围系统与工程研发手段，完成了信息萃取与知识库搭建，从而达到实际应用效果（图13-3）。具体方法包括：

① 业务目标拆解：将复杂的业务目标化整为零，拆解为多个业务节点，聚焦的任务让大模型效果更稳定。

② 流程编排与工程算子：通过流程编排与工程算子，解决大模型金融场景应用中的边缘情况。

③ 算子沉淀与复用：将传统工程硬编码，沉淀为可复用的算子，提效后续研发。

另外美国专注于企业内部非结构化文档高效搜索的公司Hebbia[25,26]，

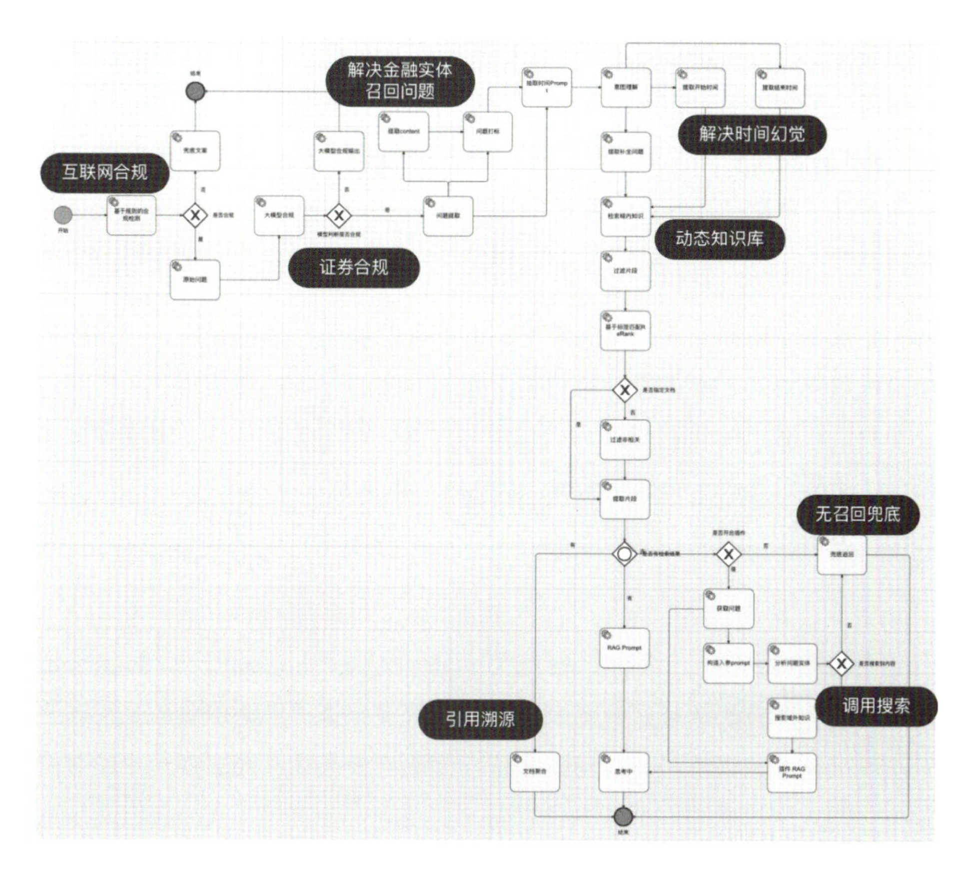

图13-3 深擎科技知识库整理的“辅助工程”

目前已在全球领先的资产管理公司、律所、银行和财富100强公司中大规模部署，比如他们可以做到：

① 在SVB危机期间，资产管理者能够迅速映射对区域性银行的风险暴露，覆盖数百万份文件。

② 在提交代理攻击时，激进投资者发现了比人类单独处理时更多的8K文件中的不一致性。

③ 公司律师通过实时量化封装“市场”术语，获得了谈判优势。

④ 成千上万的临时AI代理更有效地定价私人资产，进行新型尽职调查，筛选更多机会等。

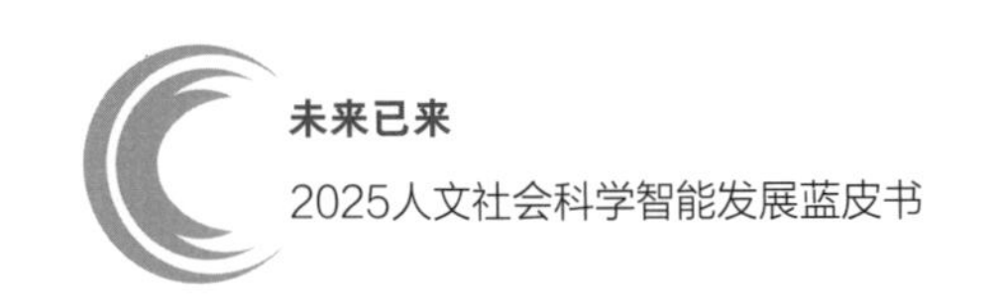

同样，值得我们注意的情感陪伴聊天的虚拟人平台Character.AI，背后同样构建了复杂的人物性格模型。[29]

我们期待，针对垂直行业，能开发一系列基于最新AI能力的建模方法论和工具，帮助各行各业去构建自己的知识库。

（3）规划决策、找最优解

在政策治理和企业战略决策中，由于人的复杂性和博弈性，寻找精确的最优数学解几乎不可能。自然科学和工程学的方法在迁移到社会科学和企业决策时遇到挑战。AI的突破在于从大量数据中寻找规律、提取和识别模式，为我们提供了寻找模糊的“次优解”的新途径。

案例四

我们选取了一个案例，供大家参考：AI Economist[30,31]。Salesforce Research提出了基于深度强化学习的“AI经济学家”，在动态经济中寻找最优税收政策。该框架通过经济模拟，使政府和个体在代理互动中学习和适应，通过学习动态税收政策来平衡经济平等和生产力。AI Economist的核心在于其算法思路和求解范式的转变，提供了一种次优解的方案，突破了模型大小和复杂度的限制。

具体来说，AI Economist采用两层深度强化学习框架：

① 内层循环：个体代理通过执行劳动、获得收入和支付税收来积累经验，并通过试错学习如何适应以最大化其效用。

② 外层循环：社会规划者通过观察市场动态和参与者财富，调整税收政策以优化社会目标。

另外，我们也可以尝试从抖音字节跳动的推荐算法中汲取灵感。这样的推荐算法从海量用户数据中学习用户偏好，通过机器学习技术不断优化内容推荐，体现了从大量数据中寻找次优解的特性。它通过分析用户行为

和反馈，动态调整推荐策略，以提高用户满意度和平台效率。

这些案例展示了AI如何在复杂系统中寻找次优解，为政策制定和企业决策提供了新工具。比如AI经济学家的方法不仅限于税收政策，还可以扩展到更复杂的系统研究，如经济、人体、地理科学、企业创新路径选择等，提供了一种不受模型大小约束的次优解方案。

13.2.3 执行（Output）：落地，执行

在改造世界的实践中，我们发现自动化是值得关注的关键点。以下三个案例，展示了人类在智能化循环中的作用，以及自动化如何提升效率。

案例五

① AI自动化过程：冠成Edward的团队将AI技术在内容生成、转化以及降本增效方面进行了全面应用，包括内容Mapping、爆款内容分析、AI生成创意脚本等[34]（图13-4）。

一堂2024春季马拉松·「最佳实践」案例		
AI内容运营的最佳实践		
	Before	After
做法	**调研慢** 人来调研，效率很低	**自动调研** 用AI做全量收集,自动调研
	拆解慢 怎么用AI做的爆款，去分析数据反馈	**归纳总结** 搜集AI爆款，总结击穿现实的笑脸模型
	创意难 根据已有认知，怎么拿到结果	**提假设做实验** 搭建爆款内容结构模型
	提效难 数据分析按照本来的工作流程，人很难承受	**自动进行** 建模后让AI执行，不断测试
结果	**效率低，成功率低** 无论是调研还是搜集，人为效率都很低 成功没有模型，凭借手感	**调用AI，全面提效** 1. AI提炼最佳实践，内容分析并建模 2.自动进行，几秒完成，效率远超普通人

图13-4 Edward团队使用AI辅助生产小红书内容，前后对比

② 效率提升倍数：AI辅助下，团队能在一天内完成10条高质量短视频，而传统人工操作需要20天以上。

案例六

① AI自动化过程：Astrocade利用生成式AI技术，允许玩家通过自然语言描述生成游戏内容，包括地图、角色、互动方式等[32,33]。

② Astrocade由CEO Amir Sadeghian（斯坦福大学AI实验室）、Fei-Fei Li（斯坦福大学以人为本AI研究所联合主任）和CTO Ali Sadeghian（前谷歌研究）共同创立。该平台利用生成式AI技术，允许玩家通过自然语言描述生成游戏内容，包括地图、角色、互动方式、故事情节和音乐等。Astrocade的核心技术是“人工游戏智能”（Artificial Gaming Intelligence），它通过文本到图像的提示（text-to-image prompts）自动生成游戏所需的各类元素，无须玩家具备编程或逻辑设计能力。

案例七

① AI自动化过程：Devin作为一个完全自主的AI软件工程师，可以计划和执行需要数千个决策的复杂工程任务，包括自动调动开发系统、机器按顺序执行、自我修复bug等。[35,36,37]

② 效率提升倍数：Devin能在9分钟内完成一台机器的自动化恢复，相比人工操作需要48小时，大幅提升效率。

13.2.4　反馈迭代（Iteration）

实践反馈与决策迭代，也称为反思、评估或经验学习，是从实践结果中提取有用信息，以肯定或修正我们对世界的认知和假设的过程。这一过

程在数学上可被描述为贝叶斯迭代，广泛应用于自然科学领域，并在商业和政务中逐渐被采纳。

我们选取一个美团外卖的案例，展示如何从“专家”（配送员）身上提取实践经验，并迭代优化认知模型。

案例八

通过构建效率感知网络（SCDN），美团挖掘配送员轨迹中的订单合并潜力，将订单表示为低维向量，并通过相似性计算实时剪枝解空间，降低问题复杂度，快速识别高质量订单分配方案。此外，研究还优化了异构图神经网络的损失函数和负采样模块，提升了算法性能（如图13-5所示）。

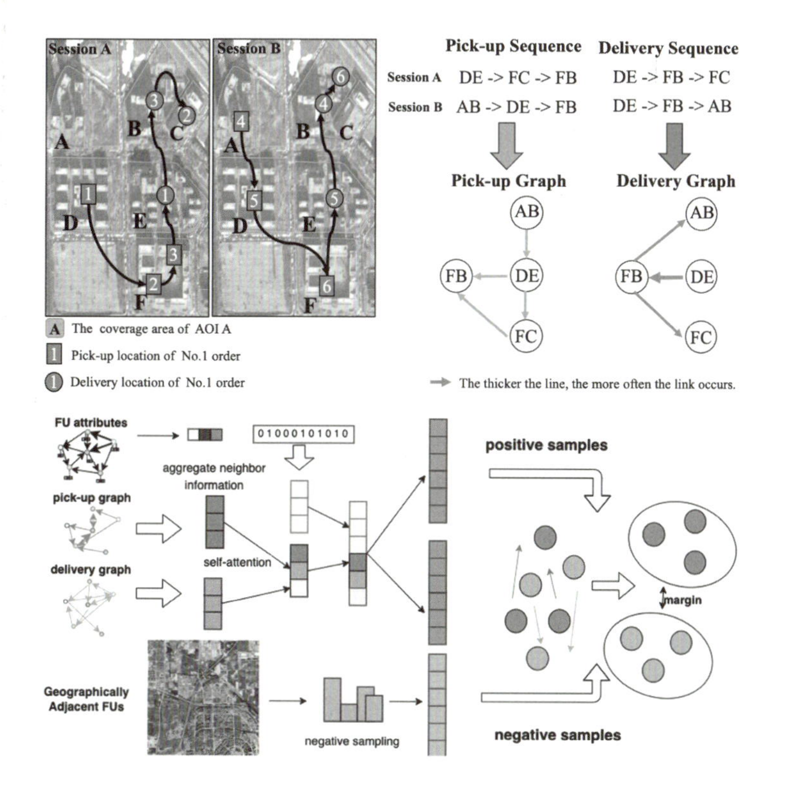

图13-5　美团利用有经验的配送员的实际轨迹数据，优化实时调度决策算法的示意图

该网络部署后，显著提升了订单分配质量，优化了配送员工作体验。数据显示，配送员效率在高峰时段提升了45%—55%，同时保持了及时配送。通过FU嵌入，研究还创建了新的指标，进一步提升了订单合并的质量和效率。

该案例的创新之处在于将配送员的专业知识和经验纳入决策体系，提升了反馈和迭代优化的能力。这种方法不仅在即时配送领域有效，也为其他行业提供了借鉴。任何希望成功的决策模型都需要快速迭代优化，而这种迭代应重视专家经验，即最佳实践，以推动决策模型的持续改进和优化。

13.2.5 全局统筹，系统集成（Meta Synthesis）

在本章节的最后部分，我们将探讨综合系统集成的重要性。钱学森在晚年，不断推进系统科学的进展，并提出治理国家和社会需要构建一个“从定性到定量的综合集成研讨厅体系”。这一理念不仅适用于国家治理层面，同样适用于企业运营、个人及家庭的规划与管理。实际上，将认识世界、改造世界以及实践中的复盘迭代过程整合考虑，构建成一个系统化的整体，正是钱学森所倡导的“综合集成研讨厅体系”的初步形态。本研究通过回顾两项历史案例，旨在展示综合集成方法的实际效能，并激发对未来综合集成系统发展的思考。

通过这两项案例的研究，我们旨在揭示综合集成系统在不同领域的应用潜力，并鼓励学术界和实践界对未来可能出现的综合集成系统进行深入探索。这些系统将有助于提升决策质量，优化资源配置，并在复杂多变的环境中实现更有效的管理和规划。

案例九

710所的财政补贴、价格、工资综合研究（1980s）

钱学森，作为一位杰出的科学家和系统工程专家，不仅在“两弹一星”工程中发挥了关键作用，还在社会科学和人文领域做出了重要贡献。

他自觉应用马克思主义哲学指导自己的研究工作，强调系统工程与总体部思想的重要性。钱学森在20世纪80年代初，提出处理开放式复杂巨系统的系统科学理论，强调经验知识、专家判断力和定量计算系统的结合。这一方法在社会经济系统的研究中得到了具体应用，特别是在财政补贴、价格、工资综合研究以及国民经济发展预测工作中。[8]

在20世纪80年代初，中国正处于经济体制改革的初期，特别是农村经济改革取得了显著成效，但城市经济改革面临诸多挑战。其中，财政补贴问题尤为突出，成为中央财政赤字的主要根源。为了解决这一问题，航天部710所的经济学家马宾在钱学森的指导下，开展了财政补贴、价格、工资综合研究以及国民经济发展预测工作。

710所的研究团队采用了系统工程方法，将财政补贴、价格、工资等经济组成部分视为一个相互关联、相互影响的系统。通过界定系统边界，明确环境变量、状态变量、调控变量和输出变量，为模型设计提供了定性基础。研究团队克服了数据量大、数据口径不统一、时间序列不完整的困难，构建了一个包含115个变量和方程的模型，以及237个部门的产业关联矩阵。该模型能够进行政策模拟和经济预测，平均模拟误差和预测误差均在3%以内。

通过模型进行的105种政策模拟，为决策者提供了关于价格与工资调整的定量依据。这些定量结果经过经济学家、管理专家和系统工程专家的共同分析和讨论，最终形成了五种政策建议，供中央领导决策参考。这一研究不仅解决了当时的经济问题，而且为钱学森后来提出的“从定性到定量综合集成方法”和“国家社会主义建设总体设计部”的概念提供了实践基础。

案例十

战略战役兵棋系统的研发与应用

在现代战争中，信息化和复杂性日益成为战争的主导因素。如何模拟战争的复杂性，训练指挥员在多变的战场环境中做出决策，成为军事训练中的一大挑战。胡晓峰教授及其团队所研发的战略战役兵棋系统，正是为了解决这一复杂实践问题。该系统采用系统论的方法，通过定性和定量的分析，构建了一个能够真实反映未来战争基本情况的模拟环境，从而为军事指挥训练提供了一个实用的工具[40,41,42,43,44]。

胡晓峰教授及其团队通过深入研究战争的基础科学理论，提出了“作战实验体系”和“战争工程”等原创性观点和理论。他们采用系统工程的理念，从战争的层次、系统的角度出发，设计并实现了战略战役兵棋系统。

在研发过程中，团队面临了多重挑战，包括如何体现战争制胜机理、构建战争复杂体系、模拟联合作战环境等。他们通过深入调研、反复测试和修正，确保系统的规则和数据贴近实战，经得住使用者的检验和质疑。系统最终实现了对陆战、海战、空战、特种作战等多种行动的真实模拟，还能够处理成千上万的指令和报告，参演指挥员可以指挥上百万人的虚拟部队参与作战，真实地反映未来战争的基本情况。通过不断的反馈和迭代，系统逐渐成熟，最终成为一个能够持续迭代的产品，而非仅仅是一个模拟战争的“玩具”。

以军桥网报道的神舟MAXSim虚拟仿真平台系统架构、战场态势仿真推演系统示例（图13-6）：

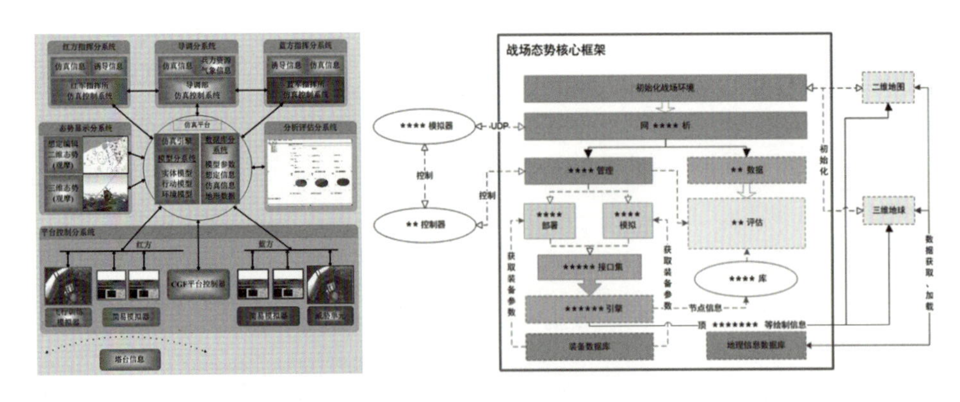

图13-6　神舟MAXSim虚拟仿真平台系统架构（左）与战场态势仿真推演系统体系架构（右）

战略战役兵棋系统的应用，在一线指战员中引起了强烈反响。在某军区组织的兵棋演习中，参演指战员均表示受到了“极大的震动”，系统在运用中所反映出的战争迷雾和不确定因素，彻底改变了指挥员固有的思维定式和指挥模式。

通过这两个案例，我们可以看到综合集成系统在不同领域的应用和重要性。无论是经济政策的制定，还是军事指挥的训练，系统工程方法都展现出了强大的实用性和前瞻性。未来，如果把AI技术引入到这样的系统体系中，利用其在数据分析、模型优化和政策模拟等方面的优势，可以进一步提升“从定性到定量综合集成方法”的智能化水平。那么综合集成系统将在更多领域发挥重要作用，推动社会的科学发展和治理能力的提升。

13.3 AI4SSH产业应用的小结与展望

随着人工智能技术的不断进步，我们正站在新一轮工业革命的门槛上。AI的发展不仅改变了生产模式，更深刻影响了我们对世界的认知和改造方式。

我们尝试提出智能革命效率矩阵（AI-Driven Industrial Efficiency Matrix），希望为我们提供一个全新的视角，以全局观和跨尺度的思考方式，去观察和理解AI在不同行业中的应用和效率提升。这个框架虽然不完美，但它为我们提供了一个起点，去探索AI如何成为工业革命的催化剂，为企业提供战略规划的全局视角，为政策制定者提供捕捉技术变革的决策支持。

未来，我们期待这个框架能够不断进化和完善，不仅增加更多维度，如技术路径的种类、离完全智能体的距离等，以更精准地定量提升效率，也希望在与产业、政府交流的过程中，探索更多的行业链条拆解的方式，以更好地指导实践。我们也希望这个框架能够激发更多的讨论和研究，促进学术界、产业界和政策制定者之间的沟通和合作。通过这种系统化的方法，我们可以更清晰地展望AI技术如何推动社会进步，实现更高效、更智能的生产和治理模式。最终，我们希望智能革命效率矩阵成为我们理解和应用AI技术的重要工具，共同开启一个全新的智能化时代。

参考文献

[1] McKinsey & Company. The state of AI in early 2024: Gen AI adoption spikes and starts to generate value[EB/OL]. 2024. https://www.mckinsey.com/capabilities/quantumblack/our-insights/the-state-of-ai.

[2] International Data Corporation (IDC). Economic Impact Analysis[EB/OL]. 2023. https://www.idc.com/.

[3] Deloitte. Talent and workforce effects in the age of AI: Insights from Deloitte's State of AI in the Enterprise, 2nd Edition survey[EB/OL]. 2021. https://www2.deloitte.com/us/en/insights/focus/cognitive-technologies/ai-adoption-in-the-workforce.html.

[4] Gartner. Hype Cycle for Emerging Technologies[EB/OL]. 2023. https://www.gartner.com/en/documents/3874517/hype-cycle-for-emerging-technologies.

[5] Stiglitz J E. *Creating a Learning Society: A New Approach to Growth, Development, and Social Progress*[M]. Columbia University Press, 2013.

[6] Jordan M I. Artificial intelligence—the revolution hasn't happened yet[J]. *Harvard Data Science Review*, 2018, 1(1).

[7] Wang H, Fu T, Du Y, et al. Scientific discovery in the age of artificial intelligence[J]. *Nature*, 2023, 620(7448): 47–60.

[8] 钱学森. 创建系统科学——新世纪版[M]. 上海交通大学出版社, 2007.

[9] 小艺声音修复，让每次发声，都掷地有声[EB/OL]. 2025. https://www.huawei.com/cn/tech4all/stories/celia-voice-enhancement-let-every-voice-be-heard.

[10] McKinsey Global Institute. AI: The next frontier of performance in industrial processing plants[EB/OL]. 2023. https://www.mckinsey.com/industries/metals-and-mining/our-insights/ai-the-next-frontier-of-performance-in-industrial-processing-plants.

[11] Stanford University. *Human-Computer Interaction Group*[EB/OL]. 2024. https://hci.stanford.edu/.

[12] Tesla. Autopilot[EB/OL]. 2024. https://www.tesla.com/autopilot.

[13] Huawei. Intelligent driving[EB/OL]. 2024. https://e.huawei.com/en/news/2024/industries/grid/achieve-win-intelligent-power-data.

[14] DJI. Phantom 4 Pro[EB/OL]. 2024. https://www.dji.com/cn/phantom-4-pro/info#specs.

[15] Scribenote[EB/OL]. 2024. https://www.scribenote.com/.

[16] Andreessen Horowitz. Investing in Scribenote[EB/OL]. 2024. https://a16z.com/

announcement/investing-in-scribenote/.

[17] Velocity Fund. Scribenote secures 8.2 million to tackle vet burnout with AI scribe[EB/OL]. 2024. https://www.velocityincubator.com/news/waterloo-startup-scribenote-secures-8-2-million-to-tackle-vet-burnout-with-ai-scribe.

[18] Tonic ai. Secure synthetic data generation[EB/OL]. 2024. https://www.tonic.ai/.

[19] Gretel. Synthetic data generation tools[EB/OL]. 2024. https://gretel.ai/.

[20] MDClone. Synthetic data for healthcare[EB/OL]. 2024. https://www.mdclone.com/.

[21] Parallel Domain. Synthetic data for outdoor perception models[EB/OL]. 2024. https://www.paralleldomain.com.

[22] Rendered.AI. Physics-based synthetic data for computer vision[EB/OL]. 2024. https://rendered.ai/.

[23] Deloitte China. 德勤数智研究院发布生成式人工智能用例汇编，深入探讨其行业应用[EB/OL]. 2023. https://www2.deloitte.com/cn/zh/pages/deloitte-analytics/articles/gai-use-case-compilation-1.html.

[24] Google. 185 real-world gen AI use cases from the world's leading organizations[EB/OL]. 2024. https://blog.google/products/google-cloud/gen-ai-business-use-cases/.

[25] Hebbia. Hebbia raises USD130M Series B[EB/OL]. 2024. https://www.hebbia.ai/blog/hebbia-raises-usd130m-series-b.

[26] Hebbia[EB/OL]. 2024. https://www.hebbia.ai.

[27] 深擎科技[EB/OL]. 2024. https://www.shenqingtech.com/.

[28] 深擎科技. 内部案例分享资料

[29] Character.ai[EB/OL]. 2025. https://en.wikipedia.org/wiki/Character.ai.

[30] Salesforce AI Research. The AI Economist[EB/OL]. 2020. https://www.salesforceairesearch.com/projects/the-ai-economist.

[31] Zheng S, Trott A, Srinivasa S, et al. The AI Economist: Improving Equality and Productivity with AI-Driven Tax Policies[J]. *arXiv:2004.13332v1* [econ.GN], 2020.

[32] Astrocade[EB/OL]. 2024. https://www.astrocade.com/.

[33] VentureBeat. Astrocade raises 12M for AI-based social gaming platform[EB/OL]. 2024. https://venturebeat.com/games/astrocade-raises-12m-for-ai-based-social-gaming-platform/.

[34] 一堂. "一堂" 创业教育企业案例[EB/OL]. 2024. https://yitang.top/.

[35] Cognition.ai[EB/OL]. 2024. https://www.cognition.ai/.

[36] Devin.ai. Get Started: Devin intro[EB/OL]. 2024. https://docs.devin.ai/Get_Started/devin-intro.

[37] Cognition.ai. Devin CrowdStrike outage[EB/OL]. 2024. https://www.cognition.ai/

blog/devin-crowdstrike-outage.

[38] Liang Y, Zhao J, Li D, et al. Harvesting Efficient On-Demand Order Pooling from Skilled Couriers: Enhancing Graph Representation Learning for Refining Real-time Many-to-One Assignments[C] *Proceedings of the 30th ACM SIGKDD Conference on Knowledge Discovery and Data Mining*. 2024: 5363−5374.

[39] Liang Y, Zhao J, Li D, Feng J, Zhang C, Ding X, Hao J, He R. Harvesting Efficient On-Demand Order Pooling from Skilled Couriers: Enhancing Graph Representation Learning for Refining Real-time Many-to-One Assignments[J]. *arXiv:2406.14635*, 2024.

[40] 胡晓峰. 战争模拟原理与系统[M]. 国防大学出版社, 2009.

[41] 中国科技网. 这是一场没有硝烟的演习[EB/OL]. 2017. http://www.nxdzkj.org.cn/nxkepu/kpdcs/kxrw/zjkxj/201709/t20170929_350721.html.

[42] 人民日报. 解放军首个“兵棋”系统问世 历时7年国际先进[EB/OL]. 2014. https://hb.ifeng.com/news/focus/detail_2014_06/29/2506851_0.shtml.

[43] 军桥网. 战场态势仿真推演系统[EB/OL]. 2022. http://www.81it.com/2022/0610/13522.html.

[44] 军桥网. 神舟MAXSim虚拟仿真平台系统[EB/OL]. 2017. http://www.81it.com/2017/1221/6994.html.

附录：基于大模型的主要领域前沿论文推荐*

表A1　历史学领域代表性论文

标题	作者	期刊	推荐理由
From cipher to plain text? Topic modelling Swedish governmental reports 1945–1989	Snickars, P	SCANDIA	开创性分析方法，揭示历史文本模式
AI Moral Enhancement: Upgrading the Socio-Technical System of Moral Engagement	Volkman, R; Gabriels, K	SCIENCE AND ENGINEERING ETHICS	伊斯兰几何学研究，历史与数学交融
Algorithmic Divination: From Prediction to Preemption of the Future	Lazaro, C	INFORMATION & CULTURE	Z世代大虚无主义的历史社会学解析
Mapping representational mechanisms with deep neural networks	Kieval, PH	SYNTHESE	人类-机器翻译的语言资源去殖民化
Use of Camera and AI for Mapping Monitoring for Architecture	Falcone, M; Dell'Annunziata, GN	NEXUS NETWORK JOURNAL	重新定义生命的哲学与历史维度
A Logic for Aristotle's Modal Syllogistic	Protin, CL	HISTORY AND PHILOSOPHY OF LOGIC	历史档案数字化的创新方法探讨
Toward the recognition of artificial history makers	Hughes-Warrington, M	HISTORY AND THEORY	通过跨文化视角研究殖民遗产
Moral Considerations of Artificial Intelligence	Sun, FH; Ye, RX	SCIENCE & EDUCATION	科学与宗教历史交集的深度解析

① 本附录内容由复旦大学大数据研究院赵星教授整理。

续表

标题	作者	期刊	推荐理由
Inquiring into the Corpus of Empire	Doherty, S; Ford, L; Mckenzie, K; Parkinson, N; Roberts, D; Halliday, P; Laidlaw, Z; Lester, A; Stern, P	JOURNAL OF WORLD HISTORY	探索哲学历史中的计算理论应用
History of the development of modern concepts of criminal responsibility of artificial intelligence in Spain	Viktor, AS	VOPROSY ISTORII	揭示欧洲殖民扩张的经济影响

表A2 经济学领域代表性论文

标题	作者	期刊	推荐理由
Inferring Zambia's HIV prevalence from a selected sample	Chan, JY; Cook, JA	APPLIED ECONOMICS	经济预测模型的新趋势探索
Swarm Intelligence Based Hybrid Neural Network Approach for Stock Price Forecasting	Kumar, G; Singh, UP; Jain, S	COMPUTATIONAL ECONOMICS	非平稳大数据建模的前沿研究
Dynamics of collaboration among high-growth firms: results from an agent-based policy simulation	Varga-Csajkás, A; Sebestyén, T; Varga, A	ANNALS OF REGIONAL SCIENCE	全球经济的风险与应对策略
Goodhart's law and machine learning: a structural perspective	Hennessy, CA; Goodhart, CAE	INTERNATIONAL ECONOMIC REVIEW	企业应对危机的多样化策略
The perceptions of employees from romanian companies on adoption of artificial intelligence in recruitment and selection processes	Nastase, M; Croitoru, G; Florea, NV; Cristache, N; Lile, R	AMFITEATRU ECONOMIC	经济政策的长期效果分析

续表

标题	作者	期刊	推荐理由
Enhancing Financial Risk Prediction for Listed Companies: A Catboost-Based Ensemble Learning Approach	Lu, HT; Hu, XF	JOURNAL OF THE KNOWLEDGE ECONOMY	数字经济下的新兴市场发展
The Relationship Between Economic Growth and Electricity Consumption: Bootstrap ARDL Test with a Fourier Function and Machine Learning Approach	Wu, CF; Huang, SC; Chiou, CC; Chang, T; Chen, YC	COMPUTATIONAL ECONOMICS	市场行为与经济模型的创新
Human-algorithm interaction: Algorithmic pricing in hybrid laboratory markets	Normann, HT; Sternberg, M	EUROPEAN ECONOMIC REVIEW	国际经济合作的最新研究
Latent factor model for asset pricing	Uddin, A; Yu, DT	JOURNAL OF BEHAVIORAL AND EXPERIMENTAL FINANCE	宏观经济分析的新方法
Ineffective built environment interventions: How to reduce driving in American suburbs?	Tao, T; Cao, J	TRANSPORTATION RESEARCH PART A-POLICY AND PRACTICE	经济学理论的前沿探索

表A3　管理学领域的代表性成果

标题	作者	期刊	推荐理由
An integrated dynamic ship risk model based on Bayesian Networks and Evidential Reasoning	Yu, Q; Teixeira, AP; Liu, KZ; Rong, H; Soares, CG	RELIABILITY ENGINEERING & SYSTEM SAFETY	管理领域大数据应用的新前沿
Supporting disassembly processes through simulation tools: A systematic literature review with a focus on printed circuit boards	Sassanelli, C; Rosa, P; Terzi, S	JOURNAL OF MANUFACTURING SYSTEMS	AI在现代企业管理中的创新应用

续表

标题	作者	期刊	推荐理由
Challenges in the implementation of internet of things projects and actions to overcome them	Martens, CDP; da Silva, LF; Silva, DF; Martens, ML	TECHNOVATION	团队协作与组织绩效的关联研究
Probabilistic forecasting of daily COVID-19 admissions using machine learning	Rostami-Tabar, B; Arora, S; Rendon-Sanchez, JF; Goltsos, TE	IMA JOURNAL OF MANAGEMENT MATHEMATICS	企业应对环境变化的战略选择
Optimal Decision Making Under Strategic Behavior	Tsirtsis, S; Tabibian, B; Khajehnejad, M; Singla, A; Sch枚lkopf, B; Gomez-Rodriguez, M	MANAGEMENT SCIENCE	数字化转型中的人力资源管理
Effect of the Municipal Human Development Index on the results of the 2018 Brazilian presidential elections	Yero, EJH; Sacco, NC; Nicoletti, MD	EXPERT SYSTEMS WITH APPLICATIONS	市场动态与企业创新的交互关系
Shipping Domain Knowledge Informed Prediction and Optimization in Port State Control	Yan, R; Wang, SA; Cao, JN; Sun, DF	TRANSPORTATION RESEARCH PART B-METHODOLOGICAL	企业风险管理的新兴技术应用
Combining an agent-based model, hedonic pricing and multicriteria analysis to model green gentrification dynamics	Caprioli, C; Bottero, M; De Angelis, E	COMPUTERS ENVIRONMENT AND URBAN SYSTEMS	管理信息系统的优化与改进策略
Towards automatically filtering fake news in Portuguese	Silva, RM; Santos, RLS; Almeida, TA; Pardo, TAS	EXPERT SYSTEMS WITH APPLICATIONS	跨文化团队管理的挑战与策略
Big Data for Healthcare Industry 4.0: Applications, challenges and future perspectives	Karatas, M; Eriskin, L; Deveci, M; Pamucar, D; Garg, H	EXPERT SYSTEMS WITH APPLICATIONS	供应链管理中的智能化发展趋势

表A4 公共管理领域代表性成果

标题	作者	期刊	推荐理由
Politics of problem definition: Comparing public support of climate change mitigation policies using machine learningPalabras Clave(sic)(sic)(sic)	Choi, J; Wehde, W; Maulik, R	REVIEW OF POLICY RESEARCH	问题定义的政治学分析，政策制定新视角
Global indicators and AI policy: Metrics, policy scripts, and narratives	Erkkilä, T	REVIEW OF POLICY RESEARCH	积极劳动市场政策对社会的影响研究
Introducing a digital tool for sustainability impact assessments within the German Federal Government: A neo-institutional perspective	Wanckel, C	INTERNATIONAL REVIEW OF ADMINISTRATIVE SCIENCES	基于证据的政策制定时机与效果探讨
Multilevel responses to risks, shocks and pandemics: lessons from the evolving Chinese governance model	Ahmad, E	JOURNAL OF CHINESE GOVERNANCE	Myriad案后的多样性政策解析
Trust and Street-Level Bureaucrats' Willingness to Risk Their Lives for Others: The Case of Brazilian Law Enforcement	Cohen, N; Lotta, G; Alcadipani, R; Lazebnik, T	AMERICAN REVIEW OF PUBLIC ADMINISTRATION	AI驱动机器人在公共管理中的应用
The challenges of digitalization from the perspective of the everyday user. Does the use of artificial intelligence in education improve or replace the individual?	Szuts, Z; Namesztovszki, Z	CIVIL SZEMLE	政策评估的多维度分析与优化建议
Power and politics in framing bias in Artificial Intelligence policy(sic)(sic)(sic)Palabras clave	Ulnicane, I; Aden, A	REVIEW OF POLICY RESEARCH	国际政策比较研究的创新性探讨
Mutuality in AI-enabled new public service solutions	Koskimies, E; Kinder, T	PUBLIC MANAGEMENT REVIEW	公共管理与环境科学的交叉研究

续表

标题	作者	期刊	推荐理由
Bank provision reversals and income smoothing: A case study	Aggelopoulos, E; Georgopoulos, A; Kotsiantis, S	JOURNAL OF ACCOUNTING AND PUBLIC POLICY	人工智能在公共安全中的应用探讨
Narratives and expert information in agenda- setting: Experimental evidence on state legislator engagement with artificial intelligence policy	Schiff, DS; Schiff, KJ	POLICY STUDIES JOURNAL	政策网络分析的理论与实证研究

表A5 信息管理领域代表性论文

标题	作者	期刊	推荐理由
Identifying widely disseminated scientific papers on social media	Ma, YX; Li, TT; Mao, J; Ba, ZC; Li, G	INFORMATION PROCESSING & MANAGEMENT	识别广泛传播的科学论文，提升学术影响力
An evaluation of the critical success factors impacting artificial intelligence implementation	Merhi, MI	INTERNATIONAL JOURNAL OF INFORMATION MANAGEMENT	基于人群的古代文献解码方案创新
Global scientific collaboration: A social network analysis and data mining of the co-authorship networks	Isfandyari-Moghaddam, A; Saberi, MK; Tahmasebi-Limoni, S; Mohammadian, S; Naderbeigi, F	JOURNAL OF INFORMATION SCIENCE	构建分类任务的训练数据集，提升精度
Implementing artificial intelligence across task types: constraints of automation and affordances of augmentation	Mazurova, E; Standaert, W	INFORMATION TECHNOLOGY & PEOPLE	基于可穿戴传感器的慢性病严重度预测

续表

标题	作者	期刊	推荐理由
Effect of user resistance on the organizational adoption of extended reality technologies: A mixed methods study	Jalo, H; Pirkkalainen, H	INTERNATIONAL JOURNAL OF INFORMATION MANAGEMENT	社交网络与移民社会融合的研究新视角
The ripple effect of dataset reuse: Contextualising the data lifecycle for machine learning data sets and social impact	Park, J; Cordell, R	JOURNAL OF INFORMATION SCIENCE	AI驱动的数据管理创新与优化
Fairness, explainability and in-between: understanding the impact of different explanation methods on non-expert users' perceptions of fairness toward an algorithmic system	Shulner-Tal, A; Kuflik, T; Kliger, D	ETHICS AND INFORMATION TECHNOLOGY	文本挖掘在信息管理中的新应用
Multimodality Alzheimer's Disease Analysis in Deep Riemannian Manifold	Ma, JB; Zhang, JL; Wang, ZY	INFORMATION PROCESSING & MANAGEMENT	图书馆管理中的大数据分析应用
A decade of systematic reviews: an assessment of Weill Cornell Medicine's systematic review service	Demetres, MR; Wright, DN; Hickner, A; Jedlicka, C; Delgado, D	JOURNAL OF THE MEDICAL LIBRARY ASSOCIATION	公共信息服务的数字化转型探讨
Barriers to artificial intelligence adoption in smart cities: A systematic literature review and research agenda	Ben Rjab, A; Mellouli, S; Corbett, J	GOVERNMENT INFORMATION QUARTERLY	基于机器学习的分类优化研究
Representation of EHR data for predictive modeling: a comparison between UMLS and other terminologies	Rasmy, L; Tiryaki, F; Zhou, YJ; Xiang, Y; Tao, C; Xu, H; Zhi, DG	JOURNAL OF THE AMERICAN MEDICAL INFORMATICS ASSOCIATION	跨学科信息管理的理论与实践

图书在版编目(CIP)数据

未来已来:2025人文社会科学智能发展蓝皮书/陈志敏,吴力波主编. --上海:复旦大学出版社,2025. 2. -- ISBN 978-7-309-17721-3

Ⅰ. C

中国国家版本馆CIP数据核字第2024HJ1855号

未来已来:2025人文社会科学智能发展蓝皮书
陈志敏　吴力波　主编
出 品 人/严　峰
责任编辑/刘　月

复旦大学出版社有限公司出版发行
上海市国权路579号　邮编: 200433
网址: fupnet@fudanpress.com　http://www.fudanpress.com
门市零售: 86-21-65102580　团体订购: 86-21-65104505
出版部电话: 86-21-65642845
常熟市华顺印刷有限公司

开本 787毫米×1092毫米　1/16　印张 24.75　字数 354千字
2025年2月第1版
2025年2月第1版第1次印刷

ISBN 978-7-309-17721-3/C · 457
定价: 120.00元